JN280692

バイオプロダクション

― ものつくりのためのバイオテクノロジー ―

化学工学会 バイオ部会 編

コロナ社

化学工学会 バイオ部会『バイオプロダクション』編集委員会

委 員 長	大阪大学	大竹　久夫（バイオ部会長）
副委員長	東京大学	長棟　輝行（バイオ部会副会長）
副委員長	大阪大学	清水　　浩
委　　員	大阪大学	大政　健史
（五十音順）	大阪大学	片倉　啓雄
	京都工芸繊維大学	岸本　通雅
	神戸大学	近藤　昭彦（化学工学会体系化委員）
	大阪大学	仁宮　一章

（所属は初版第1刷発行当時）

執筆者一覧 （五十音順）

池田　正人	信州大学		髙松　　智	元 田辺製薬(株)，
石原　　尚	キリンビール(株)			(有)タカ企画
大竹　久夫	大阪大学		武田　耕治	メルシャン(株)
大政　健史	大阪大学		田中　孝明	新潟大学
大屋　智資	三菱ウェルファーマ(株)		田谷　正仁	大阪大学
岡本　正宏	九州大学		丹治　保典	東京工業大学
尾崎　克也	花王(株)		津本　浩平	東京大学
片倉　啓雄	大阪大学		中崎　清彦	静岡大学
加藤　滋雄	神戸大学		長澤　　透	岐阜大学
加藤　純一	広島大学		中西　勇夫	塩野義製薬(株)
岸本　通雅	京都工芸繊維大学		中野　秀雄	名古屋大学
紀ノ岡正博	大阪大学		長棟　輝行	東京大学
木村英一郎	味の素(株)		仁宮　一章	大阪大学
倉田　博之	九州工業大学		花井　泰三	九州大学
後藤　雅宏	九州大学		福田　秀樹	神戸大学
近藤　昭彦	神戸大学		藤尾　達郎	東京大学
酒井　康行	東京大学		堀内　淳一	北見工業大学
塩谷　捨明	大阪大学		本多　裕之	名古屋大学
重松　弘樹	旭化成ファーマ(株)		道木　泰徳	オリエンタル酵母工業(株)
清水　和幸	九州工業大学		安田　磨理	(株)三菱化学科学技術研究センター
清水　　浩	大阪大学			
関　　　実	大阪府立大学		山本　修一	山口大学
髙木　　睦	北海道大学		米本　年邦	東北大学
髙橋　広夫	名古屋大学			

（所属は初版第1刷発行当時）

まえがき

　アミノ酸や乳酸飲料などの発酵生産技術に代表される「ものつくりのためのバイオテクノロジー」は，これまでわが国が伝統的に得意とし世界をリードしてきた技術分野である。バイオによるものつくりが，これほど多くの産業を生み出してきた国は，世界広しといえどもわが国をおいて他にはないだろう。しかし近年，この技術分野の先進性や産業への貢献度が正しく理解されず過小評価をされてきたためか，わが国が世界に誇ってきたその技術の優位性が，いまや確かなものとはいえなくなりつつある。

　本書のタイトルである「バイオプロダクション」とは，バイオによるものつくりのことである。バイオによるものつくりでは，試験管のレベルで「もの」ができたからといって，工場のレベルでも同じように「もの」ができるとは限らない。多少大げさにいえば，試験管のレベルでのものつくりと，工場のレベルでのものつくりとは全く別物である。分子生物学的実験技術のマニュアル化が進んだ昨今では，試験管よりもさらに小さなレベルで行う生物実験が，学部における生物工学実験の主流になりつつある。確かに，教える側からすれば実習の経費や労力は軽減され助かるかもしれないが，これだけではバイオによるものつくりを教えたことにはならない。民間企業ではいま，バイオプロダクション技術に精通した技術者が世代交代を迎える時期に差し掛かっており，これからバイオプロダクションエンジニアが不足することも懸念されている。それにもかかわらず，大学におけるバイオ教育のカリキュラムは，分子生物学などの基礎生物学分野へ偏ってきており，多くの学生がバイオによるものつくり技術の十分な教育を受けることなく，産業界に出ていかざるを得ない状況にある。

　本書では，試験管のレベルからさらに進んだレベルでのものつくりに必要な，バイオテクノロジーに焦点を当てている。試験管のレベルから先で，どんな技術が必要となるのか理解していただくとともに，多岐にわたる技術開発が行われていることを，トピックスを通して知ってもらうことをねらいとしている。本書は10章の構成となっており，生物資源の分離と育種から始まり，バイオインフォマティクス，ハイスループットスクリーニング，メタボリックエンジニアリング，生体触媒反応の速度論，バイオリアクター，バイオプロダクツの分離，バイオプロダクツの精製，バイオプロセスの計測と制御，そして環境バイオとリサイクルに至る技術分野を，できるだけわかりやすく記述したつもりである。本書はまた，生物工学を学ぶ大学院生，バイオプロダクションに関連する民間企業の若手技術者や大学などの若手研究者を対象として書かれている。特に，大学院博士課程前期の学生向け講義のテキス

トまたは参考書として利用していただけるように，各章の第1節では学部での講義のおさらいを，第2〜4節では話題となっているトピックスなどを紹介するように工夫している。

　化学工学会バイオ部会では，わが国のお家芸であるバイオによるものつくりを，国際的な技術開発競争が激化するバイオ分野の中でも，今後さらに強くしていくことがきわめて重要な課題であると考え，本書の出版を企画した。そのため，化学工学会バイオ部会内に「バイオプロダクション」編集委員会を設置して，各技術分野において指導的な役割を担っておられる先生方に各章のおさらいを，また興味深い技術開発に携わっておられる先生方にトピックスの執筆を依頼した。ご多忙中にもかかわらず本書の執筆をお引き受け下さった先生方に，ここで感謝を申し上げます。最後になりましたが，本書の出版にお世話をいただきましたコロナ社の皆様にも，心から御礼を申し上げます。

2006年3月

化学工学会　バイオ部会長
大阪大学　大竹　久夫

目　　　次

1.　生物資源の分離と育種

1.1　生物資源の分離と育種のおさらい　1
 1.1.1　環境試料からの生物資源の分離 …2
 1.1.2　保　　　　　存 ……………………3
 1.1.3　育　　　　　種 ……………………5
 参　考　文　献 …………………………5
1.2　アクリルアミド ………………………6
 1.2.1　バイオプロセスによるコモディティケミカルズの生産 ……………6
 1.2.2　アクリルアミド生産法の変遷 ……6
 1.2.3　バイオプロセス生産法の特徴 ……7
 1.2.4　ニコチンアミド生産への応用展開 ……………………………9
 参　考　文　献 …………………………10
1.3　洗剤用酵素 ……………………………10
 1.3.1　プロテアーゼ ………………………10
 1.3.2　セルラーゼ …………………………12
 1.3.3　アミラーゼ …………………………12
 1.3.4　酵素生産性の向上 …………………13
 参　考　文　献 …………………………14
1.4　化学品生産のための微生物の探索から生産現場まで ………………………15
 1.4.1　スクリーニング条件を決める …15
 1.4.2　高活性株を探す ……………………16
 1.4.3　活性株を工業化に向けて検討する ……………………………17
 1.4.4　お　わ　り　に …………………18

2.　バイオインフォマティクス

2.1　バイオインフォマティクスのおさらい …………………………………19
 2.1.1　は　じ　め　に …………………19
 2.1.2　ゲ ノ ム 解 析 ………………………20
 2.1.3　トランスクリプトーム解析 ……20
 2.1.4　タンパク質立体構造解析およびプロテオーム解析 ………………22
 2.1.5　細胞シミュレーション ……………23
 参　考　文　献 …………………………23
2.2　知識情報処理によるがん診断支援システム ………………………………24
 2.2.1　は　じ　め　に …………………24
 2.2.2　クラスタリング ……………………24
 2.2.3　教師あり学習法 ……………………25
 2.2.4　遺伝子のフィルタリング …………25
 2.2.5　射影適応共鳴理論（projective adaptive resonance theory：PART）……………………………26
 2.2.6　実データにおけるフィルターアプローチの能力の違い ………27
 参　考　文　献 …………………………28
2.3　生命現象のシミュレーション ……29
 2.3.1　発酵産業のものつくり ……………29
 2.3.2　生物機能の設計方法 ………………29
 2.3.3　ロバスト性と生物機能の設計 …30
 2.3.4　生物機能設計プロジェクト ……31
 2.3.5　生物機能設計工学の将来 ………32
 参　考　文　献 …………………………32
2.4　生物機能分子ネットワーク解析 …33
 2.4.1　は　じ　め　に …………………33

2.4.2 代謝ネットワーク解析 …………34
2.4.3 遺伝子ネットワーク解析 ………35
参 考 文 献 ……………………37

3. ハイスループットスクリーニング

3.1 ハイスループットスクリーニングのおさらい ………………………38
  3.1.1 ハイスループット化における課題 ……………………………39
  3.1.2 マイクロアレイシステムによるHTS ………………41
  3.1.3 フローサイトメーターによるHTS ………………42
  3.1.4 新しい磁性材料の開発によるHTS ………………42
  3.1.5 お わ り に ……………43
  参 考 文 献 ……………………43
3.2 抗体センサー ……………44
  3.2.1 は じ め に ……………44
  3.2.2 抗体センサーによる免疫測定の原理 ……………………………45
  3.2.3 抗体センサーの構築と免疫測定の具体例 ……………………46
参 考 文 献 ……………………48
3.3 培養細胞を用いた人体ハザード評価 ………………………………48
  3.3.1 は じ め に ……………48
  3.3.2 数理モデルによる *in vitro* 評価結果の積み上げ ……………49
  3.3.3 体内動態を左右する組織の培養 50
  3.3.4 マイクロ人体代謝シミュレーター ……………………………51
  3.3.5 お わ り に ……………51
参 考 文 献 ……………………52
3.4 SIMPLEX 法 ………………52
  3.4.1 SIMPLEX 法とは ……54
  3.4.2 SIMPLEX 法の応用 …55
  3.4.3 今後に向けて …………56
参 考 文 献 ……………………56

4. メタボリックエンジニアリング

4.1 メタボリックエンジニアリングのおさらい ………………………57
  4.1.1 代謝流束解析 …………58
  4.1.2 代謝制御解析 …………60
  参 考 文 献 ……………………62
4.2 アミノ酸生産菌のゲノム育種 …63
  4.2.1 ゲノム情報でリジン生産菌を再構築する ……………………64
  4.2.2 リジン生産の仕組みを考察する 66
  4.2.3 ゲノム育種株の性能を検証する 66
  4.2.4 今後を展望する ………67
  参 考 文 献 ……………………67
4.3 グルタミン酸生成機構の解明 ……67
  4.3.1 *Corynebacterium glutamicum* によるグルタミン酸発酵 …………69
  4.3.2 *Corynebacterium glutamicum* のグルタミン酸生成機構解明に向けた取組み ……………………69
  参 考 文 献 ……………………71
4.4 大腸菌の代謝流束解析 ……………72
  4.4.1 大腸菌の培養特性 ……72
  4.4.2 大腸菌の代謝流束解析 …72
  参 考 文 献 ……………………77

5. 生体触媒反応の速度論

5.1 生体触媒反応の速度論のおさらい 78
 5.1.1 酵素反応速度式 …………79
 5.2.2 微生物反応速度式 …………81
 参 考 文 献 …………82
5.2 固 定 化 酵 素 …………83
 5.2.1 酵素の固定化 …………83
 5.2.2 固定化生体触媒の応用 …………84
 5.2.3 バイオリアクターの最適化 …………86
 参 考 文 献 …………87
5.3 ATP 再 生 系 …………87
 5.3.1 微生物のグルコース代謝と ATP 生合成 …………89
 5.3.2 グルコースをエネルギー供給源とする ATP 再生系 …………89
 5.3.3 任意の生合成酵素と ATP 再生（糖代謝）系の組合せによる物質生産 …………90
 5.3.4 異菌体間共役反応による IMP の生産 …………91
 参 考 文 献 …………91
5.4 マイクロバイオリアクター …………92
 5.4.1 マイクロバイオリアクターとは何か …………92
 5.4.2 マイクロバイオリアクターにはどんな特徴があるのか …………92
 5.4.3 マイクロバイオリアクターは何に使えるのか …………95
 5.4.4 マイクロバイオリアクターの将来 …………96
 参 考 文 献 …………96

6. バイオリアクター

6.1 バイオリアクターのおさらい …………98
 6.1.1 発 酵 槽 …………99
 6.1.2 殺 菌 …………100
 6.1.3 培 地 の 成 分 …………101
 参 考 文 献 …………103
6.2 有機溶媒耐性微生物培養 …………103
 6.2.1 は じ め に …………103
 6.2.2 有機溶媒耐性微生物の意義 …………103
 6.2.3 有機溶媒耐性微生物の取得 …………104
 6.2.4 有機溶媒耐性微生物の培養 …………105
 6.2.5 有機溶媒耐性微生物の応用 …………106
 6.2.6 お わ り に …………107
 参 考 文 献 …………107
6.3 ティッシュプラスミノーゲンアクチベーター（tPA）生産 …………108
 6.3.1 は じ め に …………108
 6.3.2 培 養 工 程 …………109
 6.3.3 精 製 工 程 …………111
 6.3.4 お わ り に …………112
 参 考 文 献 …………112
6.4 ヒト血清アルブミン …………113
 6.4.1 ヒト血清アルブミンの役割 …………113
 6.4.2 メタノール資化性酵母 *Pichia pastoris* …………114
 6.4.3 *Pichia pastoris* による組換えヒト血清アルブミン（rHSA）生産 …………114
 参 考 文 献 …………117

7. バイオプロダクツの分離

7.1 バイオプロダクツの分離の
　　おさらい ……………………118
　7.1.1 バイオプロダクションにおける
　　　　分離の役割と特徴 ………118
　7.1.2 バイオ分離プロセスの流れ …119
　7.1.3 バイオプロダクツ分離の原理 …120
　7.1.4 安全性と品質保証 …………122
　参　考　文　献 ………………………123
7.2 タンパク質のフォールディング　123
　7.2.1 バイオプロダクションにおける
　　　　タンパク質のフォールディング 123
　7.2.2 タンパク質合成過程における
　　　　フォールディング環境 …………124
　7.2.3 抽出過程におけるフォールディング
　　　　：リフォールディング …………125
　7.2.4 精製過程におけるフォールディング
　　　　……………………………128
　7.2.5 お わ り に …………………128
　参　考　文　献 ………………………128

7.3 ナノ空間における生体分子
　　相互作用 ……………………128
　7.3.1 ナノ集合体逆ミセルとは ………128
　7.3.2 タンパク質の分離場としての
　　　　ナノ集合体 …………………129
　7.3.3 DNAの分離場としての
　　　　ナノ集合体 …………………130
　7.3.4 ナノ集合体による変性
　　　　タンパク質の再生 …………130
　7.3.5 ナノ集合体による遺伝子
　　　　変位の検出 …………………131
　参　考　文　献 ………………………132
7.4 レギュレーション ……………132
　7.4.1 は じ め に …………………132
　7.4.2 構造設備について ……………133
　7.4.3 品質・製造管理 ………………136
　7.4.4 安 全 性 管 理 …………………136
　参　考　文　献 ………………………137

8. バイオプロダクツの精製

8.1 バイオプロダクツの精製の
　　おさらい ……………………138
　8.1.1 クロマトグラフィー分離とは …138
　8.1.2 クロマトグラフィー分離理論の
　　　　基礎 …………………………139
　8.1.3 今 後 の 展 開 …………………143
　参　考　文　献 ………………………143
8.2 膜分離プロセスの高度化 …………144
　8.2.1 ろ過滅菌用フィルターと
　　　　ウイルス除去膜 ……………145
　8.2.2 デプスフィルターを用いた
　　　　圧縮性粒子の膜分離 …………146
　参　考　文　献 ………………………147

8.3 連続分離プロセス ……………148
　8.3.1 は じ め に …………………148
　8.3.2 連続液体クロマトグラフィーの
　　　　構築 …………………………148
　8.3.3 向流接触としての擬似移動層型
　　　　連続クロマト装置 …………149
　8.3.4 十字流接触としての回転環状
　　　　連続クロマト装置 …………149
　参　考　文　献 ………………………151
8.4 タンパク質バイオ医薬品の
　　クロマト分離プロセス …………151
　8.4.1 は じ め に …………………151
　8.4.2 プロセス開発 …………………152

8.4.3 生産系に応じた分離・
　　　精製プロセス ……………152
8.4.4 抗体医薬品クロマトグラフィー
　　　プロセス ………………………154

参　考　文　献 ……………………156

9. バイオプロセスの計測と制御

9.1 バイオプロセスの計測と制御の
　　おさらい …………………………157
　9.1.1 バイオプロセスの計測 …………157
　9.1.2 バイオプロセスの制御 …………159
参　考　文　献 ……………………161
9.2 パン酵母生産 ……………………162
　9.2.1 呼　吸　と　発　酵 ……………162
　9.2.2 パン酵母の生産コスト ……………163
　9.2.3 流　加　培　養 ……………………163
　9.2.4 培養のスケールアップと
　　　　酸素供給の問題 ………………164
　9.2.5 実生産における培養制御 ………165
参　考　文　献 ……………………166

9.3 組織工学製品の製造 ……………166
　9.3.1 組織工学製品の生産について …166
　9.3.2 細胞を観察により評価する ……167
　9.3.3 実機規模（バイオリアクター）で
　　　　ヒト細胞を培養する ……………169
参　考　文　献 ……………………170
9.4 知識情報処理に基づく
　　バイオプロダクション ……………170
　9.4.1 バイオプロセスと知識情報処理 …170
　9.4.2 バイオプロセスのファジィ制御 …171
　9.4.3 バイオプロダクションにおける
　　　　ファジィ制御の適用事例 ………173
参　考　文　献 ……………………174

10. 環境バイオとリサイクル

10.1 環境バイオとリサイクルの
　　　おさらい ………………………176
　10.1.1 混合微生物系の利用 ……………176
　10.1.2 純粋微生物の利用 ………………179
参　考　文　献 ……………………180
10.2 酵素によるバイオディーゼル
　　　燃料の生産 ……………………181
　10.2.1 分泌した酵素によるバイオ
　　　　ディーゼル燃料生産 ……………182
　10.2.2 全菌体生体触媒を用いたバイオ
　　　　ディーゼル燃料生産 ……………182
参　考　文　献 ……………………185

10.3 リンの回収と再資源化 …………185
　10.3.1 下水からリンを回収し，
　　　　人工リン鉱石を作る ……………186
　10.3.2 パイロットプラントで実証する 187
　10.3.3 実機規模で確かめる ……………188
参　考　文　献 ……………………189
10.4 細菌の死の定義と汚泥減容化 …189
　10.4.1 VBNC細菌の回復条件 …………190
　10.4.2 蛍光標識ファージによる
　　　　細菌の迅速検出 ………………191
　10.4.3 汚　泥　減　容　化 ……………192
参　考　文　献 ……………………193

索　　　　引 ………………………………194

1 生物資源の分離と育種

1.1 生物資源の分離と育種のおさらい

広島大学　加藤　純一

　バイオプロダクションの技術開発研究の第一歩は反応プロセスの設定である。開発すべき反応プロセスが設定されると，つぎに生体触媒のスクリーニングに移る。生体触媒はバイオプロセスの要の一つであることから，いかに高性能の生体触媒を得るかがバイオプロセス開発の成否のかぎを握るといってよい。伝統的なバイオプロダクション（醸造発酵，例えば日本酒，味噌，醤油の生産）では，複数の微生物から成る複合微生物系によるバイオプロセスを用いている。それに対し近代的なバイオプロダクションでは，純粋分離された微生物およびその微生物から抽出した酵素を，単独もしくは複数組み合わせて物質生産を行っている。したがって，生体触媒のスクリーニング源は純粋分離された微生物となる。

　生体触媒のスクリーニングは，おおまかに二つの方法に分類される。一つは，既存のカルチャーコレクションのスクリーニングである。発酵産業や化学産業などバイオプロダクションを行っている企業の多くは，企業独自のカルチャーコレクションを有している。そこで，まず，コレクションの菌株を用い対象の反応プロセスについてスクリーニングし，候補株の有無を調べる。良好な生体触媒活性を示す菌株が存在したら，生物資源保存機関からその近縁株を取り寄せ，さらにスクリーニングを行い，よりよい菌株を取得する。カルチャーコレクションがない場合は，土壌，活性汚泥，環境水および生体などの試料から候補菌株を分離する。これら分離用の試料には多種多様な微生物が存在しており，スクリーニングの対象となる性質を持つ菌株はごくごく一部を占めるに過ぎない。もし，候補菌株の占める割合を高めることができれば，候補菌株の純粋分離が成功する確率が向上しよう。このように，試料中の複合微生物系に占める候補菌株の割合を増加させる操作を集積培養という。集積培養を何回か繰り返した後に，希釈平板培養法などで候補菌株を純粋分離し，生体触媒のスクリーニングに供する。

　分離された当座は良好な活性を有していたにもかかわらず，継代培養を経るに従い，活性が減退もしくは消失してしまうことが多々ある。また，環境試料から分離された菌株は貴重

な生物資源であり，今後の開発研究のためのカルチャーコレクションの構築・拡充に寄与するものである。したがって，生物機能を減退・消失させないように短期および長期に菌株を保存する技術は，バイオプロダクション研究になくてはならない技術である。

生体触媒の候補菌株もしくは候補酵素がスクリーニングできたとしても，その能力が十分ではない場合がほとんどである。この場合，プロセス工学的な工夫を加えて十分な能力を発揮できるようにするか，より高性能な生体触媒活性を発揮できるよう候補菌株を育種することになる。分子遺伝学の急激な発展により，現在では遺伝子操作技術で分子育種を行うことが一般的になってきた。しかし，ことバイオプロダクションにおける菌株の育種となると，突然変異による従来の古典的育種も非常に有効な手段であることに変わりない。

1.1.1 環境試料からの生物資源の分離

生物資源の分離において分離源の選択は重要な要因である。高温でのプロセスの構築を目指しているならば，高温環境下の試料が候補菌株の分離に有効であると思われ，例えば炭化水素を基質とした反応プロセスを標的としているならば，当該炭化水素で汚染した環境の試料が適当であろう。しかし，分離源を選択圧がかかっている試料にのみ限定し，他の試料を顧みないのは，分離菌株のレパートリーを狭くする可能性もある。例えば，ベンゼンなどの芳香族炭化水素の汚染がない土壌試料から，ベンゼン耐性のベンゼン酸化細菌が分離されたこともある。確かに選択圧がかかっている試料を中心にスクリーニングを行うのは合理的のようであるが，そうでない試料も試す価値があろう。

環境試料からの目的菌株の分離は，一般的に馴養，集積培養，単離のステップからなる。馴養は，採取した試料を基質などにさらし，目的の酵素活性などを誘導するステップである。この操作では候補菌株が優先的に生残もしくは増殖する可能性もあるので，一種の集積培養ともいえよう。スクリーニングによっては，馴養のステップが省かれ，すぐに集積培養が行われることもある。集積培養は，目的の性質を持つ菌株を優先的に増殖させるステップである。目的菌株を優先的に増殖させるための選択圧は，どのような菌株を取得したいかによる。高温菌であれば培養温度，好酸性菌であれば培地のpHを選択圧として調整する。特定の生物変換反応を行う菌株の取得が目的の場合は，多くは反応基質を選択栄養源とした集積培養を行う。図1.1では，トルエンを唯一の炭素源とした培養で集積を行っている。目的の反応プロセスで逆反応が起こると考えられるときは生産物を，また，安定性や毒性などの理由で基質あるいは生産物そのものの使用が困難なときは，それらの誘導体を生育基質とした集積を行うこともある。スクリーニングの具体例は，文献1)および2)に詳細に記述されているので参考にされたい。集積培養を複数回行い，目的菌株の占める割合が十分増加した後に，単離操作を行う。通常，集積培養液の希釈液を寒天培地に塗布して培養し，コロニー

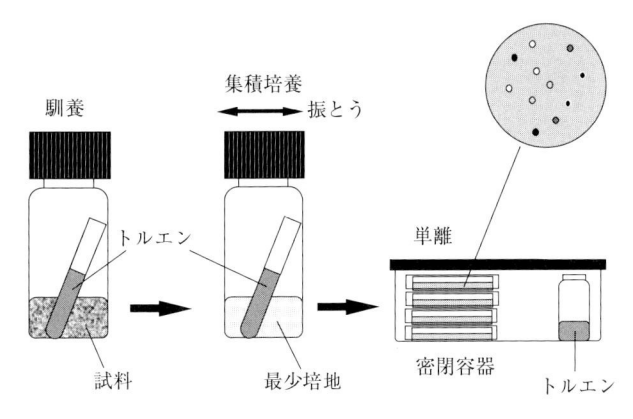

馴養：採取した試料を密閉バイアル中でトルエン蒸気にさらし，トルエン酸化活性の誘導を図る。集積培養：トルエンを唯一炭素源とした培養で，トルエン酸化細菌を優先的に増殖させる。トルエンは蒸気で供給する。単離：集積培養液を適宜希釈した後，トルエンを唯一炭素源として寒天培地で培養し，菌を純粋分離する。

図 1.1　環境試料からのトルエン酸化微生物の分離

を形成させることで単離を行う（図 1.1 参照）。コロニー形成が困難な菌株は，限界希釈法[2],† により単離することができる。いずれの方法を用いるにしても，選択圧がない培地での培養や培養液の顕微鏡観察を行うことにより，菌の単一性を確認する必要がある。

前述の方法による生物資源の分離の留意点は，現在の技術で培養できるのは環境中の微生物の 1 ％に満たないと考えられていることである[3]。すなわち，培養を土台にしたスクリーニングでは，99 ％以上の生物資源を逃していることになる。それに対処するため，これまで培養できなかった菌株の培養を可能にするべく培養法の改善の努力がなされている[3]。その一方，培養を経ないスクリーニングの試みもなされている。この方法では，環境試料を遺伝子源とみなし（メタゲノム，環境ゲノム），環境試料から直接抽出した DNA を用いて大腸菌などの適当な宿主でメタゲノムのライブラリーを作成し，その後，表現形質を指標に目的酵素をコードする遺伝子を有する形質転換株をスクリーニングする[4),5)]。これは，遺伝子操作技術の向上とその自動化技術の進展が可能にしたアプローチ法であろう。ただ，このアプローチも同様な遺伝子のみが取得されてしまうなど，改善しなければならない点が多々あり，今後も培養を土台とした従来のスクリーニング法が主流を占めると考えられる。

1.1.2　保　　　存

代表的な短期保存法は，寒天培地のスラントおよびプレートでの保存である。簡易であることや，実験にすぐに使える形態であることから，よく利用される保存方法である。保存用

---

† 肩付き数字は各節末の参考文献番号を表す。

の培地には合成培地を用い，4℃で保存するとより保存性が高いとされている。それでも1週間から長くても2か月に一度は植え継ぐ必要がある。このように継代の頻度が高いことから，スラントおよび寒天培地での継代培養による保存では，しばしば有用形質が弱くなったり消失したりすることがある。したがって，スラントおよび寒天培地で保存する場合は，万が一を考慮し，他の確実な保存法で併せて保存しておく必要がある。簡便な保存法としては，低温（−70℃）保存がある。この保存方法も短期保存の範疇に入るが，形質を安定に保ち1〜3年間は保存することが可能である[2]。保存する際には，培養液に最終濃度15〜50%のグリセロールもしくは5%のジメチルスルフォキシド（DMSO）を凍結防止剤として添加する。保存状態から再生するには，37℃程度で急速に解凍して適当な培地に植菌する。

長期保存法には，凍結乾燥（L乾燥）法と超低温（−196℃）保存法がある。いずれの方法によっても，ほとんどの菌株を40年以上にわたって安定に保存することができることが知られている[2]。きわめて高い有用性が認められた菌株は，必ずこれら長期保存法で保存すべきである。L乾燥法には専用の機器が市販されているが，図1.2に示すような簡単な装置でも行うことができる。まず，菌体細胞を凍結乾燥用の分散媒に懸濁し，L乾燥バイアルに分注する。分散媒としては，20%スキムミルクおよび12%ショ糖のほか，10%デキストラン，馬血清，イノシトール，ラフィノースもしくはトレハロースが利用されている。冷媒（ドライアイス＋エチレングリコール）で凍結した後，真空乾燥させる。真空乾燥後，バイアルをバーナーで熔封し，2〜8℃で保存する。再生するときは，L乾燥バイアルを開封し

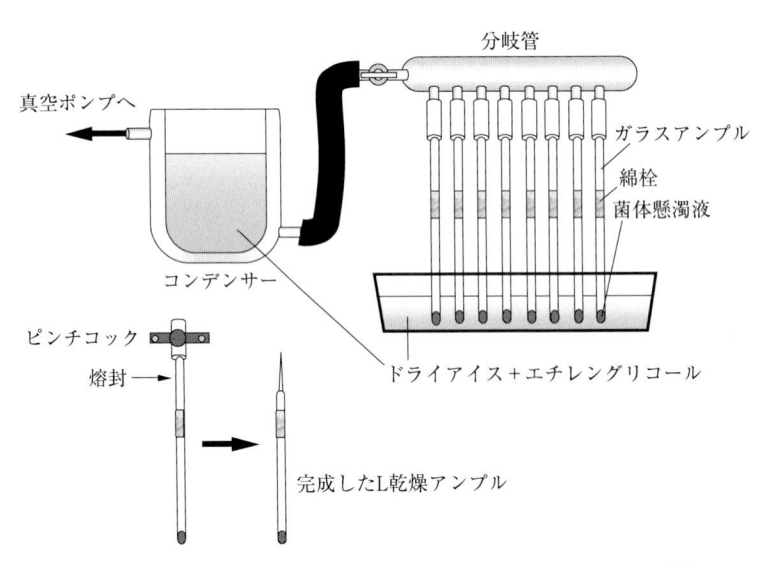

凍結乾燥後，アンプルはコネクター部分をピンチコックで密栓して分岐管からはずす。その後，綿栓上部をバーナーで熔封する。

図1.2 L乾燥アンプル作成用の凍結乾燥装置

た後，適当な培地に乾燥菌体を懸濁し，培養する．超低温保存法では，菌体を10％グリセロール溶液もしくは5％DMSOに懸濁した後，液体窒素内で保存する．凍結する際，1℃/min程度の速度で冷却すると良好な結果が得られる．再生は，低温保存法と同様に37℃程度で急速に解凍した後，適当な培地で培養することにより行う．分離菌株の保存の具体例は，文献2)および6)を参照されたい．

1.1.3 育　　種

スクリーニングされた菌株が当初から十分な生産性，反応収率および安定性を示すことはまれである．したがって，スクリーニング後に育種を行う必要がある．育種の第1ステップは，菌株による物質変換反応の形態，すなわち，単一酵素による反応なのか，複数の酵素反応から構成される代謝系に依存した反応なのかを明らかにすることである．

単一酵素による反応であるならば，いかにその酵素を大量発現させるかが，育種のポイントになる．そのためには，酵素生産菌株を変異剤処理して高生産変異株を取得したり，あるいは，当該酵素をコードする遺伝子を強力なプロモーターの制御下に配置したプラスミドをその菌株に導入して，高生産を行わせることが考えられる．また，酵素遺伝子が取得されているならば，酵素生産菌株にこだわらず，大腸菌や枯草菌などの他種の宿主で高生産しても構わない．もう一つ育種のポイントとなるのは，生産物阻害や不安定性などの不利な性質の克服である．そのためには，まず酵素の性質を明らかにし，そのデータに基づきタンパク質工学的な手法で改善させていくことになる．

目的生産物の生産が代謝系に依存してなされている場合は，細胞内での生産物への物質の流れおよびエネルギーの流れをいかに太くするかが育種のポイントとなる．したがって，この育種のためには，代謝系の解明，代謝系に関与する遺伝子の特定および取得，代謝系の制御（遺伝子発現制御および酵素活性レベルでの制御）の解明がまず必要となる．その情報に基づき，生産物合成経路の遺伝子発現を強化し，生産物の分解系は欠失させる代謝工学的な手法で育種を行う．これまでアミノ酸，核酸および抗生物質の発酵生産の技術開発を通じ，突然変異導入を利用したさまざまな代謝制御手法が開発されている．この古典遺伝学的育種法は遺伝子工学的手法よりも時間を要する一方，遺伝子が取得されていない場合や対象菌株の遺伝子組換えが困難な場合でも適用可能という利点を持つことから，現在でもその利用価値は高いといえる．代謝工学に関しては本書第4章，遺伝子工学的および古典遺伝学的育種技術の詳細は文献7)の第2章，タンパク質工学は文献7)の第3章を参照されたい．

参　考　文　献

1) 山里一英,森地敏樹,宇田川俊一,児玉　徹：微生物の分離法 復刻版,R&Dプランニング (2001).

2) P. Gerhardt, R. G. E. Murray, W. A. Wood and N. R. Kreig (ed.)：Methods for general and molecular bacteriology, American Society for Microbiology (1994).
3) 今中忠行 監修：微生物利用の大展開，pp. 190-196，エヌ・ティー・エス（2002）.
4) 津田雅孝，小松春伸，大坪嘉行，永田裕二：環境細菌ゲノムと環境 DNA，J. Environ. Biotechnol., **3**, pp. 69-78（2004）.
5) 竹下春子，松永　是：マリンバイオテクノロジーとメタゲノム戦略，J. Environ. Biotechnol., **3**, pp. 79-87（2004）.
6) 鈴木昭憲，荒井綜一 編：農芸化学の事典，pp. 502-505，朝倉書店（2004）.
7) 日本生物工学会 編：生物工学ハンドブック，コロナ社（2005）.

1.2　アクリルアミド

岐阜大学　長澤　透

1.2.1　バイオプロセスによるコモディティケミカルズの生産

　コモディティケミカルズ（汎用性大量生産型化成品）はバルクで売買され，合成プロセスの中間体となる場合がほとんどであり，付加価値が低い。ファインケミカルズとは対照的に，その製品価格に占める原料価格の割合が高く，触媒調製コストの占める割合が大きい。したがって，バイオプロセスをコモディティケミカルズの生産工程に適用することは，決して容易ではない。バイオプロセスが経済的に，従来の化学合成プロセスを凌駕するには，かなりの生産効率（反応液当たりの著量の生成物の蓄積と高い収率）ときわめて純度の高い製品が得られるなどの特徴が要求される。また生体触媒の繰り返し使用が可能でなければ，従来法に太刀打ちできない。しかしながら，もし優れた経済的なバイオプロセス法が開発されれば，ファインケミカルズに比べて，コモディティケミカルズのほうが，環境問題，省エネルギー，資源保護に対するインパクトは圧倒的に大きいといえる。最近，米国では，グリーンケミストリー（ホワイトケミストリー）の重要性が強調され，大手化学企業がバイオマスからの各種コモディティケミカルズの発酵生産に取り組んでいる。しかしながら，コモディティケミカルズの実際の工業生産にバイオプロセスが採用された例はまだまだ数少なく，ここに採り上げたアクリルアミド生産は，バイオプロセスによるコモディティケミカルズ生産の初めての成功例といえよう。

1.2.2　アクリルアミド生産法の変遷

　アクリルアミドは高分子凝集剤，紙力増強剤をはじめ種々のポリマー原料として広い用途がある（図1.3参照）。その原料であるアクリルアミドモノマーの最近の需要量は，世界で年間20万トンを超え，国内で5万トンを超える典型的なコモディティケミカルズである。その工業的製造法は，American Cyanamid 社により1952年に開発された硫酸水和法に始

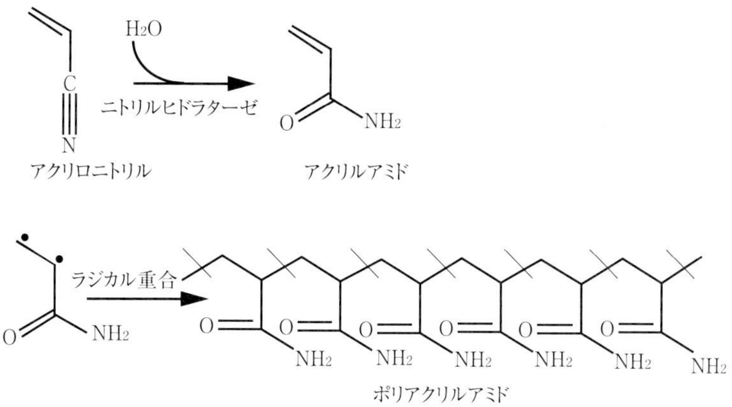

図1.3 アクリルアミドの重合によるポリアクリルアミドの生成
（効率のよい重合には，高純度のアクリルアミドが必要）

まる。この方法の難点は，大量の中和塩を副生することである。1970年代前半になり，この欠点を補う方法として登場したのが，還元銅などの重金属系触媒を用いる水和法である。この方法によって，アクリルアミド製造プロセスは飛躍的に合理化され，以後はもっぱらこの銅触媒法によって生産されてきた。しかし，欠点として触媒調製，再活性化の煩雑さと脱銅イオン処理の手間，副反応（アクリロニトリルやアクリルアミドの部分的重合）が不可避なため，生成物の純度が低いことなどが挙げられる。

1980年代に入り，微生物を用いる試みが，日東化学工業（現 三菱レーヨン）と京都大学の研究グループにより着手された。京都大学の研究グループは，各種ニトリル化合物の微生物分解機構を酵素レベルで検討中に，新規酵素ニトリルヒドラターゼを発見した。ニトリルヒドラターゼはニトリルのアミドへの水和反応を触媒し，酸はまったく生成しない新規酵素であった。

$$R-CN + H_2O \longrightarrow RCONH_2$$

ニトリルヒドラターゼの発見は，酵素を用いた新しいアクリルアミド生産の可能性を示唆する強いインパクトとなった。その後，研究の進展とともに，強力なニトリルヒドラターゼ生成菌，*Rhodococcus* sp. N 774，*Pseudomonas chlororaphis* B 23，*Rhodococcus rhodochrous* J 1が分離され，工業用触媒として使用されることになる[1]。

1.2.3 バイオプロセス生産法の特徴

ニトリルヒドラターゼを含む活性菌体をポリアクリルアミドによって包括固定化し，ビーズ状にして反応系に添加される。工業生産時の反応条件は10°C以下，pH 7.5，アクリロニトリルは1.5〜2.0%を超えない濃度に保たれ，経時的に連続添加される。その転換率は99.9%以上である。リアクター出口のアクリルアミド濃度は50%である[2]。固定化菌体（触

媒）は活性がなくなるまで繰り返し利用される。

図1.4に還元銅触媒法とバイオプロセス法を比較した。未反応のニトリル回収と銅イオンの分離回収，濃縮の3ステップが省略できる点が特徴的である。この回収精製操作の簡略化は，重合性を有するアクリルアミドモノマーの運転操作上から好ましい。バイオプロセス法の特徴としてつぎのような点が挙げられる。

① 高転換率が得られるため，未反応のニトリルの分離回収を必要としない。
② 水和反応は常圧下であり，高温・高圧や不活性雰囲気を要しない。装置設計の容易さとともに操作運転の安全性が高い。
③ 反応の特異性からアミド選択性がきわめて高く，副生成物がない。効率のよい重合には，高純度のアクリルアミドが必要である（金属不純物や陰イオンの存在は，アクリルアミドのラジカル重合を阻害する）。
④ プロセス全系がコンパクトで軽装備であり，中小の生産規模にも適応性がある。
⑤ 最終生成物濃度は50%水溶液であり，生成物の濃縮操作が不要である（アクリルアミドは50%水溶液として製品となる）。

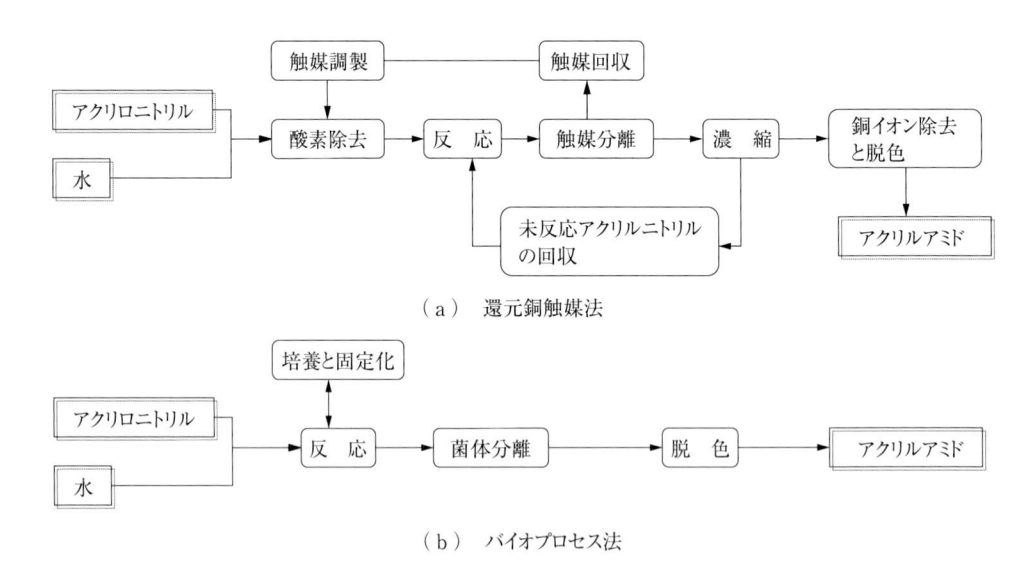

（a）還元銅触媒法

（b）バイオプロセス法

図1.4 アクリルアミド製造における還元銅触媒法と
バイオプロセス法の比較

バイオプロセスの大きな特徴は，その触媒（微生物）を替えるだけで収率や生産性の大幅な増加が達成される点である。現在アクリルアミドの工業生産に用いられている *R. rhodochrous* J1は第三世代の触媒である。当初の工業用触媒に *Rhodococcus* sp. N 774, *P. chlororaphis* B 23が用いられたが，これらはFe^{3+}をコファクターとするニトリルヒドラターゼを生成する。J1はCo^{3+}をコファクターとするニトリルヒドラターゼを生成する。J1

をCoイオンと尿素を添加した条件下で培養すると，菌体の可溶性タンパク質の40%に達する量のニトリルヒドラターゼが強力に誘導生成された。J1の酵素は，これまでの酵素に比べて著しい熱安定性，基質濃度耐性，高濃度のアクリルアミド耐性を発揮した。N 774 やB 23 の場合，30%アクリルアミド濃度で阻害を受け，生産が止まったが，J1は50%アクリルアミド濃度下においてもその触媒活性は影響を受けず，著量蓄積することが認められた[1)~3)]。

表1.1に示したように，生体触媒（微生物）を交換するだけで製造プラントに何の手も加えることなく，著量の生産性の増強が達成された。1991年以来，J1を用いたアクリルアミド生産が開始され，現在はより高活性に育種された組換え菌を用いて年間生産量3万トンに迫る勢いである（三菱レーヨン）。J1を用いた三菱レーヨンのバイオプロセス技術はSNF社によるフランスの新しい生産プラントでも稼働している。同社による米国，中国でのアクリルアミド生産も好調である。その後，三井化学が新たに開発したニトリルヒドラターゼ生産菌（遺伝子組換え菌）を用いた工業生産が韓国企業との合弁会社によって開始された。

表1.1 微生物によるアクリルアミド生産性の比較

	Rhodococcus sp. N 774	*Pseudomonas chlororaphis* B 23	*Rhodococcus rhodocrhous* J 1
アクリルアミドの耐性〔%〕	27	40	50
アクリル酸の副生	少量	なし	なし
培養時間〔h〕	48	45	72
培養液当たりの活性〔U/ml〕	900	1 400	2 100
比活性〔U/mg cells〕	60	85	76
菌体収量〔g/l〕	15	17	28
アクリルアミド生産性〔g/g cells〕	500	850	>7 000
反応液の最終濃度〔%〕	20	27	50
年間生産量〔トン/year〕	4 000	6 000	>30 000
操業開始年	1985	1988	1991

バイオプロセスによるアクリルアミドの製造法について，省エネルギーおよび二酸化炭素排出量削減の評価が試みられた[4)]。これによれば，銅触媒法からバイオプロセスに切り換えることによって二酸化炭素の排出量およびエネルギー使用量をそれぞれ30%削減できたと報告されている。

1.2.4 ニコチンアミド生産への応用展開

J1のニトリルヒドラターゼは脂肪族ニトリルだけでなく，芳香族ニトリルにも作用し，広い基質特異性を特徴としている。よって，3-シアノピリジンを水和して著量のニコチン

アミドの蓄積が可能であり，ニコチン酸を副生しない[5]。スイスのロンザ社と中国企業との合弁会社（Lonza Guangzhou Fine Chemicals）によって，2-メチルペンタンジアミンからピコリンを経て3-シアノピリジンへの化学合成と，J1ニトリルヒドラターゼ生成菌を組み合わせたハイブリッドプロセスの大型プラントが広州に設置され，1997年にここで，年間3000トン規模でニコチンアミドの生産が開始された。最近，新たに南沙にプラントが増設され，年間6000トンにスケールアップされた。ニコチンアミドは，ビタミン，家畜の飼料添加剤として利用されることから，遺伝子組換え菌は用いられていない[6]。

参 考 文 献

1) Nagasawa, T. and Yamada, H.: Trends in Biotechnology, **7**, pp. 153-158 (1989).
2) 足名芳郎，渡辺一郎：化学と工業，**43**, pp. 46-49 (1990).
3) Kobayashi, M., Nagasawa, T. and Yamada, H.: Trends in Biotechnology, **10**, pp. 402-408 (1993).
4) 阪本勇輝，廣渡紀之，柳沢幸雄：環境情報科学誌，**25-3**, pp. 61-66 (1996).
5) Nagasawa, T., Mathew, C. D., Mauger, J. and Yamada, H.: Appl. Environ. Microbiol., **54**, pp. 1766-1769 (1988).
6) 長澤 透，吉田豊和：化学工学，**65**, pp. 409-412 (2001).

1.3　洗 剤 用 酵 素

花王(株)　尾崎　克也

　現在，多くの衣料用や自動食器洗浄機用の洗剤には洗浄力の補助成分として酵素が配合されている。洗剤への酵素利用は国内では1968年のプロテアーゼ配合衣料用洗剤が最初であり，現在ではプロテアーゼのほか，セルラーゼやアミラーゼなどが利用されている。洗剤用の酵素としては一般に，① 洗浄力を増強する機能を持つ，② 洗剤溶液のpHおよび温度において高い活性を有する，③ 洗剤中の他成分の存在下で十分な活性を有するとともに安定である，④ 安全な微生物由来により簡便に高生産できる，という要件を満たす必要がある。これらを満たす酵素を生産する微生物を土壌などの自然界から探索し，生産される酵素の特性・機能・構造の解析・評価，生産微生物の解析を経て洗剤用として優れた酵素が選出される。さらにコスト面から酵素生産性を大幅に向上させて安価に製造する技術開発が必須である。以下，このような洗剤酵素の探索例と酵素生産性向上の例について紹介する。

1.3.1　プロテアーゼ

　現在，国内のほとんどの衣料用洗剤および自動食器洗浄機用洗剤には皮膚角層のケラチンや血液，食品などのタンパク質汚れを分解除去するプロテアーゼが配合されているが，これ

らはいずれも *Bacillus* 属細菌由来の subtilisin ファミリーに分類されるアルカリプロテアーゼである。古くは *Bacillus licheniformis* などの由来で pH 9～10 で最大活性を示す subtilisin（約 28 kDa）が用いられていたが，通常の洗剤溶液は pH 10.5～11 のため，アルカリ性でより高い活性が求められていた。1971 年，掘越ら[1]が pH 11～12.5 で最大活性を示すプロテアーゼを好アルカリ性 *Bacillus* 属細菌に見いだして以来，洗剤用として優れた酵素の探索が進められ，数種類の高アルカリプロテアーゼが開発された[2],[3]。これらはたがいに構造の相同性が高い約 28 kDa の酵素であり，それまでに知られていた subtilisin とは異なるサブファミリーに属する酵素である（図 1.5 参照）。一例として好アルカリ性 *Bacillus* sp. KSM-K 16 株由来の M-プロテアーゼ[3],[4]は，pH 12.3 で最大活性を示し，高いケラチン分解活性と界面活性剤への耐性から，優れた洗剤用酵素として 1991 年に衣料用コンパクト洗剤に配合された。本酵素のアルカリ領域での高い安定性には，N 末端と C 末端を連結するイオン結合の寄与が大きいことがその後の X 線結晶構造解析などにより明らかになっている[5]。

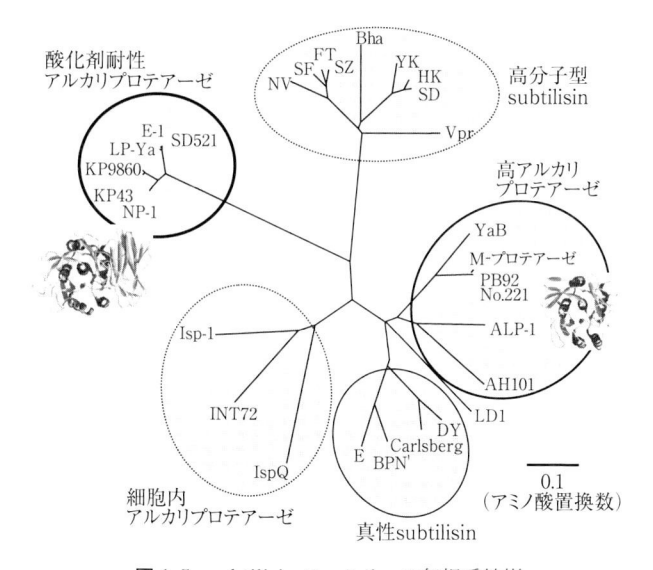

図 1.5 subtilisin ファミリーの無根系統樹

その後もさらに優れた酵素の探索が継続され，近年になって，土壌から分離された好アルカリ性 *Bacillus* 属細菌から，既知の subtilisin 類とは構造，特性が異なる新しいプロテアーゼが見いだされてきた。これらはいずれも酸化剤に対して耐性であり，また一次構造（30～76 kDa）からさらに異なるサブファミリーに属する酵素と考えられる（図 1.5 参照）[5]～[7]。特に，新たに分離された好アルカリ性 *Bacillus* sp. KSM-KP 43 株由来の KP-43[5]は，洗剤成分である酸化剤，キレート剤に対して耐性を示すとともに高濃度の脂肪酸の存在下でも酵素活性が維持され，皮脂成分と共存するタンパク質汚れの除去効果が期待され

る[6]。このように長い歴史を持つ洗剤用プロテアーゼであるが，現在もさらに優れた酵素の探索が継続されている。

1.3.2 セルラーゼ

洗剤へのセルラーゼの応用は好アルカリ性 *Bacillus* sp. KSM-635 株由来のアルカリセルラーゼ[4),8),9)] で最初に実用化された。本酵素はセルロース非結晶領域を加水分解する酵素であり，pH 9.5 に作用至適を有する。皮脂などの汚れは木綿などの繊維を構成するセルロース分子の非結晶領域に残存し，通常の洗剤で除去することが困難であったが，本酵素はこの非結晶領域に作用して皮脂汚れなどを除去する効果を持っている。また界面活性剤やキレート剤存在下で高い活性と安定性を示し，さらに前述の洗剤用アルカリプロテアーゼに対しても耐性を持つなど，洗剤用として重要な要件を兼ね備えていた。本アルカリセルラーゼは，それまでとは異なる新しい視点の洗浄機構を持つ酵素として 1987 年にコンパクト衣料用洗剤に配合され，皮脂汚れなどを効果的に除去して木綿肌着などの白さを高めるなど（図 1.6 参照），洗浄力の向上に寄与してきた。その後もさらに酵素の改良を目指して酵素探索が継続されており，同様の洗浄機構に加えて熱や界面活性剤に対してより高い安定性を持つアルカリセルラーゼ S 237（土壌からの分離菌，好アルカリ性 *Bacillus* sp. KSM-S 237 株由来）[10)] が見いだされている。

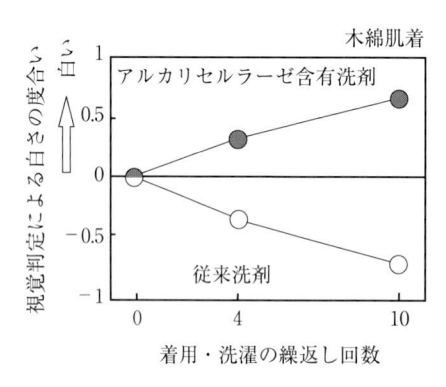

図 1.6 アルカリセルラーゼの洗浄効果

一方，カビの一種 *Humicola insolens* 由来のセルラーゼは木綿繊維の柔軟化や鮮明化効果を示す酵素として見いだされた[2)]。繊維表面の非結晶性の微細繊維に作用して，けばを除去することにより鮮明化効果を示すが，結晶性領域には作用しないため繊維を著しく損傷しないことが報告されている。

1.3.3 アミラーゼ

でんぷんなどの α-1,4-グルコシド結合を加水分解するアミラーゼは，食品などに由来するでんぷん汚れを除去する酵素として一部の衣料用洗剤や自動食器洗浄機専用洗剤に配合さ

れている。現在,主として *B. licheniformis* 由来のα-アミラーゼ BLA が用いられているが,作用至適 pH は中性付近である。そこで,洗剤中でより高い活性を持つ酵素の探索が行われた結果,pH 8.0〜9.5 に作用至適を有し,pH 10 で BLA の数倍の比活性を示すアルカリα-アミラーゼが,新たに自然界から分離された好アルカリ性 *Bacillus* 属細菌から見いだされてきた[11),12)]。特に,好アルカリ性 *Bacillus* sp. KSM-K 38 株由来の酵素は,既知のアミラーゼと比較して酸化漂白剤やキレート剤に対して高い安定性を示す優良酵素である[12)]。従来,アミラーゼは活性構造の維持に必要なカルシウム(Ca)原子を含んでおり,キレート剤で処理すると速やかに失活することが知られていたが,本酵素はカルシウムを含まない新規なアミラーゼであることが X 線結晶構造解析などにより明らかにされている(図 1.7 参照)[13)]。さらに既知アミラーゼにおいて,酸化剤による失活原因とされる活性中心近傍のメチオニン(Met)残基も,酸化されにくいロイシン(Leu)残基に置換されていた。キレート剤や酸化剤を含む洗剤溶液中ででんぷん汚れを効果的に分解できる酵素としてその利用展開が期待される。

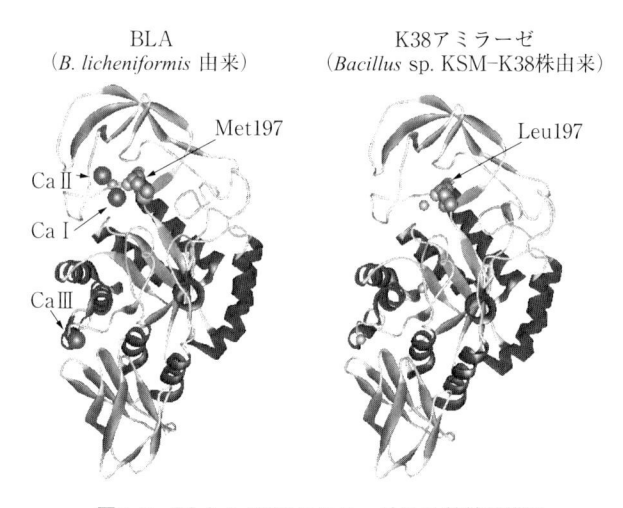

図 1.7 BLA と K 38 アミラーゼの X 線結晶構造

以上のように洗剤用として優れた酵素の探索例を述べてきたが,以上のほかにも脂質汚れを分解するリパーゼや衣類の色移りを防止するペルオキシダーゼなどが開発されている[2)]。微生物はさまざまな自然環境に適応しており,そのために生産される酵素の多様性が高い。自然界の多様な酵素の中から用途,目的に応じて優れた特性や機能を持つ酵素をいかに効率的に探索するかが,洗剤用などの有用酵素を開発する上できわめて重要なポイントであるといえる。

1.3.4 酵素生産性の向上

以上のようにして見いだされた優良酵素を洗剤用として実用化するためには,酵素を安価で大量に製造する技術が必要であり,通常は酵素生産性を野生株の数千倍にまで向上させな

ければならない。その方法として，古くは突然変異法による生産菌の育種改良が行われており，例えば，前述のアルカリセルラーゼ生産菌では細胞壁膜合成を阻害する抗生物質に対する耐性株が野生株の数倍の生産性を示すことが報告されている[9]。また当然ながら，生産微生物に応じて培地や培養条件の最適化検討も行われる。一方，遺伝子組換え技術はより効率的な高生産化方法としての期待が大きく，目的酵素を高生産するための宿主・ベクター系の開発検討が行われている。さらに近年では微生物のゲノム情報を利用して酵素などの生産に不要な遺伝子群を除去し，必要な遺伝子を強化することによって，酵素高生産に特化した産業用宿主の開発研究が産官学の共同で進められている[14]。酵素生産性の飛躍的な向上によって生産コストの大幅な低減が達成されれば，洗剤に配合される酵素の種類や量の大幅な増加も可能となる。高い洗浄力を持ち，かつ環境にフレンドリーな本格的バイオ洗剤への進化が，今後，おおいに期待されるところである。

参 考 文 献

1) Horikoshi, K.：Agric. Biol. Chem., **35**, pp. 1407-1414 (1971).
2) 上島孝之：酵素テクノロジー，pp. 2-15，幸書房（1999）．
3) Kobayashi, T., Hakamada, Y., Adachi, S., Hitomi, J., Yoshimatsu, T., Koike, K., Kawai, S. and Ito, S.：Appl. Microbiol. Biotechnol., **43**, pp. 473-481 (1995).
4) Ito, S., Kobayashi, T., Ara, K., Ozaki, K., Kawai, S. and Hatada, Y.：Extremophiles, **2**, pp. 185-190 (1998)
5) Saeki, K., Hitomi, J., Okuda, M., Hatada, Y., Kageyama, Y., Takaiwa, M., Kubota, H., Hagihara, H., Kobayashi, T., Kawai, S. and Ito, S.：Extremophiles, **6**, pp. 65-72 (2002).
6) 小林　徹：極限環境微生物学会誌，**3**, pp. 58-60（2004）．
7) 佐伯勝久：日本農芸化学会2005年度大会講演要旨集，p. 511（2005）．
8) Ito, S., Shikata, S., Ozaki, K., Kawai, S., Okamoto, K., Inoue, S., Takei, A., Ohta, Y. and Satoh, T.：Agric. Biol. Chem., **53**, pp. 1275-1281 (1989).
9) 伊藤　進，尾崎克也：新しい酵素研究法，pp. 176-186，東京化学同人（1995）．
10) Hakamada, Y., Koike, K., Yoshimatsu, T., Mori, H., Kobayashi, T. and Ito, S.：Extremophiles, **1**, pp. 151-156 (1997).
11) Igarashi, K., Hatada, Y., Hagihara, H., Saeki, K., Takaiwa, M., Uemura, T., Ara, K., Ozaki, K., Kawai, S., Kobayashi, T. and Ito, S.：Appl. Environ. Microbiol., **64**, pp. 3282-3289 (1998).
12) Hagihara, H., Igarashi, K., Hayashi, Y., Endo, K., Ikawa-Kitayama, K., Ozaki, K., Kawai, S. and Ito, S.：Appl. Environ. Microbiol., **67**, pp. 1744-1750 (2001).
13) Nonaka, T., Fujihashi, M., Kita, A., Hagihara, H., Ozaki, K., Ito, S. and Miki, K.：J. Biol. Chem., **278**, pp. 24818-24824 (2003).
14) 尾崎克也：バイオサイエンスとインダストリー，**62**, pp. 93-96（2004）．

1.4　化学品生産のための微生物の探索から生産現場まで

(株)三菱化学科学技術研究センター　安田　磨理

　製造業は，仕入れた原料を加工し付加価値を与え製造販売することにより利益を得ている。日本のようにコストの高い国では高付加価値を与えることにより，労働コストの低い国に対抗せざるを得ない。微生物変換による化学品の製造は高付加価値を生み出す手段の一つであり，日本はその技術に優れているため，各企業のライバルは国内にいるといっても過言ではない。だが実のところ微生物変換の最大の競合技術は化学的合成法である。化学合成ではできにくいものを酵素変換により効率的に行うことにより優位性を出さなければならない。位置選択的変換，立体特異的変換，保護基を要しない変換などがその例である。われわれはこれらの技術で医薬や農薬の中間体を工業化してきた。今回は微生物による位置特異的水酸化を特徴とした農薬中間体クロロピリジンの製造（**図 1.8** 参照）を例に，基礎研究開始から工業化に至るまでの流れとかぎとなる検討項目を紹介する。

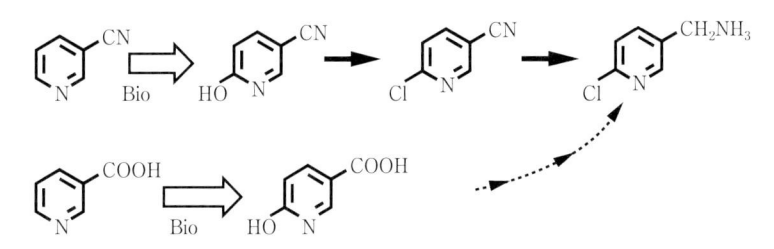

図 1.8　農薬中間体クロロピリジンの製造

1.4.1　スクリーニング条件を決める

　農薬中間体として 6-クロロ-3-アミノメチルピリジンの需要があり，有機合成のグループとともに開発研究を開始した。当初は有機合成による生産プロセスの開発のみが行われていたが，位置選択的な置換基の導入が困難なことからバイオプロセスの検討を開始した。当時ニコチン酸の 6 位の位置選択的水酸化はすでに権利化され，工業生産する企業もあったが，ニコチン酸を出発原料とした場合，その後の誘導体化に還元反応が必要になるという問題点があった。そこでより還元的な側鎖を残したまま水酸化することを目標とし，ピコリンやピリジンメタノール，シアノピリジンを基質として水酸化の検討を行った。しかし，ピコリンやピリジンメタノールでは側鎖の酸化が副反応として起こりやすく，収率の低下を招いた。そこでシアノピリジンを出発原料とし，その水酸化を行う微生物の取得を目指し，岐阜大学の長澤　透教授に助言をいただきスクリーニングを行った。スクリーニングでは酵素を誘導する培地や培養条件，および反応条件をいかに設定するかで成否が決まる。この条件の

設定は類似反応があればそれを参考に，なければさまざまに条件を検討するしかない。既報の文献を参考にしたところ，培地への誘導基質の添加が必要なこと，また反応は好気的であることが予想された。これらの仮定のもと，当社の保有株コレクションを用いてスクリーニングを開始した。これは目的とする反応がどの微生物種で行われるかという情報を大まかに得るためである。そしてそこで得られた情報をもとに，さらなる高活性株を天然の資源より探索した。スクリーニングの結果，グラム陰性細菌 *Comamonas testosteroni* が顕著な活性を示すことを突き止めた。しかしここに到達するまで紆余曲折があった。まず誘導基質として当初はニコチン酸を用いていた。それ自体は誤ってはいなかったが，実はその誘導効果は決して高いものではないことが後に判明した。さらに検討開始時はまったく活性が見られなかったのであるが，これは反応容器と栓が適切ではないことが原因であった。当初の予想から通気には気を留めていたが，容器の通気性を過信してしまったこと，反応容器が少量であったため，それ以上の通気ができなかったことが裏目に出てしまった。スクリーニングがあまりに思わしくなく，水酸化の反応が見られないので，試しに栓をせずに一晩反応させた。翌日，反応容器は案の定乾いていたが，あきらめずに乾燥物を水で抽出し分析すると，ヒドロキシシアノピリジンが検出された。しょせん人間の考える仮説など微生物には当たっていないことが多いのである。これで十分だろうとか，これでは無理だろう，といった初期の考えにあまり拘泥せず何ごとも試してみることが重要である。特に新規な反応を見つけたければ常識にとらわれずに，徹底的にさまざまな条件を試すことが大事なようである。

1.4.2 高活性株を探す

さて，スクリーニングの培養および反応方法がだいたい定まったところで，つぎに日本各地の土壌から高活性の株を探すこととした。一般的に自然界からのスクリーニングは資化性を指標に行われることが多い。これはさまざまな微生物群の集合から目的とする菌株を効率よく濃縮できるからである。しかし今回の水酸化反応の場合，シアノピリジンの資化性で探索すればシアノ基が酸化されてニコチン酸となって代謝する菌株が濃縮され，目的の活性を持つ微生物が取れないと考え，資化ではなく耐性を指標に行った。シアノピリジンには毒性があるが，水酸化されたヒドロキシシアノピリジンはより毒性が低い。したがって，シアノピリジンに耐性のある株は強いシアノピリジンの無毒化活性，すなわち水酸化活性を有している可能性があると考えたのである。土壌を，シアノピリジンを含んだスクリーニング培地に入れ，30°Cで数日静置後，カビの生育を抑えるシクロヘキシミドを入れた普通寒天の培地に広げた。さまざまな微生物が生育したので，スクリーニング当初は無作為に菌を拾い評価していた。しかし *C. testosteroni* のように特徴的な広がったコロニーとなるものが活性株であるというデータが蓄積し，以後は類似したコロニーを選択的に取得し評価した。これによ

り，活性のない株を拾うことはほとんどなくなり，活性株の中からさらに高活性な株を選抜することを初期の段階から行えることとなった。現在はプレートから菌を拾うのにロボットを使用する研究室も多いのではないだろうか。しかし，人の目での判断というのが何よりも優れたスクリーニング方法となることがしばしばある。わずかな色味の違いやコロニーの厚さなどを人は瞬時に判断できる。海外の研究機関は合理的にロボットを導入し，人を減らして網羅的に研究することを得意としているが，古典的ではあるが人の目で菌を拾ってくるほうが効率がよい場合もあるということである。このようにいってみれば日本独特のスクリーニング法も捨てたものではない。

1.4.3　活性株を工業化に向けて検討する

培養液当たり 1 g/l の生産性であったが，効率的スクリーニングにより 10 倍の活性を持つ株を見つけることができた。つぎにこれらの株を用いて培養および反応検討を行った。まず培地に添加する誘導剤を検討した。ピリジン環の 3 位あるいは 6 位に置換基が入った化合物も誘導能を検討した。反応基質であるシアノピリジンには誘導効果はなく，逆に生育を阻害した。検討の結果，6 位にハロゲンの入ったニコチン酸が有効であることがわかった。スクリーニングは継続して行っていたが，この結果を受けて途中からは培地に 6-クロロニコチン酸を添加した。われわれはスクリーニング条件を一定とせずに得られた実験結果を反映させ，条件を適宜変えていくようにしている。さらに培地の炭素源や窒素源も各種検討し最適化した。炭素源はリンゴ酸，窒素源は安価なコーンスティープリカーとグルタミン酸ナトリウムを最終的に選択した。検討時には培地成分のコストや工業的に入手可能かどうかという観点も重要視している。同等の効果の培地成分であればより安いものを，国内品と海外品の比較であれば入荷の日数も考慮して国内のものを選択する。開発研究段階からつねに工業化時のイメージを持ちながら検討することが重要である。培地成分だけでなく生産プロセスの全工程を考えるときが特に重要である。例えば，ラボでは 15 000×g の遠心力で集菌することは容易だが，工業生産時には 10 000×g が限度であり，設備によってはさらに低い遠心力しかない場合もある。また，ラボの少量の培養液はものの数分で処理できるが，工業生産時には遠心分離に半日から 1 日近くを要する。これは何を意味するのであろうか。「ラボの実験で，最も活性の高いときは培養時間 20 時間目で，それ以降急激に活性が下がるとわかりました。培養 20 時間目に遠心して菌体を回収してください」と工場のスタッフに依頼しても無理なのである。ラボで瞬間的に出る高い活性値に満足するのではなく，高い活性が安定して存在するように改良や工夫を心掛けなければいけない。培養時の条件もしかりである。溶存酸素を増やすために通気と回転数を最大限にし，検討しても実機で同条件は実現できない。逆にラボでは安全面からファーメンターの内圧をさほど上げないのだが，生産現場

では水深何mもある釜の中で培養するのであるから，水圧により自然と圧力が掛かるのである。こういったさまざまな差を考慮しながら慎重に検討しなければならない。もちろんすべて実機に合わせることは到底無理であり効率も悪い。要は「いまラボでは効率を考えてこの条件，こういうタイムスケジュールで行っているが，実機ではここが問題となるな」と意識を持ちながら検討すればよい。大雑把にラボの実績の半分程度の活性しか出ないだろうと考えて，初期の生産量の予測を立てることも一つの手段である。

クロロピリジンの検討に話を戻すと，培地や培養条件，反応条件の検討が終了し生産性がかなり向上したものの，培養後高活性な状態が短時間しか続かず，ダウンストリームの過程で活性低下するおそれがあった。そこでわれわれは活性の安定化に寄与する培地成分や培養条件を検討し，さらに活性が安定であることを指標に菌を育種することにより，工業生産することができた。

1.4.4 お わ り に

現在われわれは，当時とは比べられないスピードで開発することを要求されている。これを達成するにはスクリーニングの効率化，開発期間の短縮が必須の課題である。われわれはスクリーニングの効率化において，ガラス試験管を用いることはほとんどなくなった。近年HTS対応で種類の増えた96穴や48穴ディープウェルで，培養と反応を培養液を移し替えることなく行っている。また市販のウェルのみならず，オリジナルのラックや遠心機などに種々の工夫をすることにより効率を上げている。これはウェルの簡便さ，すなわちナンバリングの手間が少ない上に，大量サンプルを1回の操作で遠心や培養器にセットできるなどの特徴を保ちつつ，かつ，個別のサンプルの遠心具合や濁度を目視できるように工夫したものであり，遠心ローターの設計はサクマ製作所に依頼した。実験器具を市販品のものを用い，公知の方法で検討するだけでは，他の研究機関との競争に勝つことはできない。いかにユニークで効率的なアイデアで研究を進めるかが成功のかぎではないかと思う。また工業検討期間の短縮に関しては，早いうちからの工場との情報交換を行い，早期におたがいの工業生産時のイメージを共有することにより達成している。ラボのこの操作が実機ではどうなるのか，また実機での工程を検討するのにラボではどういう機器で検討すればよいかといったことを頭に入れ，独りよがりにならない検討を心掛けている。ラボだけで成功しても意味はない。工場で生産することがゴールなのである。

2 バイオインフォマティクス

2.1　バイオインフォマティクスのおさらい

九州大学　花井　泰三

2.1.1　はじめに

2001年にヒトゲノムのシークエンスが決定された。現在では，微生物をはじめとしたさまざまな生物種のゲノムのシークエンスが決定されている。生物の設計図である遺伝子情報が明らかになっていれば，mRNAやタンパク質およびそれらの働きの結果生じる生命現象を解析する際に，大きなヒントを与えることは容易に想像できる。そのため，生物を対象とした研究の方法はゲノムシークエンスが明らかになる前とは大きく変化し，現在は「ポストゲノム（ゲノムシークエンスが明らかになった後の）時代」と呼ばれるようになっている。ポストゲノム時代となり，ゲノム情報を利用してその細胞が有するすべてのmRNAを一度に網羅的に測定する技術が開発され，現在の生物研究では一つの生体分子を対象とするだけでなく，網羅的なmRNAの測定情報を利用することが可能である。また，これと同時に測定装置の技術的進歩で，代謝物やタンパク質についても非常に多くの種類と量を一度に測定する技術の開発も進んでおり，ここから得られる情報も利用することが可能である。このような状況下では，例えば一度の網羅的mRNA量測定実験で，数千から数万種類の測定値を得ることができる。しかし，これだけ多くの測定情報を，何の処理もせずに解析者が直感的に理解することは不可能に近い。そのため，このような網羅的な測定データの解析には，統計学や情報科学に基づいた解析手法の導入が必要不可欠である。このような，ポストゲノム時代の生物学研究に利用される統計学・情報科学を主体とした解析手法の開発および応用研究分野を「バイオインフォマティクス（生物情報科学）」[1),2)]と呼ぶ。

　バイオインフォマティクスの研究分野は，**図2.1**に示すように解析対象別に分類されている。それらは，塩基配列の解析をおもに扱うゲノム解析，mRNAの発現量情報の解析を行うトランスクリプトーム解析，タンパク質に関する情報解析を行うタンパク質立体構造解析およびプロテオーム解析，代謝物に関する情報解析を行うメタボローム解析，細胞で起こる生体現象の振る舞いをコンピュータ上で再現する細胞シミュレーションなどである。これら

20   2. バイオインフォマティクス

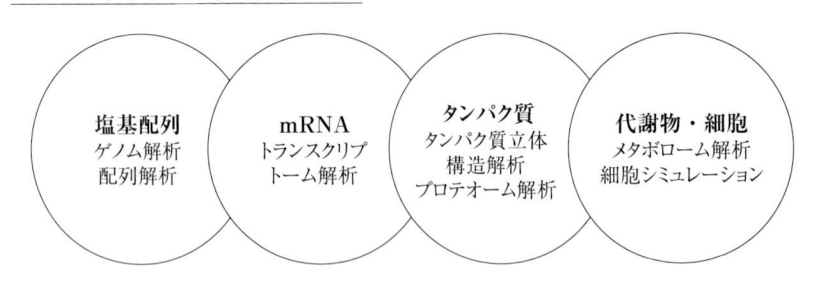

図 2.1 バイオインフォマティクスの研究分野

の解析の結果は，生命現象を理解する上で重要であるのみならず，医学・工学上，大変重要である。ここでは，4章で紹介されているメタボローム解析以外のバイオインフォマティクスの各分野に関して，簡単に説明する。

2.1.2 ゲノム解析

ある生物のゲノムシークエンスが明らかになった場合，われわれが手にすることができる情報は，A（アデニン），T（チミン），G（グアニン），C（シトシン）で構成される塩基の配列（4種類の文字配列情報）のみである。ゲノムの中には，重要な機能分子であるタンパク質の配列以外にも，転写の調節に関与する配列，現在までのところ意味が不明の配列が存在する。しかし，ヒトであれば 60 億，大腸菌であれば 460 万の塩基対の配列情報が存在し，一見しただけでは配列のどの部分がタンパク質に関する配列であるかはわからない。医学・工学上で重要なのはタンパク質の配列情報と，このタンパク質がどのようなときに生産されるかを知るための転写調節関連配列であり，それらをできる限り正確に決定する必要がある。このような解析を取り扱うのが，ゲノム解析および配列解析であり，おもに情報科学の音声認識分野で開発された手法が応用されている。既知のタンパク質の配列情報を配列解析ソフトウェアに学習させることで，未知のタンパク質配列を発見することが可能となる。また，類縁の異なる生物のゲノムを比較することで，どの遺伝子のどの配列が原因でそれらの生物種の性質に違いが出るのかを明らかにすることも可能となる。例えば，ある微生物とその微生物と類縁で強い耐熱性を有する微生物のゲノムを比較すると，配列が異なった部分に注目することで耐熱性獲得の仕組みが明らかにできると考えられる。

2.1.3 トランスクリプトーム解析

細胞内の機能を担う主要な分子はタンパク質であり，細胞内の全種類のタンパク質のそれぞれの量を知ることができれば，その細胞の状況や性質を理解できるはずである。しかし，現在までのところ細胞内に存在する全種類のタンパク質を網羅的に測定することは難しい。一方，ゲノム上の遺伝子が読み出されてタンパク質が作られるときには，まず mRNA が作

られ，そのmRNAをもとにしてタンパク質が合成される。このため，細胞内の各種タンパク質の量がそれに対応するmRNA量に強く相関していると考えれば，細胞内の全種類mRNAがどの程度存在するかを網羅的に測定することで，細胞がどのような状態であるかを知ることができると予想される。mRNAを一度に網羅的に測定する技術はDNAマイクロアレイ（以下マイクロアレイと記す）またはDNAチップと呼ばれており，1990年代中頃に開発され，現在では広く利用されている。例えば，盛んに増殖をしている細胞のmRNAをマイクロアレイで網羅的に測定すると，細胞増殖に関連した遺伝子のmRNAが多く発現していると観察されるであろう。逆に細胞増殖関連遺伝子のmRNA発現量が多い場合は，この細胞は細胞増殖が盛んな状況であると理解できる。前項で述べたように，一度のマイクロアレイ実験によって，数千から数万種類のmRNA量データが得られるため，統計学および情報科学に基づいたさまざまな解析を行う必要がある。このような解析は，遺伝子発現解析またはトランスクリプトーム解析と呼ばれている。遺伝子発現解析としておもに行われる解析方法としては，fold change analysis, クラスター解析[3]，判別分析[4]，遺伝子ネットワーク解析などが存在する[5]。

fold change analysisは，トランスクリプトーム解析で最も基本的なものであり，コントロール細胞と解析したい細胞のmRNA測定値の比を計算し，実験誤差以上の違いがある遺伝子を明らかにする方法である。マイクロアレイによるmRNA測定では，場合によっては最大で数倍程度の誤差があるといわれており，どの程度の比がある場合に発現に違いがあると考えればよいか，というのは重要な問題である。この問題を考えるには，コントロール細胞または解析対象細胞のマイクロアレイによるmRNA測定実験を数度行い，どの程度値がばらつくかを観察した上で，統計学の検定[6]の考えに基づいて誤差と考えられる範囲を決めるべきである。

クラスター解析は，fold change analysisと同じく，トランスクリプトーム解析で最も基本的な解析法のうちの一つであり，複数サンプルのマイクロアレイデータを利用して，mRNAの発現パターンが類似した遺伝子またはサンプルをグループ（クラスター）化する方法である。例えば，微生物培養時に有機溶媒を添加し，一定時間間隔でサンプリングを行い，網羅的mRNA測定を行った場合を考える。この際，発現パターンが類似した遺伝子のクラスターを形成させると，数千から数万の遺伝子は一般的に数個から数十個のクラスターにまとめられる。これらのクラスターを詳しく調べると，有機溶媒添加後に発現が増加する，減少する，ほぼ変化がない，ある程度の時間が経過した後に発現が増加する遺伝子クラスターなどが形成される。最大でも数十程度のクラスターの平均的な遺伝子発現の時間変化は，数千から数万の遺伝子の発現量変化より理解しやすく，現象の理解に大きなヒントを与えると考えられる。また，同じクラスターに分類された遺伝子どうしは，同じ発現調節メカ

ニズムを受けている可能性があり，前に述べたゲノム解析と組み合わせることで，同じクラスター内に分類された遺伝子が共有する転写調節関連配列を発見できる場合もある．

　判別分析は，fold change analysis やクラスター解析より応用研究，特に医学での応用研究に利用される場合が多い．クラスター解析では，解析対象であるサンプルや遺伝子に関して事前の情報がなく，mRNA の発現パターンの類似性に基づいてクラスターを形成させる．一方，判別分析では，サンプルに関する情報（ラベルと呼ばれる）が与えられており，これを利用して解析を進めていく．例えば，事前に「このサンプルはがん細胞で，このサンプルは正常細胞である」というラベルと，網羅的 mRNA 測定結果がある場合，判別モデルと呼ばれる式またはアルゴリズムに，「この発現パターンはがん細胞，この発現パターンは正常細胞」と学習させる．その後，この判別モデルを利用すれば，「がん細胞か正常細胞か不明な細胞」であっても，網羅的 mRNA 測定結果があれば，がん細胞であるか正常細胞であるかが予測できることになる．

　遺伝子ネットワーク解析は，新しい解析方法であり，実際の実験データへの適応例はまだ少ないが，今後重要な解析手法であると考えられる．この解析では，まず，情報科学の手法に基づいて，ある遺伝子の mRNA 発現量が，別の遺伝子の mRNA 発現量の増減にどのように関連しているかという遺伝子の相互作用を明らかにする．つぎに，多数の遺伝子相互作用の全体をまとめてみることで遺伝子（相互作用）ネットワークを明らかにする．例えば，野生株の遺伝子発現量とある遺伝子破壊株の遺伝子発現量を比較した場合，遺伝子を破壊することで大きく発現量が増加した遺伝子は，破壊した遺伝子から抑制の作用を受けているものと考えることができる．このような解析を，解析対象とする遺伝子についてすべて行い，遺伝子ネットワークを求める．

2.1.4　タンパク質立体構造解析およびプロテオーム解析

　ある生物種のゲノムシークエンスが決定されていれば，前出のゲノム解析によってタンパク質の設計図である塩基配列を決定することができ，そこからアミノ酸配列（一次構造）を決定することができる．しかし，タンパク質の立体構造は側鎖の疎水性や大きさに影響を受け，翻訳後の修飾反応などによっても大きく影響を受ける．そのため，一次構造のみから最終的な立体構造を推察するのは難しいと考えられており，基本的には立体構造を調べたいタンパク質を結晶化し，X 線回折データにより立体構造を決定する．しかし，類似の一次構造を持つタンパク質の立体構造がすでに明らかになっている場合は，この立体構造をもとに量子力学計算をすることで，対象とするタンパク質の立体構造を推察することが可能となる．立体構造が明らかになれば，そのタンパク質の機能を明らかにする際，大きなヒントとなるであろう．

一度の実験で，細胞内にある多種類のタンパク質を測定するための方法として，二次元電気泳動法がよく利用される。この方法では，一次元目として等電点電気泳動を，二次元目としてポリアクリルアミドゲル電気泳動を行い，等電点および分子量に基づいてタンパク質を分離する。分離されたタンパク質は染色され，スポットとして検出される。このようにして得られたタンパク質データの解析を，プロテオーム解析と呼ぶ[7]。通常，コントロールサンプルと解析対象サンプルの二次元電気泳動を行い，両者を比較して大きさが大きく異なるスポットや有無に変化があったスポットがある場合は，このスポットに存在するタンパク質の同定を行う。タンパク質の同定を行うためには，まず注目するスポットを切り出し，特異的なアミノ酸配列で切断処理を行うプロテアーゼを用い，タンパク質を多種類のペプチドに断片化する。これらの断片化されたペプチドを質量分析装置にかけることで，断片化された多種類のペプチドの正確な質量が決定される。一方，ゲノムシークエンスとゲノム解析によってタンパク質の一次構造を決定し，各タンパク質を今回の実験で利用したプロテアーゼで処理した結果，生成するペプチドを予測することが可能である。予想したペプチドと質量分析装置から得られた結果が一致したタンパク質が，スポットに含まれていたタンパク質であると予想される。この方法は，マスフィンガープリンティング法と呼ばれている。

2.1.5 細胞シミュレーション

細胞内で行われる主要な代謝反応やその他の反応を，数理モデル化しその全体としての挙動を観察しようとする研究は，シミュレーションまたは細胞シミュレーションと呼ばれている。実験により個々の反応についての知見は蓄積されているが，それら全体としても振る舞いは直感的には理解しにくい。そのため，おもな反応を数理モデル化し，シミュレーションを行う。実験結果を満足する数理モデルが構築できた際には，システム解析[8]と呼ばれる方法で，数理モデル中の反応速度パラメータなどを変化させた場合に，解析対象とする生命現象全体にどのような影響が出るかを調べることができる。このような方法を利用することで，微生物による物質生産プロセスにおいて，物質生産量を最大化させる培養条件の決定が可能となる。

参 考 文 献

1) 高木利久，冨田　勝 編：ゲノム情報生物学，中山書店（2000）．
2) 北野宏明：システムバイオロジー，秀潤社（2001）．
3) 菅　民郎：多変量解析の実践 下，現代数学社（1993）．
4) 石松貞夫：すぐわかる多変量解析，東京図書（1992）．
5) Steen Knudsen（塩松　聡，松本　治，辻本豪三 監訳）：わかる！使える！DNAマイクロアレイデータ解析入門，羊土社（2002）．

6) Marcello Pagano, Kimberlee Gauvreau（竹内正弘 監訳）：生物統計学入門，丸善（2003）．
7) 伊藤隆司，谷口寿章 編：プロテオミクス，中山書店（2000）．
8) 藤井文夫，瀧 論，萩原伸幸，本間俊夫，三井和夫：非線形構造モデルの動的応答と安定性，コロナ社（2003）．

2.2 知識情報処理によるがん診断支援システム

名古屋大学　髙橋　広夫・本多　裕之

2.2.1 はじめに

近年、生物の遺伝子発現状態を網羅的に観測するため手法としてDNAチップ技術が急速に発達してきており，広く利用されつつある。このDNAチップから得られる情報を用いることで，さまざまな疾患，特にがんに関して，個々の患者に応じた医療（テーラーメイド医療）が可能になると考えられ，そのための手法の開発が強く求められている。

DNAチップとは，相補的DNA（complementary DNA：cDNA）や20～100 merのオリゴヌクレオチドをスライドガラスもしくはシリコンの基盤に固定したものの総称で，ハイブリダイゼーション法により，DNAあるいはRNAの状態を定量的もしくは定性的に解析することが可能である[1]。

このチップから得られるデータは，数千にものぼる遺伝子のすべての発現情報なので，生物現象の解明や疾患の診断のために利用するには，まず，その中から有用な注目すべき遺伝子を抽出することが必要である。その手法として，クラスタリングがよく用いられる。クラスタリングとは，遺伝子の発現パターンの類似度に応じて，患者もしくは遺伝子のグループ分けを行う手法である。同じ疾患を持つ患者は，同様な遺伝子発現パターンを示すと考えられることから，クラスタリングを行うことにより，同じクラスターに分類されることが期待される。

2.2.2 クラスタリング

DNAチップにおけるクラスター解析とは，遺伝子発現パターンの類似した遺伝子どうし，もしくはサンプルどうしのグループ分けをする手法である。クラスター解析は大きく階層型クラスター解析，非階層型クラスター解析の2種類に分けられる。クラスター解析を，DNAチップによりN種類のサンプルで実験を行った遺伝子発現データに適用する場合，各遺伝子の発現データをN次元空間の点と考えることで，各遺伝子発現データ間の距離を求めることが可能である。クラスター解析ではこれらの距離を利用して，遺伝子もしくはサンプルを分類する。例えばクラスター解析を時系列データに適用した場合，特定の時期に発現量が上がる遺伝子，下がる遺伝子などのグループ分けを行うことが可能である。

階層型クラスター解析は，遺伝子間の発現値における距離の近さ，遠さなどを指標にして，順次クラスターを形成していく手法である。結果は樹状図として表すことができる[2]。また，このアルゴリズムを用いて解析する場合，Eisen らのホームページ[3]において，プログラムが Cluster ver. 2.11（クラスタリングソフト），TreeView ver. 1.60（樹状図表示ソフト）として公開されているので，容易に解析することができる。

非階層型クラスター解析には，k-means[4]，自己組織化マップ[5]などがあり，階層型クラスタリングと同様，Cluster ver. 2.11 を用いて，容易に解析可能である。

2.2.3 教師あり学習法

クラスタリング手法の多くは，教師なし学習法であり，どのサンプル（患者）がどのクラスターに分類されるべきかといった情報がなくても，クラスタリングを行えることができる反面，正確なクラスタリングは行えない。そこで，前もってどのクラスターに分類されるのかがわかっているデータを学習用データとして用いることにより，正確な分類を行うことができる方法として，教師あり学習法がいくつか考案されている。

従来からしばしば k-近傍法[6]や weighted-voting（WV）法[7]などが用いられてきた。しかし，多くの疾患の発生メカニズムは多因子によるため，多数の遺伝子が複雑に関連し，疾患にかかわっていると考えられ，これらの従来法では対応できない。そこで，多数の遺伝子を組合せとして抽出するための手法として，筆者らは，ファジィニューラルネットワーク（FNN）[8]を高速化した FNN-SWEEP（fuzzy neural network combined with SWEEP operator）法[9]を開発した。この手法を用いることで，高速かつ適切に遺伝子を抽出すると同時に，患者の疾患を診断するモデルを構築することができ，さらに，ファジィ IF-THEN ルールの抽出も可能である。

2.2.4 遺伝子のフィルタリング

DNA チップは，数千から数万もの遺伝子の発現情報を同時に得ることができる有用なツールではあるが，観測する遺伝子の大半が，疾患とは無関係な遺伝子であり，疾患と関連が深い遺伝子の抽出がきわめて重要である。しかし，DNA チップの情報は実験的なノイズを含みやすく，そのため疾患とは無関係な膨大な遺伝子に，偶然，統計的に有意であると判定される危険性があり，統計学的な手法による遺伝子抽出は困難である。

遺伝子の抽出法には，大きく分けて，ラッパーアプローチとフィルターアプローチが存在する。前者は，前述の教師あり学習法を用い，モデルを構築する際に，同時に遺伝子の抽出も行う方法である。後者は，クラス予測モデルを構築する前に，遺伝子をスクリーニングする手法であり，signal-to-noise（S2N）[7]や nearest shrunken centroids（NSC）[10]などや統

計学的な手法であるt検定，マン・ホイットニーのU検定を用いた方法，そして，筆者らが提案する射影適応共鳴理論がある。本節では，この射影適応共鳴理論に焦点を当てて解説する。

2.2.5 射影適応共鳴理論（projective adaptive resonance theory：PART）

ある遺伝子の発現情報を用い，患者を2グループに分類する場合を考えると，従来の遺伝子抽出手法はいずれも，それぞれのグループ内における発現値の平均の差が大きく，かつ，2グループともに遺伝子発現値のばらつきが小さい遺伝子を選択しがちである〔図2.2(a)参照〕。しかし，実際には1グループのみばらつきが小さい遺伝子が多い〔図(b)参照〕。

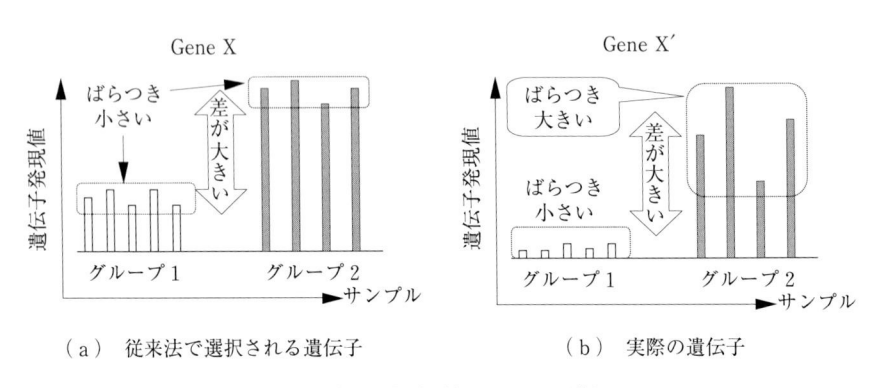

図2.2 従来法が抽出対象としている遺伝子と実際の遺伝子の違い

筆者らは，実際に即したそのような遺伝子を選択すべく，射影適応共鳴理論（PART）[11]に基づいた遺伝子スクリーニング手法を開発し提案した。この理論の基礎となっているのは，1987年にCarpenterとGrossbergによって提唱された認知情報処理モデルの一つ，適応共鳴理論（adaptive resonance theory：ART）[12]である。ARTでは，膨大な入力変数（次元もしくは遺伝子）が存在するとき，入力変数の選択なしには，正確なパターン分類ができない。そこで，この問題を回避するべくCaoとWuによってARTを改良することによって提案された手法がPARTであり，適切なクラスタリングを行うために，最適な入力変数を自動的に抽出する特殊なクラスタリング手法である。筆者らは，このPARTを少し修正することで，重要な遺伝子を抽出するための遺伝子スクリーニング手法を開発した[13]。このPARTを用いることで，図2.3のように疾患に無関係な遺伝子を除去できると考えられる。

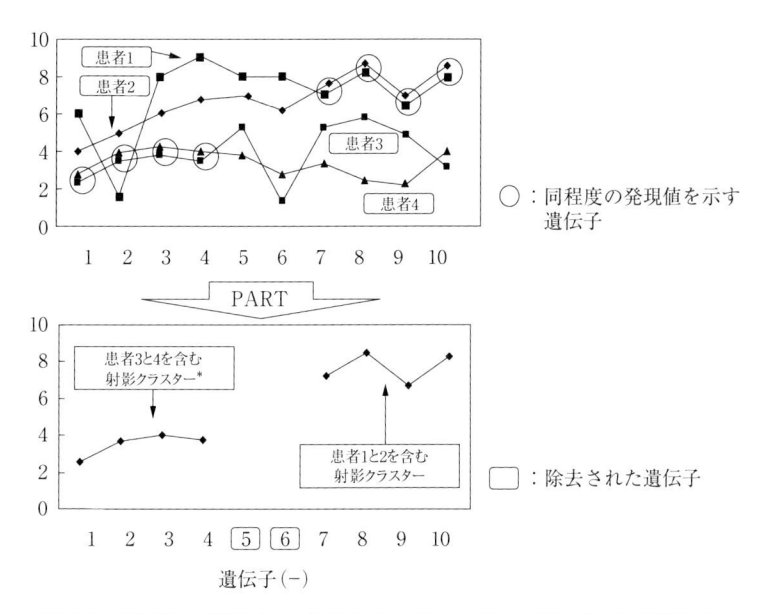

図 2.3　PART の機能〔＊：射影クラスターとは，一部の次元（遺伝子）を無視することによって得られた特殊なクラスターのことである〕

2.2.6　実データにおけるフィルターアプローチの能力の違い

4種類（PART，S2N，NSC，スクリーニングなし）のフィルターアプローチの能力を比較するために，Golub らによって報告されている白血病患者の DNA チップデータ（72症例7 129遺伝子のデータ）[7]を用い，2種類のサブクラス，急性リンパ性白血病と急性骨髄性白血病を診断する問題に，それぞれの手法を応用した。データは，モデル構築用の学習用データとモデルの評価のためのテストデータに分割した。それぞれの手法をモデル構築用の学習用データに応用し遺伝子の抽出を行い，抽出した遺伝子セットを，それぞれ FNN-SWEEP 法を用いることでさらに遺伝子を絞り込み，クラス予測モデルの構築を行った[13]。そして，それぞれのモデルにテストデータを入力し，正答率を比較することでモデルの汎用性を確認した。学習用データにおける正答率は，いずれの場合も，正答率はほぼ同じ約 93％であった。一方，テストデータにおける正答率では，スクリーニングなし，S2N，NSC，PART のそれぞれに対し 76％，85％，88％，97％となり，PART が最も正答率が高いということがわかった。実際に抽出された遺伝子に注目したところ，図2.2（b）に示されるような一つのグループでばらつきが小さく，残りのグループでばらつきの大きい遺伝子が多く抽出されていることが確認できた[13]。このことから，片方のグループのばらつきが小さく，もう片方のグループのばらつきをある程度許容することが重要であることが示唆された。

筆者らの開発した PART による遺伝子スクリーニング方法は，がんのサブクラスの分類に対してきわめて有効な手法であった。この手法を使えば，種々のがんの予後にかかわるマ

ーカー遺伝子を抽出することができ，個々のがん患者の予後予測に使えるだけでなく，新しい治療法や創薬のターゲット遺伝子の決定にもつながることが期待される。現在は，より予測の難しいがん患者の予後を正確に予測するために，FNN-SWEEP法を改良した新しいモデリング手法，ブースト化ファジィ分類器法（boosted fuzzy classifier with SWEEP operator method：BFCS）を開発している[14]。この手法は，ブースティング[15]に基づいた手法で，FNN-SWEEP法よりも，高速，高精度で，さらにFNNの特徴であるIF-THENルールの抽出も可能であり，診断ソフトとしての実用化を検討中である。

参 考 文 献

1) 佐々木博己：バイオテクノロジージャーナル，**5**, pp. 394-396（2005）.
2) Eisen, M. B, Spellman, P. T., Brown, P. O. and Botstein, D.：Proc. Natl. Acad. Sci. USA, **95**, pp. 14863-14868（1998）.
3) Eisen Lab：http://rana.lbl.gov/EisenSoftware.htm（2006年3月7日現在）
4) Somogyi, R.：Elsevier Trends Journal, Cambridge（1999）.
5) Tamayo, P., Slonim, D., Mesirov, J., Zhu, Q., Kitareewan, S., Dmitrovsky, E., Lander, E. S. and Golub, T. R：Proc. Natl. Acad. Sci. USA, **96**, pp. 2907-2912（1999）.
6) Pomeroy, S. L., Tamayo, P., Gaasenbeek, M., Sturla, L. M., Angelo, M., McLaughlin, M. E., Kim, J. Y. H., Goumnerova, L. C., Black, P. M., Lau, C., Allen, J. C., Zagzag, D., Olson, J. M., Curran, T., Wetmore, C., Biegel, J. A., Poggio, T., Mukherjee, S., Rifkin, R., Califano, A., Stolovitzky, G., Louis, D. N., Mesirov, J. P., Lander, E. S. and Golub, T. R.：Nature, **415**, pp. 436-442（2002）.
7) Golub, T. R., Slonim, D. K., Tamayo, P., Huard, C., Gaasenbeek, M., Mesirov, J. P., Coller, H., Loh, M. L., Downing, J. R., Caligiuri, M. A., Bloomfield, C. D., Lander, E. S.：Science, **286**, pp. 531-537（1999）.
8) Horikawa, S., Furuhashi, T. and Uchikawa, Y.：IEEE T. Neural Netw., **3**, pp. 801-806.（1992）.
9) Ando, T., Suguro, M., Hanai, T., Kobayashi, T., Honda, H. and Seto, M.：Jpn. J. Cancer Res., **93**, pp. 1207-1212（2002）.
10) Tibshirani, R., Hastie, T., Narasimhan, B. and Chu, G.：Proc. Natl. Acad. Sci. USA, **99**, pp. 6567-6572（2002）.
11) Cao, Y. and Wu, J.：Neural Netw., **15**, pp. 105-120（2002）.
12) Carpenter, G. A. and Grossberg, S.：Comput. Vision Graph., **37**, pp. 54-115（1987）.
13) Takahashi, H., Kobayasi, T. and Honda, H.：Bioinformatics, **21**, pp. 179-186（2005）.
14) Takahashi, H. and Honda, H.：J. Chem. Eng. Jpn., **38**, pp. 763-773（2005）.
15) Freund, Y. and Schapire, R. E.：J. Comput. System Sci., **55**, pp. 119-139（1997）.

2.3 生命現象のシミュレーション

九州工業大学　倉田　博之

2.3.1　発酵産業のものつくり

　発酵産業のものつくりは，医薬品や食品添加物を含む有用代謝物やタンパク質の工業レベルでの生産を意味している．微生物の育種や培養装置であるバイオリアクターシステムの開発が行われている．これまで有用形質を持つ微生物は，スクリーニングや遺伝子組換え技術によって育種されてきた．抗生物質，アミノ酸，有機酸などは，微生物に突然変異を誘導し，高い生産性を示す株を選択するスクリーニング法が大きな効果を発揮している．ペニシリンをはじめ多様な有用物質の生産株が確立された．インスリンなどの組換えタンパク質は，タンパク質をコードする遺伝子を高効率の遺伝子発現ベクターに導入することによって大量生産されている．

　生命科学のほうに目を転じてみよう．20世紀の分子生物学の著しい進歩によって，細胞の表現型が分子や遺伝子のレベルから解明されつつある．一方，ゲノム科学は，遺伝子の塩基配列解析から始まったが，現在では多岐にわたる生物種の全ゲノム配列が解読され，塩基配列から遺伝子機能を推定するバイオインフォマティクスが進歩している．さらに細胞中の全mRNA分布のダイナミクスを測定するトランスクリプトーム解析，全タンパク質のダイナミクスや相互作用を解析するプロテオーム解析，細胞中の全代謝物濃度を測定するメタボローム解析へと研究が発展している．それらの網羅的実験データから，生命分子ネットワークを推定するための情報技術が開発されている．現在はシステムバイオロジーの時代を迎え，分子生物学やポストゲノム科学の研究成果に基づいて，生命を分子ネットワークシステムとして理解することが求められている[1]．発酵産業においては，先端的生命科学の技術，知識，考え方を取り入れて，有用な生物機能を分子のレベルから，すなわち，ボトムアップの方法で，設計することが期待されている．

2.3.2　生物機能の設計方法

　ボトムアップの考え方に基づいて，有用な生物機能を設計するためには，どのようにすればよいのであろうか．まず精密な生命分子ネットワークマップを構築することであろう．個々の遺伝子機能は，データベースや文献に記述されているが，それらが全体としてどのようなダイナミクスを発揮するのかについては，個々の遺伝子機能情報を収集するだけではわからない．遺伝子機能の総体を包括的に理解するためには，遺伝子が担う生命化学反応をネットワークマップとして，記述することからが大切である．京都大学のKEGG[2]は，遺伝子の産物である酵素が担う代謝マップを網羅的かつ詳細にデータベース化した．さまざまな

生物の主要な代謝ネットワークを検索することができる。

　第二に，ネットワークマップの構造的特徴を理解することである。生命分子ネットワークは，人間が直感的に理解するには，膨大かつ複雑すぎるので，全体をサブシステムに分割して，理解することが大切である。KEGGにおいては，教科書と同じように，代謝を解糖系やTCA回路などにモジュール化している。しかし，そのようなモジュール化は，便宜的なものである。生命システムをモジュール化するためには，ネットワークマップにおけるnodeの結合数，クラスタリング係数などを含む統計量に基づいて，トポロジカルな解析を行う必要がある[3]。

　第三に，生命のダイナミクスを理解するために，ネットワークマップを数理モデル化して，分子濃度の時間変化をシミュレーションすることである。時間変化を微分方程式によって表現し，コンピュータによって計算する技術はほぼ確立されている。ダイナミックシミュレーションを行うためには，細胞中の多数の反応速度定数や分子濃度を測定することが必要である。しかし，それらの細胞内での値を測定することは困難である。速度パラメーターは，細胞外の環境や細胞内の状態に依存して，時々刻々と変化する。また，試験管では，細胞内と同じ環境を実現することが難しいので，試験管におけるデータから細胞内の値を推定することには大きな問題がある。そのような点を考慮すると，速度定数パラメーターを精密測定するというよりは，突然変異株を含めた細胞のさまざまな定量的実験データ（分子濃度の時間変化など）を集積し，それらを説明できる速度パラメーターを最適化する方法が有効であろう[4]。一般に，実験データは少ないので，同じ動的挙動を取り得る速度パラメーターセットは複数生じる。その場合，速度パラメーターの推定精度を示すことが重要になる。

　第四に，ダイナミックモデルのシステム解析を行って，システムの動的特性を理解する。感度解析や分岐解析が標準的な方法である。感度解析は，環境変化や動力学パラメーターの変化に対して，システムの目的パラメーターがどの程度変化するのかを示し，システムのロバスト性（頑健性）を評価する指標である[5]。外的，内的変化に対して，目的パラメーターの変化が小さいとき（感度が小さいとき），システムはロバストであるといえる。分岐解析は，システム方程式の固有値を調べることによって，目的パラメーターが振動するかどうかを明らかにする。心臓の拍動や概日リズムのような自律振動を行うシステムは多数あるので，分岐解析は有効な方法である。

2.3.3　ロバスト性と生物機能の設計

　ロバスト性と物質生産の関係について説明する。ロバスト解析においては，環境パラメーター変化や内部パラメーター変化に対して，システムの目的変数の変化量（感度）について調べる。感度が低いときは，システムはロバストである。一般に，ロバスト性は，負のフィ

ードバックループやネットワーク経路の冗長性によって生み出される．負のフィードバックは，ある変数値が増大したとき，その値変化を小さくし，目的値に近づけるように制御する．経路に冗長性があれば，一つの経路が遺伝子変異で削除されても，代替の経路で信号や物質が伝達される．

　物質生産システムでは，生産速度の向上が目的なので，培養環境変化や遺伝子改変に対して生産速度が大きくなることが望まれる．しかし，一般に生物システムはロバストなので，期待どおりに目的の生産速度は向上しない．そこで，生産システムのロバストな性質を遺伝子組換えによって，消失させることが必要である．そのような試みとして，制御にかかわる多数の遺伝子を除去することによって，ロバスト性を消失させたミニマムゲノムファクトリー細胞が開発されている．それを用いて有用物質生産を行うための研究が，NEDO の生物機能を活用した生産プロセスの基盤技術開発プロジェクトとして，2000 年から始まった．このような研究は，細胞の合理的設計の代表的な例であろう．

2.3.4　生物機能設計プロジェクト

　生物機能を分子レベルから設計するための方法論について説明する．ダイナミックシミュレーションとは異なり，生物機能設計は新しい概念であるので，報告例はまだ少ない．実験による遺伝子回路設計の取組みと，情報やシステム科学からのアプローチがあるので，簡単に紹介する．実験的アプローチとして，遺伝子発現制御のフィードバック回路，正と負のフィードバックを用いたトグルスイッチ，遅れ時間を持つフィードバックによる振動システムの構築が行われた[6]．いずれも数個の遺伝子を用いたフィードバックループに基づく制御系を構築し，理論やシミュレーションによる予測を実験によって再現した．まだ，予備的な実験であるが，物質生産への応用の端緒になることが期待される．一方，情報やシステム科学の分野からは，コンピュータ支援生命設計システムの開発が行われている．電子回路の設計と同様に，生命の個々の部品(遺伝子，RNA，タンパク質，代謝物，複合体など)を，反応(転写，翻訳，結合，修飾など)を用いて結合し，生命分子ネットワーク回路をコンピュータ上に再現する．そのような研究例として，CADLIVE(Computer-Aided Design of LIVing systEms)プロジェクトがある[7]~[9]．CADLIVE は生命分子ネットワークを描画するだけでなく，CAD と同じように，回路のダイナミックシミュレーションを行ってシステム解析をする．ネットワークマップからダイナミックシミュレーションを直接的に連結するための数理モデル自動変換法を開発し，効率的な CAD システムが構築されている（図 2.4 参照）．

　われわれは，CADLIVE を用いて，大腸菌のアンモニア同化システムにおけるフィードバック制御機構をシミュレーションし，システム解析を行った[10]．アンモニア同化は，細胞の炭素源と窒素源の濃度をモニターして，それらの濃度バランスを一定に保つように，環境

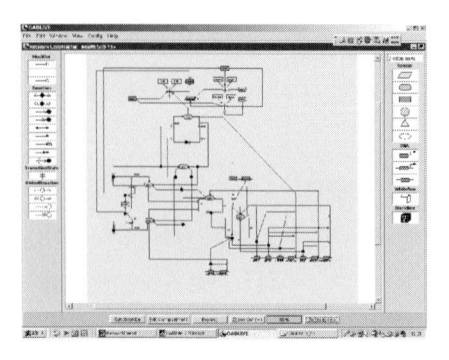

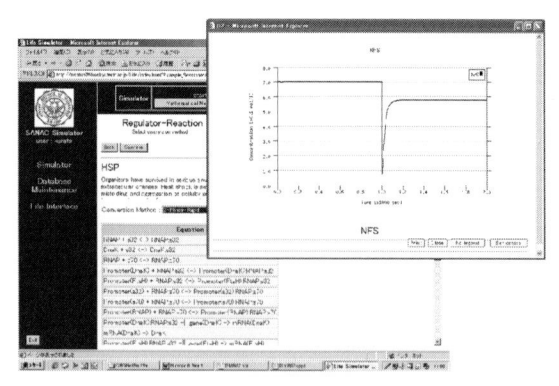

(a) ネットワークマップ
　　描画システム
(b) ダイナミックシミュレーションシステム

図 2.4 CADLIVE システム（大腸菌のアンモニア同化システムのネットワークマップを構築して，シミュレーションを行う）

からのアンモニア同化速度を調節するシステムである。正と負のフィードバックループが多重に張り巡らされた非常にロバストなシステムである。遺伝子欠損に対して，また環境中のアンモニア濃度変化に対しても，高いロバスト性を発揮していることをシミュレーションやシステム解析を行うことによって明らかにした。また，アンモニアが枯渇した状態からアンモニア濃度を増加させていくとき，細胞は高濃度のアンモニア濃度に，迅速に適応できないことが知られている。そのメカニズムを正と負のフィードバックのバランスと，遺伝子の非線形性，すなわち，デジタル的スイッチングの組合せの機構によって生じるヒステレシスであることを明らかにした。ヒステレシス現象やロバスト性を生み出すメカニズムの解明は，ダイナミックモデルを用いたシミュレーションの成果である。

2.3.5　生物機能設計工学の将来

発酵産業における物質生産の設計においては，今後スクリーニングによる方法だけでなく，システムバイオロジーを取り入れた，分子レベルからのボトムアップを重視する生物機能設計が大きな役割を担うことが期待される。ロバスト性を生み出すメカニズムを解明して，合理的な遺伝子組換え戦略を計画する生物機能設計工学が誕生するであろう。生命科学，情報科学，システム工学を融合できる，魅力的な分野であるので，若い方々の参加を期待する。

参　考　文　献

1) Kitano, H.：Science, **295**, pp. 1662-1664（2002）.
2) Kanehisa, M.：KEGG, http://www. genome. ad. jp/kegg/（2006 年 3 月 6 日現在）.

3) Ravasz, E., Somera, A. L., Mongru, D. A., Oltvai, Z. N. and Barabasi, A. L.: Science, **297**, pp. 1551-1555. (2002).
4) Stelling, J., Gilles, E. D. and Doyle, F. J., 3 rd: Proc. Natl. Acad. Sci. USA, **101**, pp. 13210-13215 (2004).
5) El-Samad, H., Kurata, H., Doyle, J. C., Gross, C. A. and Khammash, M.: Proc. Natl. Acad. Sci. USA, **102**, pp. 2736-2741 (2005).
6) Elowitz, M. B. and Leibler, S.: Nature, **403**, pp. 335-338 (2000).
7) Kurata, H., Matoba, N. and Shimizu, N.: Nucleic Acids Res., **31**, pp. 4071-4084 (2003).
8) Li, W. and Kurata, H.: Bioinformatics, **21**, pp. 2036-2042 (2005).
9) Kurata, H., Shimizu, N. and Misumi, K.: Genome Informatics, **15**, pp. 161-170 (2004).
10) Kurata, H., Masaki, K., Sumida, Y. and Iwasaki, R.: Genome Res., **15**, pp. 590-600 (2005).

2.4　生物機能分子ネットワーク解析

九州大学　岡本　正宏

2.4.1　は じ め に

分子生物学の発展により，生体内の個々の遺伝子解析からゲノム解析へ，さらにそこから遺伝子セットとしての機能解析が進みつつある。また，同様に細胞内の個々の代謝過程（酵素反応）から代謝系の解析へ進展し，代謝セット（細胞内タンパク質ネットワーク）としての機能解析も行われようとしており，生命のシステム論的解析（システム生物学）あるいはネットワーク解析がますます進むものと期待される[1]。なぜ，システム的な解析が必要なのだろうか。そもそも，システムとは，① 二つ以上の要素から成り立っている，② 各要素はたがいに定められた機能を果たす，③ 全体として目的を持っていなければならない，④ 単に状態として存在するだけではなく，時間的な流れを持っている，と定義される[2]。さらに，生体内のある種の機能が発現する機構を調べた場合，その機能は，個々の要素単独では発現されないが，要素間の相互作用があることで発現する場合が多々ある。例えば，解糖系のホスホフルクトキナーゼと糖新生系のフルクトース-1,6-ビスホスファターゼから構成される基質サイクル（substrate cycle）系[3]は，スイッチ機能を有するが，正反応の酵素種と逆反応の酵素種が異なる酵素反応システムを構築することで，初めてその機能が発現する。その他にも，カスケード系と超感度現象（ultra-sensitivity）[4]，フィードバック系と振動現象[5]，環状酵素共役反応系（cyclic enzyme system）とフリップ・フロップ（flip-flop）応答[6],[7]など，システムを形成することで機能が発現する例が知られている。このような背景をふまえて，システム生物学は，"生物を一つのシステムとしてとらえる研究分野" と定義される。システム生物学の解析手法としては，① システム同定・推定（system identification）：構成因子とそのネットワーク構造を推定・同定，② システム解析（system analysis）：システムのダイナミクスの解析，③ システム制御（system control）：システ

ムを特定の状態に誘導する制御，④ システム設計（system design）：特定の挙動を再現するシステムの設計，の四つがある。現在のところ，ほとんどの研究は，①と②に集中しているが，バイオプロダクションの最終目標を考えた場合，物質生産の効率化であり，スクリーニングだけでなく，どのように代謝ボトルネックを見つけ，解消するのかをエンジニアリングの立場からアプローチしなければならず，そのための制御方策，設計法（前述の③，④）を見いださなければならない。

2.4.2 代謝ネットワーク解析

　生物機能分子ネットワークの代表的なものに，遺伝子ネットワークと代謝ネットワークがある。遺伝子産物がタンパク質であり，それが代謝酵素である場合，遺伝子ネットワークの挙動変化は，代謝経路の流量変化を引き起こすことから，両ネットワークは，単独で働いているわけではないが，研究対象として，別々に取り扱われていることが多い。古くから代謝経路の研究はかなり精力的に進められてきており，個々の酵素反応の機構や，代謝物質の流れもかなり詳細に知られている。したがって，システム生物学の立場から代謝経路を眺めてみると，システム同定・推定はほぼ成熟段階にあり，研究の主眼は，システム解析とシステム制御に向けられている。ただ，現在知られている代謝経路は，生物のある種の，さまざまな条件での代謝物質の流れを統合して描いたもので，例えば，菌の培養条件変化や新たな刺激付加によっては，オルタナティブな経路（alternative pathway）が発見される可能性は十分に高い。その場合は，システム同定・推定の過程の研究を再度行う必要がある。システム解析の手法は，つぎのような初期の手順に分けることができる[8]。① 適切な数理モデルの構築（mathematical modeling），② 実験データ（特に系に含まれる反応物質のタイムコースデータが有効）を再現し得るキネティックパラメーターの値の推定（parameter estimation），③ コンピュータシミュレーションを行って，新たな実験条件での反応物質のタイムコースを予測する（IT駆動型実験計画），④ 実際に実験を行い，③と同じような結果が観測されるか調べ，もし結果が異なれば，以前の実験結果も含めてそれらを再現するようなパラメーターの値を推定，場合によっては，モデルの再構築を行う（model validation）。この手順までは，システム解析の初期の手順である。多くのシステムでは，すべてのキネティックパラメーターの値が測定できるわけでなく，パラメーターによっては文献データの値を用いたり，任意の値を入力したりすることもあり得る。初期の手順で，一応，実験データを再現し得る数理モデルの構築，パラメーターの値の推定ができたが，つぎに必ず行わなければならないのは，感度解析（sensitivity analysis）である。つまり，実験で観測される反応物質のタイムコースに最も影響を与えるパラメーターがどれであるかを特定する必要がある。例えば，数理モデルを用いて，あるパラメーターの現在設定している値を1％

変化させた場合，観測される反応物質のタイムコースが大きく変化したとする。また，逆に，あるパラメーターの値を 10 倍変化させてもほとんどタイムコースに変化が生じなかったとする。前者のパラメーターは非常に感度が高く，後者のパラメーターは感度が非常に低い。感度の高いパラメーターについては，特に注意を払って，パラメーターの値の精密測定，もしくは，そのパラメーターを含む詳細な反応過程の付加を行う必要がある。逆に，感度の低いパラメーターについては，あまり気にする必要はない。代謝ネットワークを解析する上で，最も広く使われている手法は，代謝流束解析 (metabolic flux analysis)[9] である。代謝流束解析とは，細胞内の代謝系における各代謝反応の反応速度（モル流束）分布を解析する手法である。細胞内の代謝物質濃度は定常であると仮定することによって，代謝系におけるすべての代謝流束が満たすべき収支式を線形代数方程式として構築する。その際，生物の代謝反応経路の骨格を抽出して，簡略化することが重要であり，測定できる流束から，未知の代謝流束を推定することになる。ここで注意すべき点は，① 擬定常状態を仮定していること，② 定常状態に近く，細胞内の代謝物濃度変化がほぼないと考えられる状態にしか利用できないこと，③ 時間変化を考慮しない静的な解析であって，時間変化を考慮した動的な解析は不可能であること，である。代謝流束解析は，刺激を与える前の擬定常状態の流束と刺激を与えて新たな擬定常状態に移ったときの流束の写真，いわば，"snap-shot of metabolic flux at steady-state" をとらえて解析する手法である。現在は，コンピュータの CPU 性能が非常に高く，代謝解析を行うためのシミュレーターも数多く存在する。したがって，実験データを再現し得る洗練された数理モデルが完成すれば，個々の反応物質の濃度の時間変化を表す微分方程式の各項（合成項，分解項）の時間変化を調べることは可能である。これらの項一つひとつは，代謝流束であり，刺激を与えて，新たな擬定常状態に移行するまでの過渡時間内でのこれらの時間変化を調べることは，いわば，"time-sliced metabolic flux during transient state" をとらえる解析手法といえる。この手法をうまく取り入れることで，代謝ボトルネックを見つけることができ，物質生産の効率化へつながる可能性が十分にある。筆者の研究グループは，Win BEST-KIT という独自に開発した代謝経路シミュレーターを用いて，前述の戦略に従って，アセトン・ブタノール・エタノール発酵[10] の代謝ネットワーク解析を行っている。

2.4.3 遺伝子ネットワーク解析

　遺伝子ネットワークの解析については，代謝ネットワークと比べて，システム同定・推定の手法が始まったばかりである。一般に，観測されるシステム要素の動的挙動（タイムコース）からシステム要素間の相互作用を推定することは，一種の逆問題 (inverse problem)[11] である。相互作用ネットワークを連立微分方程式でモデル化する方法が一般に用いられる

が，現段階では，遺伝子間の詳細な相互作用に関する知見が十分でなく，遺伝子ネットワークを構成する物質の生成過程や分解過程がそれぞれいくつのパス（経路）からなるのか特定できないため，質量作用則による表記は不適当である。筆者の研究グループは，これまで逆問題解決のための革新的な突破口として，微分方程式の立式に，べき乗則（power-law formalism）に基づいたS-systemモデル[12]を，観測データを再現する多数の内部パラメーターの自動推定法に実数値GAを適用する方法を提案してきた[13]。S-systemモデルはつぎのようなものである。n個のシステム構成要素（状態変数）X_i（$i=1,2,\cdots,n$）の値（濃度，発現量に相当）が時間的に変動し，X_iどうしが相作用しているネットワークシステムを考える。

$$\frac{dX_i}{dt} = \alpha_i \prod_{j=1}^{n} X_j^{g_{ij}} - \beta_i \prod_{j=1}^{n} X_j^{h_{ij}} \quad (i=1,2,\cdots,n) \tag{2.1}$$

式（2.1）において，g_{ij}は，状態変数X_iの生成過程に関与する状態変数X_jの相互作用係数であり，同様にh_{ij}は，X_iの分解過程（消費過程）に関与するX_jの相互作用係数である。例えば，g_{ij}が正の値なら，X_iの生成過程に対しX_jは＋の作用を及ぼし，同様にh_{ij}の値が負なら，X_iの分解過程に対しX_jは－の作用を及ぼすことになる。α_i，β_iは，それぞれX_iの生成項，分解項に乗じる係数である。式（2.1）は，状態変数X_iの生成過程（右辺第1項）と分解過程（右辺第2項）にシステムを構成しているすべての状態変数X_j（$j=1$,

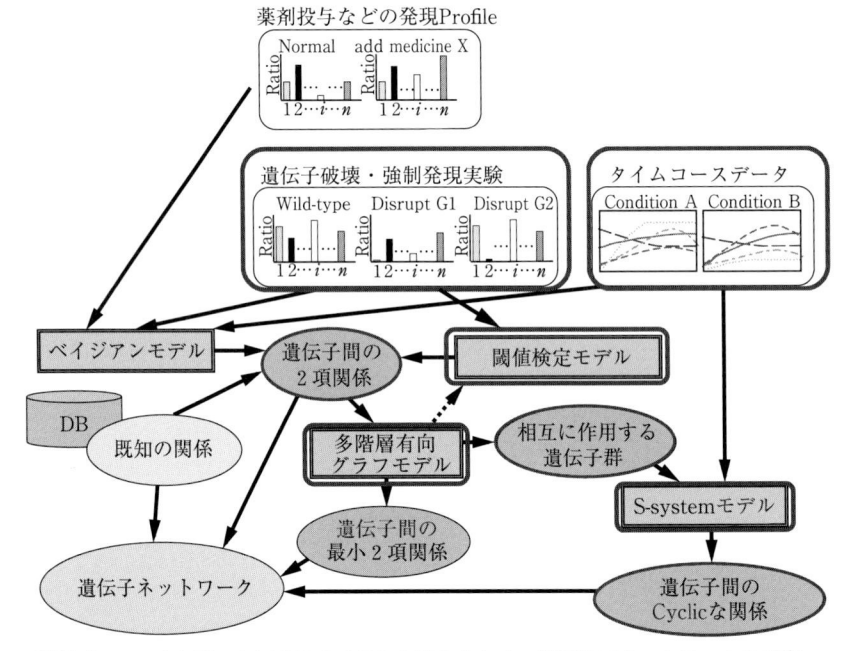

図2.5 遺伝子発現制御ネットワーク推定のための戦略

$2,\cdots,n$) が関与していると仮定する全結線モデルである。もし，X_i の生成過程（あるいは分解過程）に X_j が関与していない（相互作用がない）場合，g_{ij}（あるいは h_{ij}）の値はゼロということになる。しかし，生成過程，分解過程がそれぞれ一つの項で表現されているため，生成項，分解項が複数の経路で構成されている場合は，一般質量作用則（generalized mass action law：GMA）を近似した表現になる。現在のところ，それぞれの遺伝子のmRNAの生成過程，分解過程の詳細な機構は明らかになっておらず，式（2.1）の近似表現法は有効なものと思われる。つまり，g_{ij}，h_{ij} の値を推定することで，相互作用ネットワークが推定できる。このようなS-systemモデルを用いた相互作用推定を含めて，われわれは，図2.5で示すように，発現プロファイルデータに応じて推定モデルを組み合わせ，段階的にネットワークを推定する戦略を考案して，ソフトウェア化している[14]。

参 考 文 献

1) 北野宏明：システムバイオロジー，秀潤社（2000）．
2) 渡辺　茂，須賀雅夫：システム工学とは何か，NHK ブックス，日本放送出版協会（1987）．
3) Okamoto, M. and Hayashi, K.：Biotechnol. Bioeng., **27**, pp. 132-136（1985）．
4) Goldbeter, A. and Koshland Jr., D. E.：Proc. Natl. Acad. Sci., **78**, pp. 6840-6844（1981）．
5) Hayashi, K., Sakamoto, N.：Dynamic Analysis of Enzyme Systems, An Introduction, Springer-Verlag（1986）．
6) Okamoto, M. and Hayashi, K.：J. Theor. Biol., **104**, pp. 591-598（1985）．
7) Okamoto, M., Sakai, T. and Hayashi, K.：BioSystems, **21**, pp. 1-11（1987）．
8) 岡本正宏（清水和幸 編著）：バイオプロセスシステム工学，pp. 351-360，アイピーシー（1994）．
9) Stephanopoulos, G. N., Aristidou, A. A. and Nielsen, J.（清水　浩，塩谷捨明 訳）：代謝工学―原理と方法論―，東京電機大学出版局（2002）．
10) Tashiro, Y., Takeda, K., Kobayashi, G., Sonomoto, K., Ishizaki, A. and Yoshino, S.：J. Biosci. Bioeng., **98**, pp. 263-268（2004）．
11) 富永大介，岡本正宏：化学工学論文集，**25**, pp. 220-225（1999）．
12) 岡本正宏（高木利久，冨田　勝 編著）：ゲノム情報生物学，pp. 165-188，中山書店（2000）．
13) 岡本正宏，小野　功：人工知能学会誌，**18**, pp. 502-509（2003）．
14) Maki, Y., Takahashi, Y., Arikawa, Y., Watanabe, S., Aoshima, K., Eguchi, Y., Ueda, T., Aburatani, S., Kuhara, S. and Okamoto, M：J. Bioinform. Comput. Biol., **2**, pp. 533-550（2004）．

3 ハイスループットスクリーニング

3.1 ハイスループットスクリーニングのおさらい

神戸大学　近藤　昭彦

　1990年代半ば頃から，膨大なライブラリー（多くの分子種のプール）の中から目的の生理活性や機能を持ったターゲットを見つけ出す（スクリーニングする）ためにロボティクス，オートメーションなどの技術を最大限に利用したアッセイロボットによる大量高速スクリーニング，いわゆるハイスループットスクリーニング（high throughput screening：HTS）が探索研究において導入・実施されるようになってきた。ここで，スループット（throughput）は処理量の意味である。

　HTSは製薬企業を中心にして，新しいリード化合物（新薬候補化合物）を発見することを目的として利用されてきている。厳しい競争を繰り広げる先端の製薬会社はそれぞれ自社で，数十万から数百万の化合物ライブラリーを持っている。その中からリード化合物を見つけるのに，HTSは欠かせない。創薬におけるHTSの概要を図3.1に示す。化合物ライブラリーを一つひとつ細胞に加え，その応答を見ることで，探索を行うものである。化合物ライブラリーが飛躍的に増加するなか，ハイスループット化はきわめて重要となる。また，米国は2004年に分子ライブラリーイニシアティブ戦略を発表し，国を挙げて大規模な分子ライブラリーの構築とHTSによる創薬ターゲットとなるタンパク質の解明を行なうことを計画しており，国際的な競争が激化している[1]。

　HTSはコンビナトリアルな手法の発展とともに，その重要性がますます増加している。コンビナトリアルとは組合せを意味する。コンビナトリアルな手法では，膨大な多様性を持った化合物や生体分子を効率よく作り出すことができるが，大きく二つに分類される。コンビナトリアルケミストリー[2]とコンビナトリアル・バイオエンジニアリング[3]である。HTSとコンビナトリアルな手法の融合による探索研究の流れは以下のようである。

　Step 1：コンピュータを駆使したライブラリーのデザイン
　Step 2：コンビナトリアルケミストリーやコンビナトリアル・バイオエンジニアリングによるライブラリーの創製

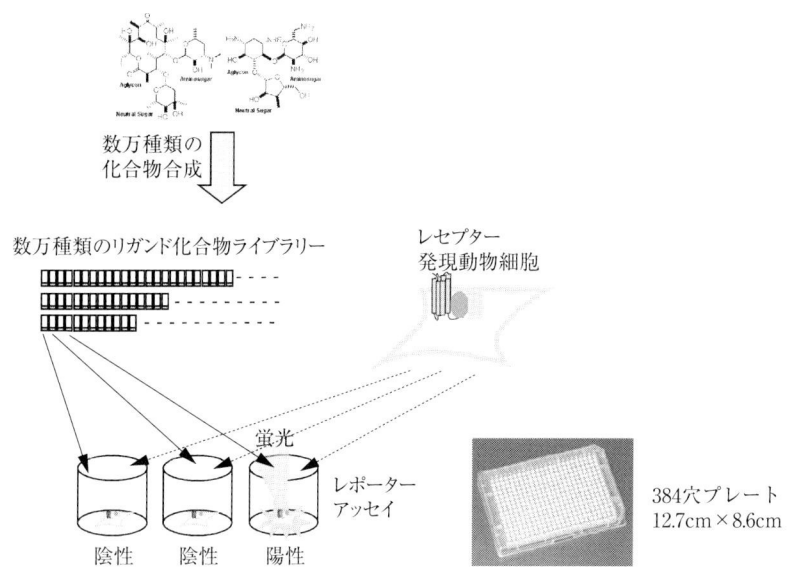

図3.1 創薬におけるHTS（化合物ライブラリーからの迅速な新薬候補化合物の探索）

Step 3：HTSによる迅速評価

Step 4：HTSデータの解析によるライブラリーからの候補の絞込み──必要に応じて再度Step 1へ

　コンビナトリアルケミストリーとは，さまざまなビルディングブロック（合成ユニットとなる低分子化合物）を組み合わせて，多種類の化合物を効率よく化学合成する技術である。一方，コンビナトリアル・バイオエンジニアリングでは，生物学的手法を用いて，ランダムな配列を持つペプチドあるいはタンパク質のライブラリーを構築する。この場合，ビルディングブロックとしては，20種類のアミノ酸に限定されるが，n個のアミノ酸を連結した場合の多様性は20^nときわめて大きくなる。コンビナトリアル・バイオエンジニアリングは新しい機能性分子の創出法であり，つぎの三つの"d"より成り立っている。すなわち，タンパク質やペプチドの分子全体あるいは適当な領域をランダムに多様化し（diversity），それらをディスプレイ（display）するコンビナトリアルファージや細胞ライブラリーを構築し，そこから目的機能を持ったタンパク質をハイスループットに選択する（directed selection）というHTS技術である[3]。

3.1.1 ハイスループット化における課題

　HTSでは，多数の検体を，高速かつ高精度にスクリーニングするために，サンプル管理，アッセイ技術，オートメーションやデータ処理などのあらゆる過程できわめて高い効率

を達成する必要がある。ここでつぎの三つのポイントが重要になる。

① ハイスループット化の手段

② ハイスループット化に適したアッセイ系の開発

③ 情報科学など支援システムの開発

まず，ハイスループット化にはつぎの三つのアプローチがあることが指摘されている[4]。

（ⅰ）　個々の処理や操作を高速に行うこと

（ⅱ）　流れ作業により連続的な処理を行うこと

（ⅲ）　並列処理数を増やすこと

（ⅰ）に関しては，セルソーターや磁性材料の利用を例に，（ⅲ）に関してはマイクロアレイシステムを例に後述する。（ⅱ）に関しての例としては，アッセイにおける各作業をできるだけすばやく行うとともに，反応中にも，つぎのサンプルの前処理を行うなどのオートメーション化により，アッセイロボットのスループットの向上を図る手法が挙げられる。

つぎにハイスループット化に適したアッセイ系として，より簡便，高感度にアッセイを行える系の開発が重要である。例えば，必要な試薬類を混合するだけで測定が可能になるアッセイ手法，すなわちホモジーニアスまたはミックス・メジャーアッセイ技術の開発が精力的に展開されている。また，本来，多数の動物を使って行わなければならなかったアッセイを，培養細胞で行うことが可能になれば，実験動物の削減の観点からも大きなメリットがある。例えば，創薬現場における新規化合物の体内動態や毒性を，細胞をベースにしたアッセイで行う技術が精力的に開発されている。いずれの場合においても，HTSでは多数の検体を処理する必要から，一検体への評価は簡便にならざるを得ないため，質の高いアッセイ系を構築する必要がある。

最後に，支援システムであるが，情報科学を活用したライブラリーデザインの開発が精力的に行われている。膨大な候補からターゲットを探し出す場合，HTSを行う前に論理的なアプローチでターゲットを絞り込むことがきわめて重要である。例えば，多様な候補分子の中で構造的に類似したものをクラスター化し，各クラスターの代表的なものだけを選抜してHTSを行うものである。これは，構造の類似した分子は，生物学的な活性も類似しているという原理を基礎としている。また，ターゲットとなるタンパク質の基本構造が明らかな場合は，立体構造情報に基づきコンピューター上で候補分子とタンパク質を結合させて，よい結合性を示した群を候補とすることができる。また，HTSを行った場合，大量のデータがアッセイロボットから吐き出されるため，そのデータ管理や解析がきわめて重要になる。

このようにHTSの開発や展開にはさまざまな面があるが，本節ではハイスループット化のアプローチの具体例としては，超並列処理を目指してのマイクロアレイシステムと，高速処理を目指したセルソーターや磁性微粒子材料について述べる。

3.1.2 マイクロアレイシステムによるHTS[4]

HTSでは高速なスクリーニングを達成するために，並列処理はきわめて有効なアプローチである。従来96穴マイクロプレートを用いていたが，さらなる高速化，低コスト化を図るために，アッセイ系のミニチュア化が進められ，最近では384穴，1536穴プレートといった高密度プレートを使用するようになり，さらには超高密度なマイクロチャンバーアレイの開発が活発化している〔図3.2(a)参照〕。マイクロチャンバーアレイの開発では，半導体分野で培われたリソグラフィー技術や薄膜形成技術，エッチング技術といった微細加工技術が適用可能である。さらに，最近では，LIGA（Lithographie, Galvanoformung und Abformung：印刷，メッキ，射出成形のドイツ語）プロセスの利用などにより，より安定かつ精密な加工が可能になってきている。こうしたチップをバイオ分野で応用するためには，その表面修飾技術はきわめて重要であり，さまざまな試みがなされている。現在，一辺が10～100 μmのチャンバーを10万個以上持つスライドガラス大のチップも作成されている。一辺が10 μmのチャンバーの容量は，1pl（ピコリットル）であることから，極微量サンプルハンドリング技術がきわめて重要である。インクジェットプリンタの技術を応用してnl（ナノリットル）からplオーダーの液滴操作も可能になってきている。

こうしたナノチャンバーアレイチップにさまざまな化合物，生体分子や細胞を配置することで，さまざまなHTSが可能になりつつある〔図(b)参照〕。DNAチップ，タンパク質

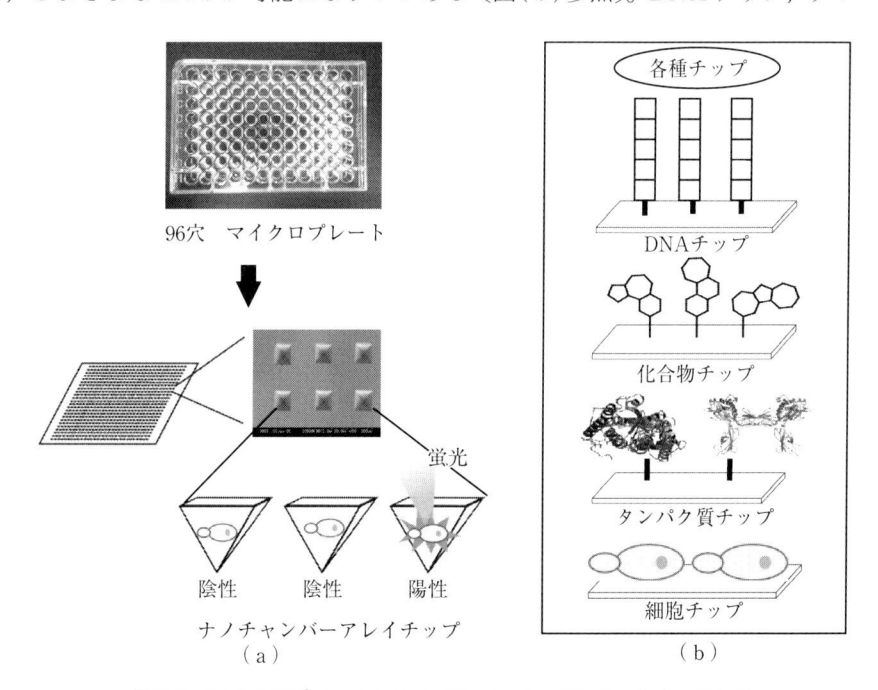

図3.2 マイクロプレートからナノチャンバーアレイへ(a)，およびナノチャンバーアレイを活用した各種チップ(b)

チップ，ペプチドチップ，化合物チップ，細胞チップなどが代表的な例である。

3.1.3 フローサイトメーターによるHTS[5]

フローサイトメーター (fluorecence activated cell sorter：FACS，または，flow cytometry：FCM) は，ターゲット分子と相互作用する細胞を選択するのに，最もよく用いられてきている手法である。FACSは，細胞一つひとつについて，その光散乱強度（前方散乱：細胞の形態や内部構造に依存）や細胞表面にある分子の種類や量を，蛍光標識分子を用いて蛍光染色することで計測できる優れた装置であるが，その原理の詳細は他書を参照されたい[6]。また，FACSを用いることで，目的の分子を細胞表面に持つ細胞のみを分離（セルソーティング）できる。FACSは高価な装置であることが欠点ではあるが，その目的細胞の選択や濃縮に関してはきわめて優れており，1回の操作で，数百倍から千倍の濃縮が可能であることが多い。これは，分離に固相を使わないことから，非特異的な吸着といった問題がないためである。また，分子の標的細胞に対するアフィニティーと，その発現量を同時にモニターしながら選択できる点でもFACSは優れた手法である。現在，よりHTSに適したFACSの開発も進められている。

3.1.4 新しい磁性材料の開発によるHTS[7]

磁性微粒子材料を使う方法は，基本的には，目的分子と相互作用する分子を磁性微粒子材料表面に固定化したアフィニティー磁性微粒子を用いて，標的細胞を高効率に選択していく手法であり，特に高価な設備を必要としないことから，汎用性の高い手法として注目されている。近年，多様な磁性微粒子材料が市販されつつあるが，従来は，磁気分離の観点から（ナノ粒子の磁気分離はきわめて困難なため）ミクロンサイズの粒子が用いられてきた。しかしながら，ナノ粒子材料は，ターゲット生体分子や細胞を分離する上できわめて有効である。ただし粒子径が1μm以下の磁性微粒子は通常の磁石で分離することが難しいため，特別の仕掛けが必要である。そこで，筆者らは，磁性ナノ粒子材料を合成する際に，微粒子に外部刺激（温度，光，電場，pHなど）応答性を付与することを考えた。例えば磁性ナノ粒子材料を熱応答性高分子（温度変化によって，高分子が脱水和する，あるいはポリマー間の相互作用が変化する）で被覆した熱応答性磁性ナノ粒子を合成できれば，磁性ナノ粒子を温度変化で凝集させることにより，磁石によって迅速に集めることが可能となる〔図3.3(a)参照〕。すなわちナノサイズの磁性粒子でありながら，きわめて迅速な磁気分離が可能な革新的な材料となる。この熱応答性磁性ナノ粒子に生体分子をビオチン-アビジン相互作用などで固定化すると〔図(b)参照〕，ライブラリーの中から目的分子を高効率に磁気分離濃縮することができる。

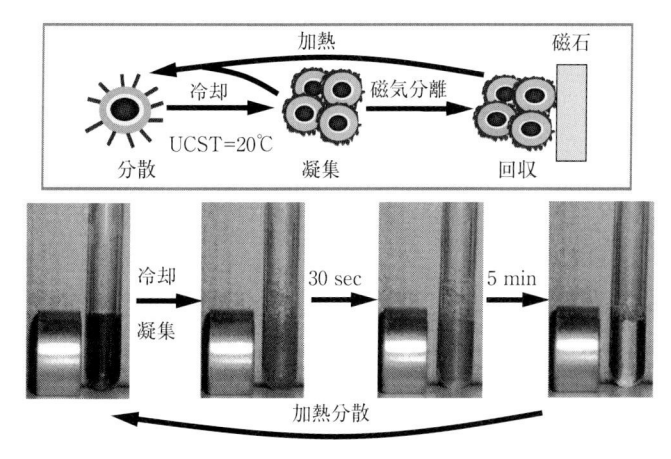

(a) 熱応答性磁性ナノ粒子

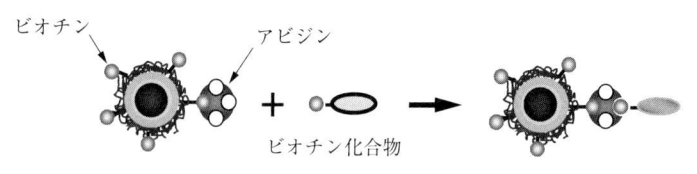

(b) 生体分子の固定化

図3.3 熱応答性磁性ナノ粒子と粒子上へのビオチン-アビジン相互作用を介しての生体分子の固定化

3.1.5 おわりに

ポストゲノム時代に突入し，HTSはさまざまな分野で重要性が今後もますます増大していくものと考えられる。また，μTAS（micro total analysis system）や Lab on a chip の概念（シリコン，ガラス，プラスチックなどの「チップ」の上に半導体製造技術を応用して微細な溝のネットワークを作り，この中に微量の試料溶液を導入して，これを電気泳動などの力を利用して操作し，反応・分離・検出などを行うもの）による集積型マイクロデバイス上に，ナノテクノロジーで加工を行った次世代型ナノバイオデバイス[8]など，つぎつぎに新しいハイスループット化の動きも出てきており，今後の展開が期待されている。

参 考 文 献

1) Austin, C. P., Brady, L. S., Insel, T. R. and Collins, F. S. : Science, **306**, pp. 1138-1139 (2004).
2) コンビナトリアルケミストリー研究会 編：コンビナトリアルケミストリー，化学同人 (1997).
3) 植田充美，近藤昭彦 編：コンビナトリアル・バイオエンジニアリング，化学同人 (2003).
4) 森田資隆, 村上裕二, 金原 健, 民谷栄一：コンビナトリアル・バイオエンジニアリング, pp. 175-179, 化学同人 (2003).
5) K. D. Wittrup : Curr. Opinion Biotechnol., **12**, pp. 395-399 (2001).

6) 中村啓光 監修：フローサイトメトリー自由自在，秀潤社 (1999).
7) 近藤昭彦, 大西徳幸, 古川裕考：未来材料, **2-10**, pp.19-25 (2002).
8) 加地範匡, 長田英也, 馬場嘉信：ナノバイオテクノロジーの最前線, pp.189-193, シーエムシー出版 (2003).

3.2　抗体センサー

東京大学　長棟　輝行

3.2.1　はじめに

抗体は，生体内に侵入する異物に対する免疫防御機能を担う生体分子であり，抗原に対する $10^8 [M^{-1}]$ 以上の高い結合活性と 10^9 以上の多様性を有するため，事実上この地球上に存在するすべての生体分子を認識し，これに結合することが可能な分子である。このような抗体の抗原認識・結合反応（抗原-抗体反応）を利用した抗原濃度の免疫測定法は，ライフサイエンスの研究分野，医薬品製造の品質管理分野，食品衛生検査，医療用検査などの分野で広く用いられている。この免疫測定法として，現在，最もよく用いられている方法は，通称 ELISA 法（enzyme linked immunosorbent assay，酵素標識固相免疫測定法）と呼ばれるものである。この方法は，図 3.4 に示すように，ある抗原の別々の抗原性決定基（エピトープ）を認識する 2 種類の抗体を用意し，一方の抗体（一次抗体）はマイクロプレートの固相に過剰量固定化し，これにサンプル中の抗原を結合させ，さらにもう一方の抗体（酵素のようなレポーター分子で標識した二次抗体）を過剰量加えて抗原に結合させることにより，抗原をこれら 2 種類の抗体でサンドイッチする方法である。

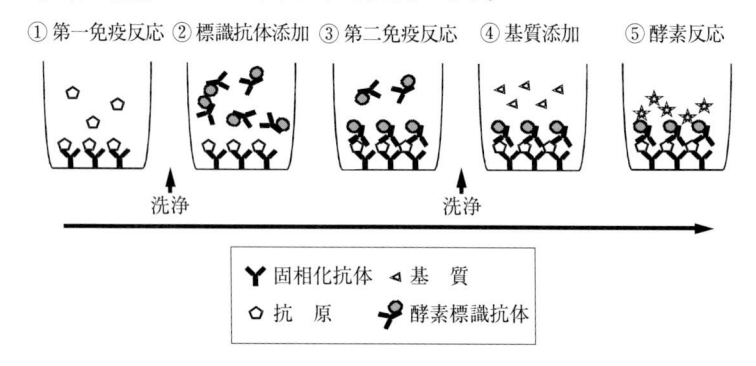

図 3.4　ELISA 法の測定原理

このサンドイッチ法では広い濃度範囲のタンパク性抗原を高感度に測定できる大きな利点があるものの，抗体の固定化や結合，洗浄操作の繰返しといった不均相系に不可欠な煩雑な操作が必要であり，測定に数時間から 1 日を要する測定方法である。また，ここで用いられる抗体はおもにハイブリドーマと呼ばれる動物細胞を培養することによって生産されるが，その生産には 1 ～ 2 か月と長期間を必要とし，微生物培養と比較して培地コストが高いため

生産コストも高いという問題がある．さらに，酵素をレポーターとして標識した抗体はごく微量の抗原を感度よく測定するためにはなくてはならないものであるが，抗体に酵素を化学的に標識する反応の位置特異性が低いため，抗体と酵素の双方の機能が維持された複合体を高収率で得ることは困難である．そこで，このような問題を解決するために，サンドイッチ法による均相系免疫測定法を可能とする抗体センサー分子を遺伝子工学，タンパク質工学を援用した生体分子改変技術により分子構築し，大腸菌を用いて安価に大量生産し，抗原濃度測定に応用することを試みた．

3.2.2 抗体センサーによる免疫測定の原理

抗体分子 IgG は，その定常領域にジスルフィド結合と呼ばれる共有結合が多数存在し，大腸菌ではこの共有結合を正しく形成することが困難なため，正常な立体構造を持った抗体の生産には適していない．これに対して，ジスルフィド結合の数が少ない抗体断片 Fv を，細胞質でのジスルフィド結合形成が可能な変異体大腸菌 OrigamiB で生産することは比較的容易である．そこで，Fv と標識すべき酵素などのレポーター分子を遺伝子レベルで融合し，大腸菌で発現させることにより，抗原認識・結合能とレポーター活性という二つの機能を持つ融合タンパク質の生産に取り組んだ．このような融合タンパク質は，天然の抗体とは異なり，大腸菌で安価に大量生産することが可能であり，またレポーター分子が部位特異的に連結され，二つの機能を併せ持つ単一種の Fv レポーター融合分子が得られるため，免疫測定用の試薬としてきわめて有用である．

不均相系のサンドイッチ法では，一次抗体に捕捉された抗原に結合することによって間接的に固相に固定化された二次抗体と遊離の二次抗体を洗浄操作により分離する Bound and Free（B/F）分離が不可欠であり，手間と時間を要する煩雑な操作が必要であった．しかし，もし抗原に結合した2種類の抗体の近接状態をレポーター分子間の相互作用シグナルとして取り出すことができれば，均相系のサンドイッチ免疫測定法が可能となる．筆者らは，高感度な均相系免疫測定法を目指して，酵素活性の相補性を利用した均相系のサンドイッチ免疫測定法を可能とする一本鎖抗体断片（single chain Fv：ScFv）―フレキシブルリンカー―酵素変異体からなる抗体センサー分子を分子設計・構築し大腸菌で発現生産する系を確立した[1]．

酵素変異体としては，それぞれ単独ではきわめて低い酵素活性しか示さないものの，たがいに近接したときに酵素活性が相補されることが知られている[2]大腸菌由来の β-ガラクトシダーゼの2種類の変異体 $\Delta\alpha$, $\Delta\omega$ を用いた．$\Delta\alpha$ は酵素の N 末端側31残基を欠損した変異体であり，また，$\Delta\omega$ は C 末端側235残基を欠損させた変異体である．測定対象物質が高分子タンパク質の場合，抗原自体が大きすぎるため $\Delta\alpha$ と $\Delta\omega$ が近接せず，酵素活性が相補さ

れない可能性がある．そこで，$\Delta\alpha$ と $\Delta\omega$ が近接した免疫複合体を形成できるように，融合タンパク質の分子設計を行った．すなわち，二つの ScFv がそれぞれのエピトープを認識して免疫複合体を形成した場合に，$\Delta\alpha$ と $\Delta\omega$ が近接できるように抗体断片と $\Delta\alpha$ と $\Delta\omega$ の間に鎖長 4 nm 程度のフレキシブルリンカー〔(GGGGS) の 4 回繰返し配列：FL 4〕を挿入した．**図 3.5** に示すように，抗原分子が存在しない場合，二つの融合タンパク質はたがいに解離しており，$\Delta\alpha$ と $\Delta\omega$ の近接化は起こらないことが予想される．一方，抗原分子が存在する場合，二つの融合タンパク質はたがいに抗原分子と結合し，$\Delta\alpha$ と $\Delta\omega$ が近接化する．その結果，抗原濃度に依存して $\Delta\alpha$ と $\Delta\omega$ の会合体が形成され，酵素活性の上昇が期待される．

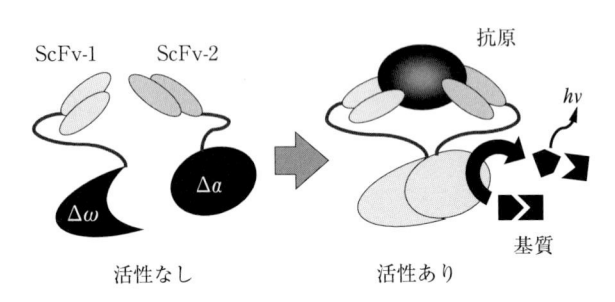

図 3.5 酵素活性の相補性を利用した均相系サンドイッチ免疫測定法の原理

3.2.3 抗体センサーの構築と免疫測定の具体例

ヒト血清アルブミン（human serum albumin：HSA）の二つの異なるエピトープをそれぞれ認識するモノクローナル抗体の ScFv（ScFv 11，ScFv 13）を用いてこのような均相系免疫測定用抗体センサー分子を構築した．発現ベクターの作製においては，大腸菌内で発現タンパク質の可溶化性を高める作用のあるチオレドキシン（Trx）遺伝子を N 末端に挿入し，その下流に抗 HSA 抗体 ScFv 断片，フレキシブルリンカー（FL 4），β-ガラクトシダーゼ変異体の順番にそれぞれの遺伝子を連結した以下の 4 種類の発現ベクターを構築し，大腸菌 OrigamiB の細胞質で発現させた．その後，細胞抽出液から融合タンパク質を Trx と ScFv の間に挿入された His タグ（His の 6 回繰返し配列）を利用した Ni キレートカラムによるアフィニティー精製，引き続き β-ガラクトシダーゼの基質アナログである p-aminophenyl-β-D-thiogalactopyranoside を固定化したアガロースゲルによるアフィニティー精製によって調製した．

① Trx-ScFv 11-FL 4-$\Delta\alpha$ ② Trx-ScFv 13-FL 4-$\Delta\omega$
③ Trx-ScFv 11-FL 4-$\Delta\omega$ ④ Trx-ScFv 13-FL 4-$\Delta\alpha$

抗原を含むサンプルに 2 種類の融合タンパク質（①，②），あるいは（③，④）を最終濃度 1 ng/ml となるように添加した後，抗原と融合タンパク質の複合体形成を促すために 45

分間インキュベートした。さらにβ-ガラクトシダーゼの基質であるGalacton-Plus（Applied Biosystems社）を添加し，60分間のインキュベートにより酵素反応生成物を蓄積させ，化学発光促進剤であるSapphire-II enhancer（Applied Biosystems社）を加え，ただちにルミノメーターにより酵素反応生成物からの化学発光強度を測定した。

　同じ抗原濃度における化学発光シグナル強度は（①，②）の組合せのほうが（③，④）の組合せと比較して約20％増加した。これは，抗原と融合タンパク質の免疫複合体を形成したときの$\Delta\alpha$，$\Delta\beta$の配向性の違いによるものと考えられる。さらに，酵素の安定化剤としてよく利用される冷水魚由来のゼラチンを0.1％添加することにより，添加しない場合と比較して測定感度の著しい増加が見られた（図3.6参照）。このゼラチン添加による感度上昇のメカニズムについてはいまだ不明な点が多いが，ゼラチンが活性型免疫複合体の$\Delta\alpha$と$\Delta\beta$の解離を何らかのメカニズムで抑制している可能性が考えられる。また，抗原濃度1 ng/ml以上になると発光シグナル強度が減少するのは，抗原濃度が高くなりすぎると，抗原分子にそれぞれの融合タンパク質が1個結合しているものの割合が増加し，1分子の抗原に2種類の融合タンパク質が結合している免疫複合体の割合が減少するため$\Delta\alpha$と$\Delta\beta$の会合率が低下し，その結果発光シグナル強度も低下するものと考えられる。

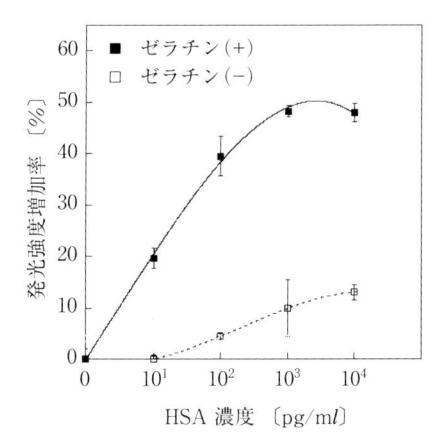

図3.6 抗原HSA濃度と発光強度増加率との関係

　このようなβ-ガラクトシダーゼ変異体の酵素活性の相補性を利用した均相系免疫測定用抗体センサー分子の構築により，HSA濃度を2 pg/ml〜1 ng/mlの範囲で高感度に，約2時間程度の時間で測定することが可能となった。従来のELISA法を用いたHSA濃度測定の場合には，測定に半日程度を必要とし，また測定濃度範囲は1 ng/ml〜1 μg/ml程度である。したがって，本抗体センサー分子を用いることにより，ELISA法と比較して測定時間を約1/6に短縮し，測定感度を約千倍に高めることに成功した。B/F分離が不要であるため，測定の自動化も容易であり，高感度で迅速な免疫測定技術として期待される。

参 考 文 献

1) Komiya, N., Ueda, H., Ohiro, Y. and Nagamune, T.：Anal. Biochem., **327**, pp. 241-246 (2004).
2) Rossi, F., Charlton, C. A. and Blau, H. M.：Proc. Natl. Acad. Sci. USA, **94**, pp. 8405-8410 (1997).

3.3　培養細胞を用いた人体ハザード評価

東京大学　酒井　康行

3.3.1　は じ め に

化学物質は産業や社会に大きな利便をもたらしているが，どんな物質でも適切に使われなければ人体や生態系に有害な作用をもたらす。したがって，ある物質の使用による利便性と人体や生態系へのリスクを見比べて，適切な使用方法（管理方法）を決めていくことが今後ますます求められる。化学物質のリスクを決めるためには，物質が持つ固有の毒性（ハザード）をまず把握し，その情報にヒトや生態系までの暴露可能性を加味することが求められている。また，そのリスクを暴露経路ごとに一定程度以下に抑えるように，さまざまな基準値が設定されている。ここでの課題は，出発点となるハザード評価では多数の動物を使用する *in vivo* 試験に依拠していることで，培養細胞を用いた *in vitro* 法や数理モデルの利用が望まれている。

臓器由来の培養細胞はさまざまな有用生理活性物質の工業的生産に用いられている一方で，個体システムを構成するサブシステムともみなせる（**図 3.7** 参照）。したがって，培養

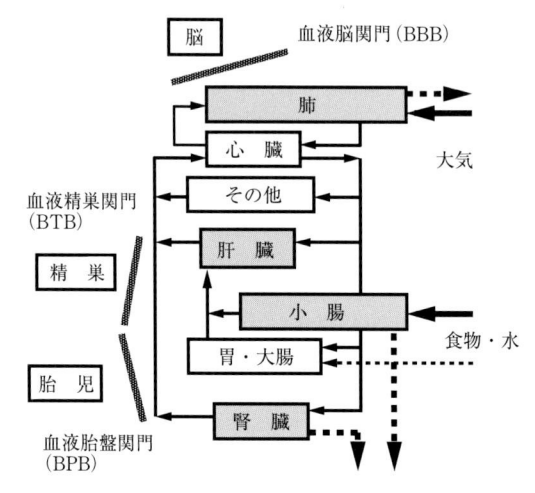

図 3.7　多くのバイオリアクターからなる人体のシステム

細胞を用いた in vitro 法の開発の歴史は古く，そのいくつかは OECD のテストガイドラインへと結実している[1]。しかし，現在までガイドライン化された試験の評価対象は，発がんなど特定のメカニズムに着目したものや，皮膚刺激性など局所的な毒性用などに，依然として限られたままである。その結果，各種化学物質のヒトハザード評価においては，種差の問題はありつつも，長期にわたる動物実験のデータがもっぱら重視されてきている。

本節では，依然として課題が山積する培養細胞を用いた in vitro 毒性評価法からいかに個体レベルのハザードを正しく評価するか，という課題の解決を目指しているいくつかのアプローチを紹介し，今後の方向性を議論する。

3.3.2　数理モデルによる in vitro 評価結果の積み上げ

人体は多くの異なる機能を持つ臓器の組合せでできている（図3.7参照）ため，現状では，投与量に対する急性毒性を予測することさえ，動物実験なしには不可能である。過去に急性毒性の代替法確立を目指して MEIC（multicenter evaluation of in vitro cytotoxicity）と呼ばれる多施設参加の研究プロジェクトが行われた[2]。その結果，ヒトや動物の培養細胞を用いた急性毒性試験とヒト急性血中致死濃度（決して投与量ではない）との相関は高いことが明らかとなった。この結果は，物質の吸収（absorption：A）・分布（distribution：D）・代謝（metabolism：M）・排泄（excretion：E）といった体内動態（ADME）プロセスに関する情報の重要性を改めて指摘することとなった。

動物実験なしに個体レベルのハザードを評価するためには，個別の in vitro 試験から得られる生物学的情報を，生理学的毒物動力学（physiologically-based toxicokinetic：PBTK）モデルにて，個体レベルに積み上げることが提案されている[3]。すなわち，ある暴露シナリオで摂取された化学物質が ADME プロセスの結果，ある標的臓器に蓄積されていく時間変化をシミュレートしようとするものである。いわゆる薬物動力学の世界では以前から行われてきた手法であるが，特に長期にわたるハザード評価への利用はその困難さもあってほとんど進んでいないのが現状である。しかしこのようなアプローチは，従来の動物実験では必ずしも明確でなかった毒性発現メカニズムに基づいた影響評価に必然的に結びつくという観点からも，より合理的・科学的であり，将来のハザード評価体系の中心となる重要なものである。

この視点からヨーロッパでは ECITTS〔ERGATT/CFN Integrated Toxicity Testing Scheme（ERGATT：European Research Group for Alternatives in Toxicity Testing；CFN：Swedish Board for Laboratory Animals）〕プロジェクトが実施された[3]。脳血液関門（blood-brain barrier：BBB）の透過性と神経細胞を用いた in vitro 試験でのデータに基づき，神経毒性物質群の急性・亜急性の LOEL（lowest-observed-effect level）の予測が行われ，実測 in vivo 毒性の 2〜10 倍内といった予測値が得られている。しかし，より一般

的な物質への適用性検証は残念ながら現在までなされていない。

3.3.3 体内動態を左右する組織の培養

ADMEプロセスを制御する臓器としては，吸収（A）について小腸や肺胞，代謝（M）について小腸や肝臓，排泄（E）に関しては腎臓がそれぞれおもなものである。分配（D）に関しては現状では *in vitro* での予測はきわめて難しいが，これに挑むアプローチを3.3.4項で紹介する。代表的な小腸や肺胞，腎臓といった臓器由来の上皮細胞では，体外側と体内側とで物質の輸送を積極的に制御することで，人体のホメオスタシスを保っている。ここでは，濃度差に基づく単純な受動輸送に加えて，各種トランスポータータンパク質を介した能動的輸送の役割がきわめて重要であることが近年徐々に明らかとなりつつある。

さて，これら膜型組織を培養するためには，図3.8に示すような半透膜型の特殊な培養基を用いる。このようにすると，細胞は体内にあった状況をある程度再現して，体内・体外側を認識し，前述のさまざまな輸送を行おうとする。このような培養基は96穴のマルチウェルプレート化までされており，特に創薬プロセスにおいては，LC/MS/MSなどの検出手段と併せてハイスループットスクリーニングの重要な例として挙げられる。

例えば小腸膜のモデル細胞として多用されるCaco-2という細胞（実はヒト大腸がん由来

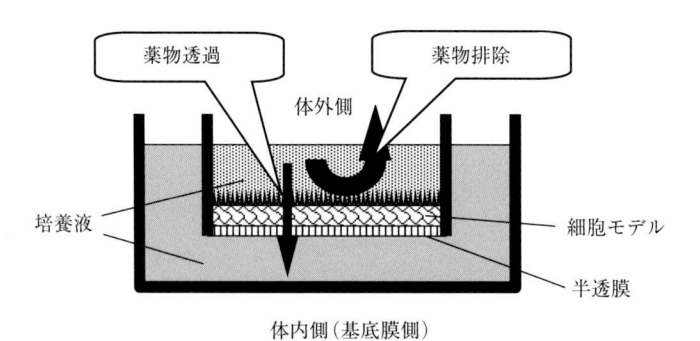

図3.8 半透膜培養基を用いた膜型臓器の輸送評価系

であるが）は，細胞自身が付着している半透膜側を体内側と認識して，グルコース・アミノ酸・水分などを積極的に取り込む。興味深いのは発がん性物質として名高いベンゾ[a]ピレン（BaP）などの多環芳香族炭化水素類を加えたときである。実は小腸には肝臓と同じく豊富な解毒酵素が存在し，その代謝物はトランスポータータンパク質によって積極的に体外に排出するという一連のバリアーメカニズムの存在が明らかとなってきている。BaPは解毒酵素で代謝された結果，ごく一部が非常に強い発がん性物質となるという厄介な物質であるが，この究極の毒性物質をも含むほとんどの代謝物が内腔側に逆輸送され，基底膜側（体内側）にはほとんど検出されなかった[4]。このことを信頼すれば，BaPの発がん性には非常に

長期の繰返し負荷が必要となると推定できることとなる。

3.3.4 マイクロ人体代謝シミュレーター

一般に化学物質の体内での分配（D）においては，臓器の血流量や臓器細胞との特異的および非特異的親和性（疎水性・親水性など）が重要なパラメーターであるとされているが，それを 3.3.3 項のような個別の *in vitro* 試験で予測することはきわめて難しい。

そこで最近，図 3.7 に示すような人体システムの主要部分の再現を目指して，さまざまな臓器細胞を生理学的に結合し灌流培養するというシステムが提案されてきている。このようなシステム構築において，半導体作製技術から派生したマイクロ流体デバイス作製技術が有効に働く。Cornell 大学の Shuler らのグループは，**図 3.9** に示すような肺・肝臓・脂肪組織を生理学的な回路で灌流培養するマイクロシステム（micro cell culture analogue：μCCA）を発表している[6]。彼らは，静脈投与されたナフタレンが肝臓で代謝活性化され酸化ナフタレンとなり，肺に特異的に毒性を発現するプロセスの再現を行い，脂肪組織の存在が肺への障害を大きく抑えることを *in vitro* で初めて再現した。いまだデモンストレーション的な研究であり一般の化学物質への適用性検証は今後の課題ではあるが，*in vitro* 試験法の将来像を示唆するものとして非常に興味深い。一方で，臓器の微細血管網や膜構造を再現するマイクロバイオリアクターも提案されており[6]，より高度なシステムも近い将来に構築されよう。

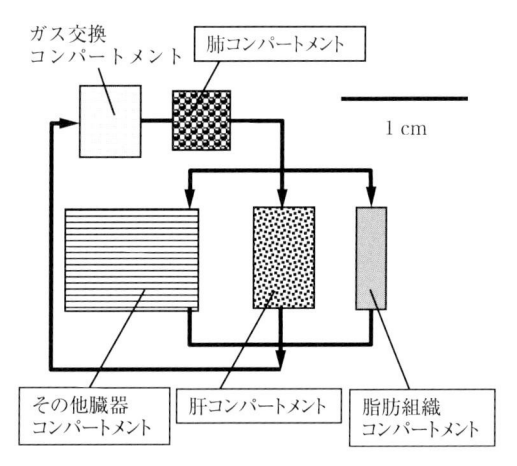

図 3.9　Cornell 大学の Shuler らによるマイクロ複合細胞培養システム

3.3.5 お わ り に

培養細胞を活用した人体のハザード評価手法は，単に動物実験を削減できるばかりでなく，限られた社会資本を有効に使用するという観点から，今後より積極的に推進していくべ

き重要な課題である。現実問題として，例えばわが国では現行の化学物質事前審査制度（化審法）施行前の物質が2万種あり，いずれはその評価を終えなければならないが，いままでと同じように動物実験ベースで行うことはほぼ不可能であるとされている。

このような社会からの要請もさることながら，この方向は，科学の発展方向でもある。動物実験においてはLD$_{50}$（半数致死用量）のみが一人歩きをして，必ずしも毒性発現メカニズムが問われないという隠れた弊害もあった。*in vitro*法と体内動態モデルという二つを根幹とする新たなハザード評価手法は，この観点からも時代の要請にこたえるものである。この基本手法に，近年発展の著しいマイクロ化・高度センシング・可視化技術などを取り入れた新規の*in vitro*実験システムと，遺伝子・タンパク質・低分子代謝物といった網羅的測定とその数理学的解析（インフォマティクス）などの新技術を適切に活用することで，例えば遺伝子レベルでの個体差情報（多型）や種差情報をも加味したメカニズムベースでのハザード評価が行えるようになると期待される。

参 考 文 献

1) OECDのホームページ：http://www.oecd.org/（2006年3月6日現在）
2) Clemedson, C. et al.：ATLA., **28**, pp. 159-200 (2000).
3) DeJongh, J., Nordin-Andersson, M., Ploeger, B. and Forsby, A.：Toxicol. Appl. Pharmacol., **158**, pp. 261-268 (1999).
4) 酒井康行，藤井輝夫，迫田章義：日薬理誌，**125**, pp. 343-349 (2005).
5) Viravaidya, K. and Shuler, M. L.：Biotechnol. Prog., **20**, pp. 316-323 (2004).
6) Sakai, Y., Leclerc, E. and Fujii, T.：Lab-on-Chips for Cellomics H. Andersson and A. van den Berged., Kluwer Academic Publishers (2004).

3.4　SIMPLEX法

名古屋大学　中野　秀雄

酵素はこれまでにも食品，化学，製薬など多くの産業で利用され，今後も環境に優しいプロセスを可能にする触媒としておおいに期待されている。自然界には多くの酵素があり，これまでほとんどの場合スクリーニングという作業により，われわれの役に立つ天然の酵素を見いだしてきた。しかしながら，天然に存在する酵素は，その安定性や，基質特異性などの点において，必ずしもそのままでは生物化学プロセスに適さないものも多い。そこで近年自然界の，おもには微生物が有する酵素資源に頼らずに，酵素分子を取得する手法が開発されてきた。特に定方向進化（directed evolution）という手法は，酵素のある性質をわれわれの目的に合うように，人工的に「進化」させる技術として非常に注目されている[1]。

さて酵素を進化させる場合，一般的にはまず酵素遺伝子に変異を導入し，それをベクター

に組み込んで大腸菌などを宿主として形質転換し，寒天培地にコロニーを形成させ，培地上で活性を直接検出するか，あるいはその後96穴プレートなどによる液体培養を行い，適当な基質を用いて酵素活性を測定し，優れた性質を示す変異体をスクリーニングしてくる。この方法は遺伝子工学の基本的な手法を用いており，確立された技術ではあるが，**図3.10**の左側に示してあるように1サイクル3日程度は必要であり，また標的タンパク質は大腸菌などの形質転換効率の高い宿主で，活性体として発現されなければならない。

一方，生細胞を用いずに，遺伝子から直接試験管内でタンパク質を合成させる無細胞タンパク質合成系は近年進歩が著しく，合成効率の上昇や，ジスルフィド結合の導入，ヘムの組込みなど，生細胞系では合成困難なタンパク質を活性体として得ることが可能になってきた[2]。この無細胞タンパク質合成系を用いて，従来広く用いられている大腸菌ライブラリーと機能的に同等なものを作製する手法がSIMPLEX〔single molecule PCR (polymerase chain reaction)-linked *in vitro* expression〕法である。

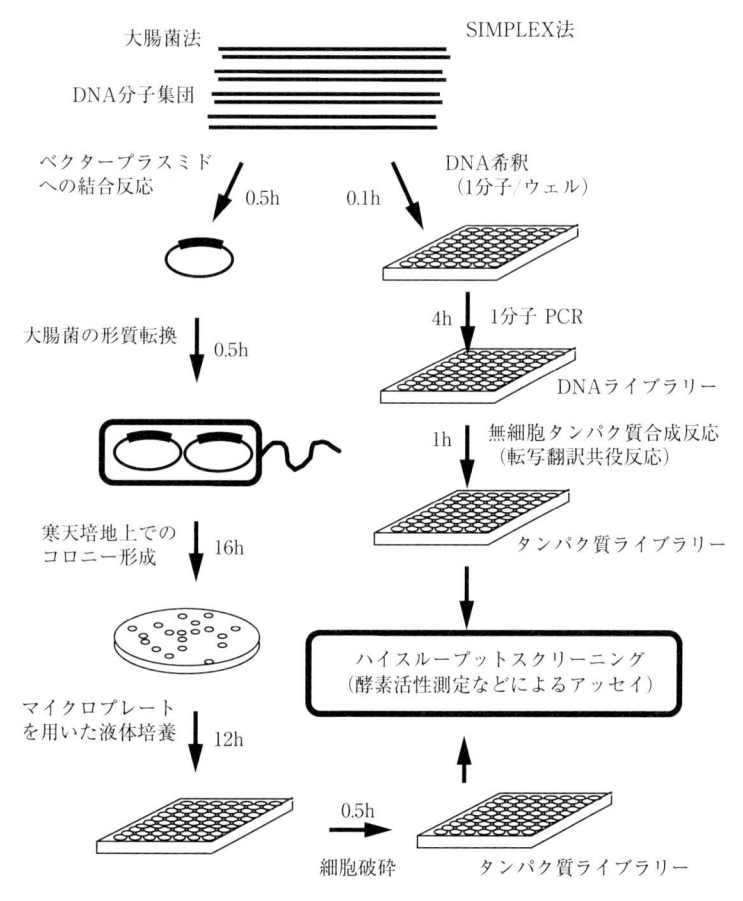

図3.10 SIMPLEX法と大腸菌法との比較

3.4.1 SIMPLEX 法とは

図 3.10 の右側にその概要を示す。まず変異遺伝子集団を PCR プレート上に平均 1 分子/ウェルになるように分配する。つぎに PCR によりその 1 分子を増幅して，マイクロプレート上で DNA ライブラリーを作る。この DNA 断片にあらかじめ T 7 ファージプロモーター配列などのプロモーター配列をつけておけば，つぎに無細胞タンパク質合成系を加え反応させることで，タンパク質分子ライブラリーが作製できる。

DNA 1 分子からの特異的増幅は原理的には可能であるが，実際は容易ではない。それはプライマーどうしで会合して伸長反応が起こることで生成するプライマーダイマーが，プライマーを奪い，ターゲット配列の増幅を阻害するからである。そこで**図 3.11** に示すようにターゲット配列の両末端を同じにし，1 種類のホモプライマーで増幅すると，形成されたプライマーダイマーは自分自身の 5′末端と 3′末端とで対合したパンハンドル構造をとり，新たなプライマーのアニーリングを抑えることができる。さらにホットスタート可能な DNA ポリメラーゼを用いることによりプライマーダイマーの蓄積を抑え，一段階の PCR で DNA 1 分子からの増幅を可能にした[3]。

SIMPLEX 法は PCR に 5 時間，無細胞タンパク質合成に 1 時間しか必要とせず，アッセ

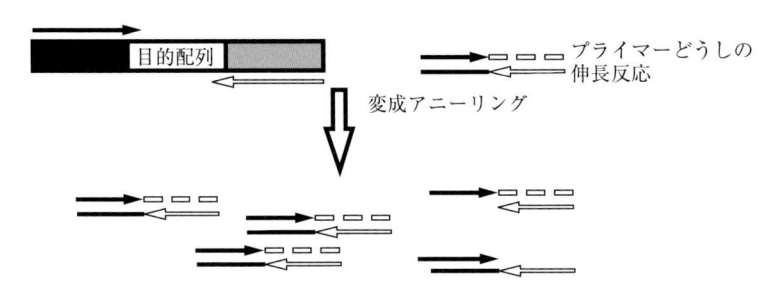

（a） ヘテロプライマーによる PCR

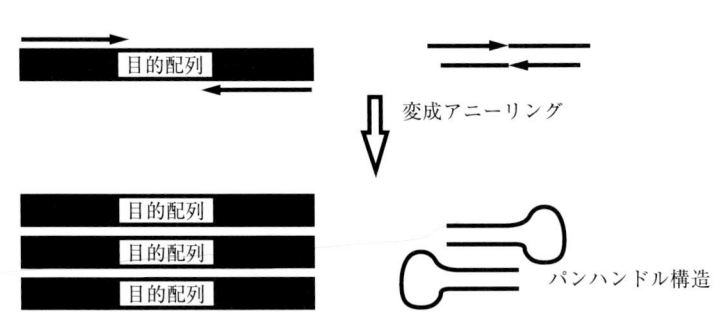

（b） ホモプライマーによる PCR

図 3.11　1 分子 PCR の原理

イを含めても1サイクルが8時間以内に終了し，またすべてマイクロプレート上で作業が進められる，原理的にはきわめてハイスループットな方法である。ただし現在手に入るPCRプレートは384穴までのものであり，これに全体のスループットは制約されている。

　生細胞を用いた通常のライブラリー構築法では，培養の不均一性，酵素抽出の煩雑さなどのため，最終的なタンパク質の合成量はサンプル間で相当のばらつきが生じる。これはハイスループットスクリーニングの際には大きな問題となる。そこでSIMPLEX法での合成タンパク質量の均一性について定量的に検討した。驚くべきことに，わずかDNA 1分子をスタート分子としていながら，タンパク質合成量の誤差は相対標準偏差値で8％程度であった。これはマイクロピペットによる精度の5〜10％とほぼ一致しており，分注の精度が実質的にライブラリーの均一性を決定しているのではないかと推測される[4]。

3.4.2　SIMPLEX法の応用

　筆者らはすでに市販の384穴プレートを用いる分注器およびPCR装置を用いて，微生物リパーゼの光学選択性の改変や[5]，マンガンペルオキシダーゼの過酸化水素耐性の向上[6]，単鎖抗体の親和性向上[7]などの目的に使用し，一定の成果を挙げている。ここではリパーゼの例を紹介する。*Burkholderia cepacia* KWI-56産生のリパーゼは，耐熱性，および有機溶媒耐性にも優れたリパーゼであり，またさまざまなエステルに対し，光学選択性を有する有用酵素である。筆者らは本リパーゼのSIMPLEX法によるライブラリー構築技術を確立し，基質特異性の改変を目的として研究を行った。用いた基質はp-ニトロフェニル-3-フェニルブチレートで，かさ高いフェニル基を持った脂肪酸とp-ニトロフェノールのエステルであり，もともとのリパーゼはこのかさ高いアシル基を持つ化合物に対する反応性が低く，S体には多少活性を示すものの，R体にはほとんど示さなかった。そこで基質とリパーゼの遷移状態のモデルを構築し，基質と接していると推定されるアミノ酸残基を同定し，疎水性のアミノ酸に限定したコンビナトリアル変異を導入し，スクリーニングを試みた。その結果，野生体と同等な比活性を有し，光学選択性が反転している変異体を多数得ることができた。光学選択性（E値）は，野生体がS体に対して33である一方，変異体の一つはR体に対し38であった。さらに，得られた変異体は熱安定性も野生体と同様に高かったことから，同等の分子活性および正常を有しながら，基質に対する光学選択性だけが反転しているいわば「ミラー酵素」の創出に成功したといえる[5]。

　このことは，SIMPLEX法のようなハイスループットなスクリーニング系と，コンビナトリアル変異導入法とを組み合わせることで，酵素の基質特異性をかなり任意に改変できる可能性を示している。すなわち一つの酵素をさまざまな反応に使えるよう「進化」させることが，比較的容易であることを示唆している。

3.4.3 今後に向けて

これまで述べてきたように，SIMPLEX法は，生細胞を用いる従来法に比べライブラリー構築のスループットが大きく，またタンパク質合成条件を比較的自由に設定できるため，生細胞では合成困難なタンパク質でも，活性体としての合成可能な場合があるなどの利点を有する．さらに，形質転換や培養など煩雑な操作を一切含まないので，自動化およびマイクロ化が容易である．今後，半導体作製技術などの微細加工技術を応用することで小型化できれば，どのようなアッセイ系にも対応可能で，かつきわめてハイスループットなタンパク質ライブラリー構築が可能になると期待される．

参 考 文 献

1) Arnold, F. H. : Nature, **409**, pp. 253-257（2001）.
2) 中野秀雄，河原崎泰昌，山根恒夫：現代化学，**370**, pp. 66-72（2002）.
3) Nakano, H., Kobayashi, K., Ohuchi. S., Sekiguchi, S. and Yamane, T. : J. Biosci. Bioeng., **90**, pp. 456-458（2000）.
4) Rungpragayphan, S., Kawarasaki, Y., Imaeda, T., Kohda, K., Nakano, H. and Yamane, T. : J. Mol. Biol. **318**, pp. 395-405（2002）.
5) Koga, Y., Kato, K., Nakano, H. and Yamane, T. : J. Mol. Biol., **331**, pp. 585-592（2003）.
6) 山根恒夫，中野秀雄：日本農芸化学会誌，**78**, pp. 751-753（2004）.
7) Miyazaki-Imamura, C., Oohira, K., Kitagawa, R., Nakano, H., Yamane, T. and Takahashi, H. : Protein Eng. **16**, pp. 423-428（2003）.
8) Rungpragayphan, S., Haba, M., Nakano, H. and Yamane, T. : J. Mol. Cat. B, Enzymatic, **28**, pp. 223-228（2004）.

4 メタボリックエンジニアリング

4.1 メタボリックエンジニアリングのおさらい

大阪大学　清水　浩

　メタボリックエンジニアリングは，なぜバイオプロダクションにとって必要なのだろうか。細胞内には遺伝子・タンパク質・代謝という多階層のネットワークが構成されているが，代謝は生物の表現型に最も近い階層のネットワークであるため，細胞を用いてバイオプロダクションを行おうとする場合，代謝を基礎にしてその最適化を行うのは非常に都合がよい。どの遺伝子を変動させて代謝経路を改変すれば目的の生産物を効率よく得られるかは，バイオプロダクションの必須の課題である。有用生物の育種やプロセスの開発において，細胞の代謝をいかにして最適化したり，細胞の能力を発揮させるかが重要である。このことを定量的，体系的に行う学問がメタボリックエンジニアリング（代謝工学）[1]と呼ばれる。

　代謝経路の情報を定量的に取り扱おうとする技術の開発は，1970年代から見られる。先駆的な研究として遠藤らを中心に代謝経路をシグナルフロー線図で表す手法や，合葉らの細胞内代謝反応速度の定量化法は，現在，注目されている技術の主要なアイデアをすでに含んでいる。また，有用生物創製の分野を代謝制御という側面からリードしてきたのは日本の科学者たちであった[2]。学問領域としてメタボリックエンジニアリングが認知され始めたのは，1990年代に入ってからである。最初にこの分野を提唱したのは，MITのStephanopoulos[3]とETHのBailey[4]であり，彼らによれば，メタボリックエンジニアリングとは「利用可能な代謝反応の情報を用いて，生化学反応ネットワークを解析することにより，代謝のフローを体系的に改良する方法」と定義されている。1990年代にこの分野は大きく発展し，代謝流束解析や代謝制御解析の手法が整備され多くのバイオプロダクションに対する貢献がなされた[5],[6]。これらの方法論を本節では詳しく述べることにする。また，近年のゲノムシークエンス技術の進歩をふまえ，ゲノムから見た生物の育種法の開発（4.2節），主要発酵生産物へのメタボリックエンジニアリングの応用（4.3節），さらに安定同位体炭素を用いた代謝流束解析に関するメタボリックエンジニアリングの発展（4.4節）を詳述する。

4.1.1 代謝流束解析

代謝流束解析とは，細胞内の代謝系における各酵素反応の反応速度（モル流束：metabolic flux, metabolic flow，または metabolic reaction rate）分布を解析することである。流束収支解析（flux balance analysis：FBA）とも呼ばれる。

環境の変動に対して細胞は代謝系・化学反応ネットワークを柔軟に変化させるので，代謝流束の分布を解析すれば，細胞の生理学的状態を認識することが可能となる。また，与えられた炭素源や窒素源から特定の代謝物質の代謝流束を理論上，最大どこまで上げることが可能であるか，すなわち代謝系の持つ特定物質生産量の上限値（理論収率）を解析し，観察される細胞の代謝流束分布をどこまで人為的に改変することが可能であるかを見きわめる手法である細胞能力解析（cell capability analysis）も提案されている。代謝流束の大きさの分布を調べることによって，代謝系のネットワークとしての特性解析も行われている。

代謝流束解析においては，代謝パスウェイデータベースや生化学情報の知見に基づいて代謝系の生化学反応を化学量論式として表現する。細胞内の代謝物質濃度は定常であると仮定することによって，代謝系におけるすべての代謝流束が満たすべき収支式を代謝反応モデルとして構成する。酵素反応のキネティクス表現には立ち入らず，収支式のみを用いることが多い。細胞内の酸化還元反応やエネルギー代謝にかかわる ATP などの通貨物質（currency metabolites）の収支式も用いる場合がある。

細胞内の代謝物質 i の濃度 X_i に関して，細胞内の濃度変化は

$$\frac{dX_i}{dt} = S_{ij} v_j \tag{4.1}$$

となる。ここで，S_{ij}，v_j は代謝物質 i，代謝反応 j の化学量論係数，および代謝流束である。ここで，X_i が変化しない，つまり

$$\frac{dX_i}{dt} = 0 \tag{4.2}$$

とすると，式 (4.1) の右辺をすべてゼロとおいたものは，代謝系が満たすべき線形束縛条件となる。このとき，線形束縛条件をベクトルで表現すると

$$S\nu = 0 \tag{4.3}$$

となる。S は化学量論係数行列，ν は代謝流束ベクトルである。

この代謝系が満たすべき線形束縛条件とともに，細胞外代謝物質の消費，生産速度を測定することによって，細胞内の反応速度分布が決定することを考える。つまり，細胞外代謝物質の流束を観測し

$$\begin{bmatrix} S \\ M \end{bmatrix} \nu = \begin{bmatrix} 0 \\ r_m \end{bmatrix} \tag{4.4}$$

を得る。ここで，M は観測の化学量論係数行列，r_m は観測可能な細胞外代謝流束ベクトル

4.1 メタボリックエンジニアリングのおさらい

である。

ν を決定することができるかどうか（代謝反応の観測性の問題）は，求めるべき代謝反応流束の数（ν の次元）を n，独立な束縛条件の数（S の独立な行の数）を k，観測値の数（r_m の次元）を m とすると，系の自由度 d を

$$d = n - k - m \tag{4.5}$$

と定義することにより，d の値に基づいて分類することができる．すなわち

① $d<0$：冗長性を持って決定可能であり，最小2乗法などを使って代謝流束を決定できる（over-determined state）．

② $d=0$：一意的に決定可能であるが，システマティックな観測誤差が含まれていても検出できず，決定された代謝流束は観測誤差の影響を大きく受けたものとなる（determined state）．

③ $d>0$：決定不可能であり，代謝流束を決定することはできない（under-determined state）．

とまとめられる．

①，②においては，それぞれ，冗長性を持って，または，一意的に決めることのできる状態として代謝反応流束を観測データから決定することができる．③の状態では細胞内代謝流束を決定することは可能ではないが，細胞能力解析を行うことは可能である．つまり，細胞増殖速度，基質消費速度，あるいは特定の最終代謝生産物の反応流束を評価関数とし，この評価関数を最大にするような流束分布を線形計画問題の解として求めることが可能である．これにより与えられた基質から生産物へこの細胞によって変換される最大理論収率が得られる．物質生産において，現状の代謝流束解析と理論最大収率を与える代謝流束を比較することが可能であれば，現状の細胞の最大生産量の評価が行えるとともに代謝経路改変の余地を検討することができる．

また，遺伝子を導入したり破壊したりすることが代謝流束にどのように影響を与えるか，細胞増殖にとって必須な遺伝子であるかどうかを解析することも可能であり，冗長な代謝反応ネットワークにおける必須遺伝子の推定や代謝反応のロバストネス解析を行うことが可能となる．また，代謝系を制御している酵素を絞り込む代謝制御解析にも応用することができる．

さらに，細胞外の代謝物質の反応速度を観測するだけでは細胞内の代謝流束分布を決定できないような場合においても，同位体標識化合物の取込み実験と細胞内の同位体の濃縮度を核磁気共鳴法や質量分析法によって決定することにより，観測情報を増やして系の自由度を下げて細胞内代謝流束分布を決定する方法も確立されている．この場合には代謝物質の分子レベルの収支のみならず，代謝反応に伴って分子間を移動する標識同位体を代謝経路上で追跡することが必要となる．また，この場合，代謝物質分子のモル数の変化だけでなく，分子

の構造や化学反応における分子の骨格の情報が必要となる。標識同位体に注目した原子レベルの収支（atomic balance）を用いた束縛条件は，一般に非線形方程式となるため，前向きに解くことはできず，繰返し最適化アルゴリズムを用いる必要がある。これらの方法を用いながら，観測された核磁気共鳴分析，質量分析データと束縛条件を満足する代謝反応流束を決定する方法が開発されており，4.4節で解説する。

4.1.2 代謝制御解析

代謝系の化学反応ネットワークにおいて，代謝流束分布が制御されている機構を解明することを代謝制御解析（metabolic control analysis）と呼ぶ。この目的を達成するために，代謝系を構成する酵素反応を触媒するタンパク質（酵素）の量（活性）の変化に対して，代謝系全体の代謝流束量の変化の大きさを評価することで，どの酵素の量的変動が，最も全体の代謝流束量に変化を与えるかを定量的に解析する。

代謝系において個々の酵素量が全体の代謝流束に与える影響の大きさを流束制御係数（flux control coefficient：FCC）として定義する。例として，分岐のない細胞外の代謝物質 X_1（基質），X_{n+1}（生産物）と細胞内中間代謝物質 X_k（$k=2,3,\cdots,n$），全（$n+1$）個の代謝物質を含む直線的代謝系を考える。個々の酵素反応の流束 J^i（$i=1,2,\cdots,n$）は i 番目の酵素に触媒される反応の流束で，定常状態ではすべて代謝系全体の流束 J^A に等しく

$$J^1 = J^2 = \cdots = J^n = J^A \tag{4.6}$$

と表される。ここで，流束制御係数 $C_i^{J^A}$ は

$$C_i^{J^A} = \frac{e_i}{J^A}\left(\frac{\partial J^A}{\partial e_i}\right) \tag{4.7}$$

と定義される。

ただし，e_i は細胞内の i 番目の酵素の量である。つまり，流束制御係数は各酵素量の変動が代謝系全体の流束 J^A に対して，どのように変動を与えるかという影響の強さの程度を，酵素量と代謝流束を規格化して示したものである。酵素量と代謝流束の関係は，複数の酵素によって形成される代謝系においては（ちょうど一酵素反応における基質濃度と酵素反応速度の関係と同じように）飽和型の曲線となるが，流束制御係数はこの曲線の傾きを示したものである。一酵素反応のみを考えた場合には，代謝反応流束（速度）が酵素量に比例するが，二酵素反応以上が代謝系ネットワークを作る場合には，個々の酵素反応の全体の代謝流束を制御する強さが異なるために，量を変化させても全体の流束量の変化は大きくならないような酵素，代謝を制御する力のない酵素も存在する。式（4.7）は全体の代謝流束に対する各酵素の制御の強さを定量的に示したものである。

流束制御係数に関して与えられる重要な定理の一つは，サンメンションセオレム（総和定

理）であり，タンパク質どうしの相互作用など複数の酵素が個々の反応に関与しない限り
$$\sum_i C_i^{J^A} = 1 \tag{4.8}$$
と表される．この定理はつぎのような説明が可能である．すべての酵素量がもとの量に対して α 倍変動することを考えると，すべての代謝物質の濃度は変化せず，流束 J^A も α 倍変動する．これを流束制御係数 $C_i^{J^A}$ を使って表すと
$$\frac{dJ^A}{J^A} = \sum_i C_i^{J^A} \frac{de_i}{e_i} \tag{4.9}$$
であるが，いま，前提から $dJ^A/J^A = \alpha$ かつ $de_i/e_i = \alpha$ であるので式（4.9）は
$$\alpha = \alpha \sum_i C_i^{J^A} \tag{4.10}$$
となって，式（4.8）を得る．

もう一つ大事な概念は，代謝物質濃度 X_j が局所的な酵素反応の速度 v_i に及ぼす影響である弾力性係数
$$\varepsilon_{X_j}^i = \frac{X_j}{v_i}\left(\frac{\partial v_i}{\partial X_j}\right) \tag{4.11}$$
である．この係数は酵素の反応速度が代謝物質の濃度によって，どの程度柔らかく（弾性的に）変化するかを示すものとして定義されている．流束制御係数と弾力性係数の関係について考える．いま，X_j の濃度が変化するが，酵素量 e_i も変化して局所的な酵素反応の速度 v_i が結局変化しない場合を考えると
$$\frac{dv_i}{v_i} = \varepsilon_{X_j}^i \frac{dX_j}{X_j} + \frac{de_i}{e_i} = 0 \tag{4.12}$$
となる．すべての v_i に対してこのことが起こったとしても，全体の流束 J^A には変化がない．したがって，式（4.9）は恒等的にゼロとなる．よって，式（4.12）の結果を式（4.10）に代入すると
$$\sum_i C_i^{J^A} \varepsilon_{X_j}^i \frac{dX_j}{X_j} = \frac{dX_j}{X_j} \sum_i C_i^{J^A} \varepsilon_{X_j}^i = 0 \tag{4.13}$$
が成り立つ．いま，最初の前提から，$dX_j/X_j \neq 0$ なので
$$\sum_i C_i^{J^A} \varepsilon_{X_j}^i = 0 \tag{4.14}$$
が成り立つ．この式は，流束制御係数と弾力性係数との関係を与えており，コネクティビティセオレム（結合定理）と呼ばれる．式（4.14）は，絶対値の大きい弾力性係数に対する酵素は，流束制御係数が（絶対値として）小さいことを示している．つまり，代謝物質の濃度に対して，感度よく代謝流束が変動する酵素は弾力性係数が大きく，流束制御係数は小さい．このような酵素は全体の流束を制御する役割は小さく，酵素の量を変動させても全体の流束に与え得る影響は小さい．逆に，代謝物質の濃度変化に対して感度の小さい酵素は，流束制御係数が大きく全体の流束を制御する大きな役割を担っている．

流束制御係数の大きい酵素をコードする遺伝子の発現量を変化させれば，全体の流束に与える影響は大きいと考えられる．式 (4.8)，式 (4.14) は代謝系全体で

$$\begin{bmatrix} 1 & 1 & 1 & \cdots & 1 \\ \varepsilon_{X_2}^1 & \varepsilon_{X_2}^2 & \varepsilon_{X_2}^3 & \cdots & \varepsilon_{X_2}^n \\ \vdots & \vdots & \vdots & \ddots & \vdots \\ \varepsilon_{X_n}^1 & \varepsilon_{X_n}^2 & \varepsilon_{X_n}^3 & \cdots & \varepsilon_{X_n}^n \end{bmatrix} \begin{bmatrix} C_1^{J^A} \\ C_2^{J^A} \\ \vdots \\ C_n^{J^A} \end{bmatrix} = \begin{bmatrix} 1 \\ 0 \\ \vdots \\ 0 \end{bmatrix} \quad (4.15)$$

とまとめて表すことができる[1]．

代謝系の個々の酵素反応速度式をすべて数式で記述することができれば，式 (4.11) におけるすべての弾力性係数を決定できるので，式 (4.15) より流束制御係数を決定することが可能となる．このような方法をボトムアップ的代謝制御解析法と呼ぶ．一方，代謝系のいくつかの酵素をコードする遺伝子の発現量を人為的に変化させ，代謝流束解析を行って代謝変動を解析し，代謝制御機構を明らかにしていく方法をトップダウン的代謝制御解析法と呼ぶ．この場合には酵素量の変動は微少変動とはならないが，大きな酵素反応量の変動に対する摂動係数から流束制御係数を求める手法も研究されている．分岐のある複雑な代謝系への拡張も多く研究されている[7]．

参 考 文 献

1) Stephanopoulos, G. N., Aristidou, A. A. and Nielsen, J.（清水　浩，塩谷捨明　訳）：代謝工学―原理と方法論―，東京電機大学出版局（2002）．
2) 日本生物工学会　編：生物工学ハンドブック，コロナ社（2005）．
3) Stephanopoulos, G. and Vallino, J. J.：Science, **252**, pp. 1675-1681（1991）．
4) Bailey, J. E.：Science, **252**, pp. 1668-1675（1991）．
5) 清水　浩，塩谷捨明（山根恒夫，塩谷捨明　編）：バイオプロセスの知的制御，pp. 65-90，共立出版（1997）．
6) 清水　浩（金谷茂則，熊谷　泉　編）：生命工学，pp. 180-199，共立出版（2000）．
7) Shimizu, H., Tanaka, H., Nakato, A., Nagahisa, K., Kimura, E. and Shioya, S.：Bioprocess Biosystems Engineering, **25-5**, pp. 291-298（2003）．

使用記号一覧

記号	意味	記号	意味
$C_i^{J^A}$	i 番目の酵素が全体の反応流束を制御する大きさを示す代謝制御係数	X_i	代謝物質濃度〔mol g-cell^{-1}〕
		S_{ij}	化学量論係数行列要素
d	代謝系の自由度	v_j	j 番目の代謝反応速度〔mol g-cell^{-1}〕
e_i	i 番目の代謝反応を触媒する酵素量〔mg-enzyme g-cell^{-1}〕	t	時　間〔h〕
J^A	代謝経路全体の定常状態での反応流束〔mol g-cell^{-1}h^{-1}〕	$\varepsilon_{X_j}^i$	j 番目の代謝物質の濃度変化が i 番目の酵素反応に与える影響の大きさを示す係数（弾力性係数）
J^i	i 番目の代謝反応の流束〔mol g-cell^{-1}h^{-1}〕	S	化学量論係数行列
k	独立な束縛条件の数	v	代謝反応速度ベクトル
m	観測可能な反応速度の数	M	観測の化学量論係数行列
n	代謝経路に関与する代謝反応の数	r_m	観測可能な代謝流束ベクトル

4.2 アミノ酸生産菌のゲノム育種

信州大学　池田　正人

　生命の素材，アミノ酸は，食や医などさまざまな分野で活用されている。生産量は年間でおよそ200万トン，じつに東京ドーム3杯分である。その大部分がコリネバクテリウムという微生物により発酵で作られている[1,2]。このアミノ酸発酵法は，わが国のお家芸である。しかし，昨今，グローバル化や技術拡散の影響を受け，コスト競争力が著しく低下している。ゆえに，産業界では技術革新が切実な課題となっている。本節では，リジン発酵をモデルに，ゲノム情報を活用した新しい育種の方法論について紹介したい。

　まず，従来の育種技術とその欠点を整理しておく。発酵工業に用いられている生産菌の多くは，変異育種を繰り返すことによって育種されている[1,2]。そこでは，紫外線の照射やニトロソグアニジンなどの変異剤で染色体（ゲノム）の至るところに突然変異を誘起し，ついでアミノ酸の生産量が高まった株を選抜する。この方法の欠点は不要または有害な変異の導入を避けることができないことである。このため，生産菌はゲノムが"傷だらけ"で，生育が遅くストレスに弱い虚弱体質になっている。加えて，アミノ酸を多量に生産する仕組みもブラックボックスにならざるを得ず，合理的な育種も阻まれている。もし，不要な変異をすべて取り除くことができれば，生産菌の性質を抜本的に改善でき，発酵プロセスを大きく変えられる可能性がある。従来育種の限界を超える技術になろう。

　それを目指すのが「ゲノム育種」である。この育種法では，生産菌のゲノム情報を解析してアミノ酸生産に有効な変異を特定し，それらを野生株ゲノム上で組み合わせる（図4.1参照）。これにより，有効変異のみからなる菌株の育種と発酵の仕組みの理解が同時に可能になる。従来の育種が表現型で優良菌株を選択していたのに対し，意図した遺伝子型の変異導入を行う点で，従来法と明確に区別されよう。

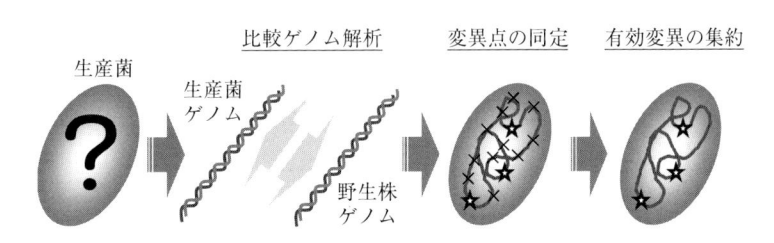

☆印はアミノ酸生産に寄与する有効変異を，×印は発酵に不要な変異を示している。

図4.1　ゲノム育種の方法

4.2.1 ゲノム情報でリジン生産菌を再構築する

リジン生産菌のゲノム育種はつぎのような手順で行う．まず，リジンの生合成にかかわる遺伝子をゲノムから拾い上げ，代謝地図上に貼りつける（**図4.2**参照）．ついで，従来法で育種されたリジン生産菌のゲノムを野生株のゲノムと比較して，リジンの生合成にかかわる遺伝子に導入された変異を同定する．これらの変異点を，代謝経路の下流から上流に向けて，順次，野生株のゲノムに導入し，リジン生産への効果を調べる．生産に寄与する変異点のみをゲノム上に保存し，これを親株としてつぎの変異点の評価を行う．このサイクルを繰り返すことで，有効変異のみからなる菌株を創製する．このアプローチでは，生合成経路の下流に律速点があると，上流の変異の有効性を評価できない場合があるので，変異の評価は下流から順次，行っていくことが望ましい．では，実際に育種のやり方を示す．

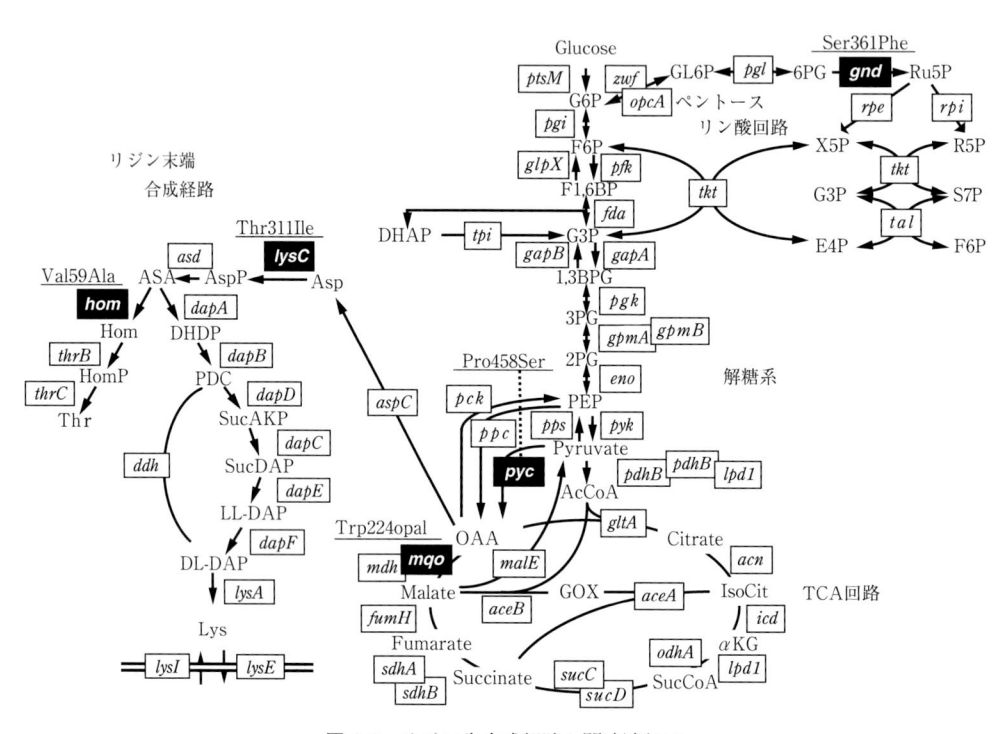

図4.2 リジン生合成経路と関連遺伝子

（1） リジン末端合成経路を整備する 従来型リジン生産菌のゲノム解析により，アスパラギン酸（Asp）以降の代謝経路（図4.2参照）に計6種の変異点が同定された．それら変異を個別に野生株に導入してリジン生産への影響を調べた．その結果，*hom*（ホモセリンデヒドロゲナーゼ遺伝子）と *lysC*（アスパルトキナーゼ遺伝子）に見いだされたアミノ酸置換を伴う変異（おのおの，V59A，T311I）が，それぞれホモセリンの部分要求性とリジンアナログであるアミノエチルシステインの耐性をもたらし，ともにリジン生産能を与

える有効変異であることがわかった。ついで，これら変異点を順次，野生株ベースに組み上げる育種を行った（図4.3参照）。hom 変異または lysC 変異を有する1点変異株は，グルコース培地でジャー培養するとそれぞれ，約 10 g/l，約 50 g/l のリジンを生産したのに対し，両変異を組み合わせた2点変異株では力価は相乗的に向上して 70 g/l に達した[3),4)]。

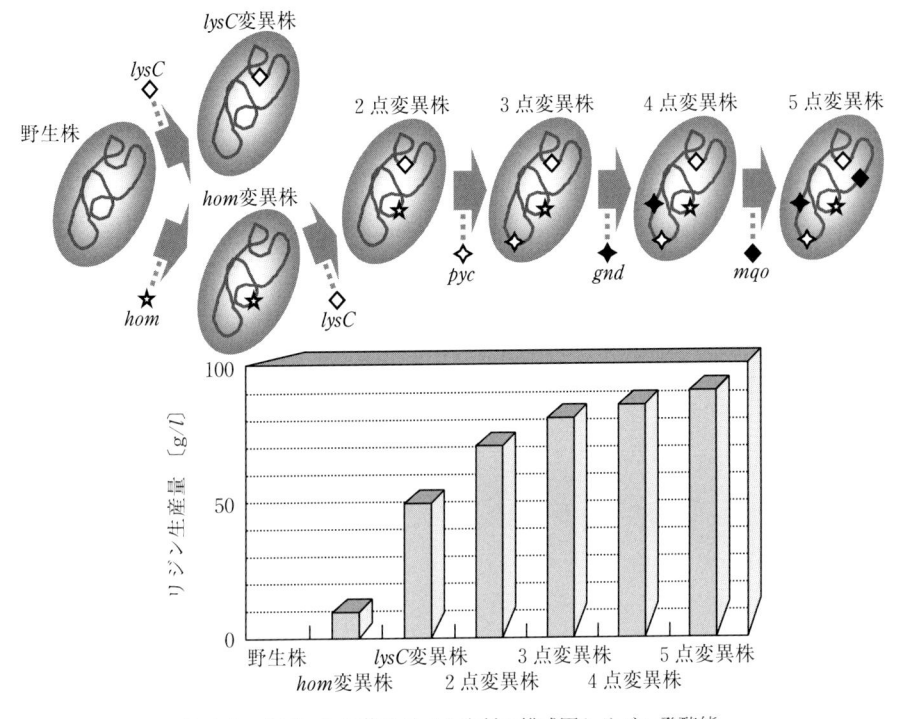

図4.3 リジン生産菌のゲノム育種の模式図とリジン発酵能

（2） 中央糖代謝を整備する 末端経路が整備されると，つぎのターゲットはアスパラギン酸の供給にかかわる中央糖代謝である（図4.2参照）。比較ゲノム解析によって中央糖代謝に同定された変異を，一つずつ，前述の2点変異株に導入し，リジン生産への影響を調べた。その結果，補充経路の pyc（ピルビン酸カルボキシラーゼ遺伝子）[4)]，ペントースリン酸回路の gnd（6-ホスホグルコン酸デヒドロゲナーゼ遺伝子）[5)]，そして TCA 回路の mqo（マレート：キノン オキシドレダクターゼ遺伝子）[6)] に見いだされた変異（おのおの，P 458 S，S 361 F，W 224 opal）がリジン増産をもたらす有効変異であることを突き止めた（図4.2参照）。これら三つの有効変異を2点変異株ベースに再構成して，糖からリジンに至るまでの有効変異を集約した5点変異株を創製すると，培養時間の遅延なく一段と高レベルのリジン発酵が実現した（図4.3参照）。

4.2.2 リジン生産の仕組みを考察する

lysC 変異がリジン生産をもたらすのは，リジン生合成のかぎ酵素であるアスパルトキナーゼのリジンとスレオニンによる協奏阻害が部分的に解除されるためである。一方，*hom* 変異は細胞内のスレオニンプールを低下させるので，アスパルトキナーゼの協奏阻害が起こりにくくなってリジンが蓄積する。両変異を組み合わせると相乗的にリジン生産が向上するのは，アスパルトキナーゼの協奏阻害がより高度に解除されるためと説明できる。

pyc 変異に関しては，酵素学的な裏づけはなされていないものの，ピルビン酸からオキサロ酢酸への反応が促進されることでピルビン酸がリジン合成に有利に利用できるようになったと解釈できる。

gnd 変異は，NADPH，G3P，F1, 6BP，ATPなどによるアロステリック制御を弱める脱感作変異であることが酵素解析で明らかになった[5]。この効果により，同変異を有する生産菌はペントースリン酸回路への代謝が親株に比べ約8％高まっていることが代謝流束解析から示されている[5]。リジン合成に必要なNADPHは，おもにペントースリン酸回路から賄われているので，リジン増産の仕組みはNADPHの供給効率の増加で説明できる。

一方，*mqo* 変異はナンセンス変異なので，この反応を遮断することがリジン生産に有効なことが示唆される。実際，*mqo* 内部を欠失させても同様な効果が得られた。本遺伝子がコードするマレート：キノン オキシドレダクターゼは，リンゴ酸脱水素酵素（MDH）と同一反応（リンゴ酸⟷オキサロ酢酸）を触媒するが，MDHと異なりNADHの酸化還元を伴わない。細胞内では，両酵素が共役してレドックスバランス（NADH/NAD比）を保つ働きをしていると考えられている。*mqo* 欠損株ではTCA関連酵素の活性低下を示唆する結果が得られていることから，*mqo* を遮断すると，レドックスバランス維持のためにTCA回路の代謝が抑制され，その分，オキサロ酢酸からリジン方向への代謝が増進したと考察される。

4.2.3 ゲノム育種株の性能を検証する

前述のようにして育種したゲノム育種株は，タフな野生株の特色を維持しているので，従来の変異育種株と比べ，つぎのような利点を有する。一つは，増殖・糖消費の速さである。野生株と変わらない旺盛な増殖・糖消費は，従来に比べ培養時間半減という高速リジン発酵を可能にする[4]。この特性は，時間当たりの生産性という観点で工業的に大きなメリットが期待される。二つ目は，ストレスに強い性質で，例えば，より高温条件での発酵を可能にする。実際，従来の菌株を用いたリジン発酵は35℃以上では成立しないが，ゲノム育種株では40℃と高めに設定しても生産性は落ちない[7]。工業プロセスでは，発酵熱による温度上昇を抑えるのに冷却コストがかかるため，発酵の高温化は有利となる。

4.2.4 今後を展望する

ここで紹介したリジン生産菌のゲノム育種は，ゲノム科学の成果をアミノ酸発酵に結びつけるための方法論をいち早く示した事例である。この方法論にのっとり，生産菌の遺伝情報を明らかにしてから発酵に有用な遺伝形質のみを野生株ゲノム上に集めていくというコンセプトで育種を行うと，生産菌の性質を抜本的に改善し，発酵プロセスを大きく変えられることが例証された。今後，有用変異に関する情報が蓄積し，これまでブラックボックスであったアミノ酸高生産の仕組みが解き明かされていけば，新たな視点での代謝工学に発展していくであろう。ゲノム育種が代謝工学のテクノロジーと補完的に融合することにより，育種技術はますます進化を遂げるに違いない。

参 考 文 献

1) 相田 浩 ほか編：アミノ酸発酵，学会出版センター (1986).
2) 池田正人：キラル医薬中間体のプロセス技術，技術情報協会，pp. 245-256 (2001).
3) Ikeda, M. and Nakagawa, S.：Appl. Microbiol. Biotechnol., **62**, pp. 99-109 (2003).
4) Ohnishi, J., Mitsuhashi, S., Hayashi, M., Ando, S., Yokoi, H., Ochiai, K. and Ikeda, M.：Appl. Microbiol. Biotechnol., **58**, pp. 217-223 (2002).
5) Ohnishi, J., Katahira, R., Mitsuhashi, S., Kakita, S. and Ikeda, M.：FEMS Microbiol. Lett., **242**, pp. 265-274 (2005).
6) 池田正人：日本農芸化学会大会講演要旨集，p. 380 (2004).
7) Ohnishi, J., Hayashi, M., Mitsuhashi, S. and Ikeda, M.：Appl. Microbiol. Biotechnol., **62**, pp. 69-75 (2003).

4.3　グルタミン酸生成機構の解明

味の素(株)　木村　英一郎

21世紀は生命科学の世紀ともいわれ，特にバイオテクノロジー（BT）は，人々の健康や地球規模の食料・環境問題などへの貢献に加え，情報技術（IT）につぐ経済の牽引役として期待され，欧米のみならず中国，シンガポール，韓国などが国を挙げて戦略的に取組みを強化している。わが国もミレニアム・プロジェクト（2000年）や，政府のBT戦略会議による"バイオテクノロジー（BT）戦略大綱"（2002年）など，研究開発およびその成果の実用化を加速するための研究費の重点配分や研究環境整備などの基盤強化を行い，この分野の競争力強化を推進している。しかし，ヒトゲノム解析では欧米に出遅れ，再生医療などの先端研究成果の医療現場への導入（トランスレーショナル・リサーチ）においても米国のベンチャー企業に象徴される優れた産学連携の仕組みに対して環境面で厳しい戦いを強いられている。

このようにバイオテクノロジーを用いた研究開発競争が世界的に激化する中で，わが国は

微生物を用いた有用物質生産（ものつくり）において，研究開発および実用化の両面で世界をリードしている（図4.4参照）。その競争力の根源は発酵（fermentation）技術と呼ばれる総合技術で，学術的には微生物学，遺伝学，分子生物学，天然物有機化学，遺伝子工学，代謝工学，培養工学などの複数の学問分野の融合による学際的な研究領域から構成されている。さらに，ゲノム解析技術やバイオインフォマティクスの進展により，今日の本研究分野の技術革新は目覚ましいものがある。

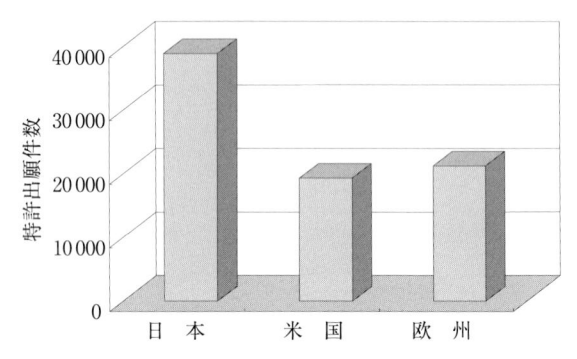

図4.4 微生物利用技術関係特許出願数〔各国・地域比較，1977年〜，特許庁資料（第1回BT戦略会議資料「BTをめぐる現状について」(2002年7月18日), http://www.kantei.go.jp/jp/singi/bt/index. html）から作成〕

特に本節で紹介する"発酵技術によるグルタミン酸の生産"は，わが国における発酵分野の興隆の象徴である[1]。グルタミン酸は，グルタミン酸ナトリウムの形で，調味料として利用され，現在世界で年間160万トン（中国市場も含めれば2倍以上ともいわれる）生産されている代表的な発酵工業生産物である。グルタミン酸ナトリウムの工業生産の歴史は古く，そのきっかけは1908年に東京大学の池田菊苗教授がコンブだしのうまみ成分として特定されたことに始まる。聞くところによると，池田教授は当時の日本の食糧事情を鑑み，コンブだし中のうまみ成分を特定することで，人々の食生活に"おいしさ"を提供したいと考えられたとのことで，その成果をもとに1909年に世界で初めて味の素によって製品化された。初期の生産方法はコンブからグルタミン酸を抽出する方法であったが，1950年代にグルタミン酸を大量に生産する能力を持つ *Corynebacterium glutamicum* が協和発酵により発見されると[2]，各社相つぎ類縁菌を取得し，その技術的優位性から生産方法は発酵法にただちに切り替えられた。このように，グルタミン酸は製品のみならず生産法が日本発であることが，いまなおわが国の発酵技術の象徴的存在であるゆえんである。同時にバイオテクノロジーによる"ものつくり"が，他の製造方法を凌駕した顕著な例である。この細菌の発見以降，アミノ酸発酵に関する研究が産学で盛んに行われ，アミノ酸の代謝調節に関する研究が

進み，アナログ耐性や栄養要求性変異株などさまざまな菌株育種技術，遺伝子組換え技術，培養技術，代謝工学などの解析技術が進展した。現在では，グルタミン酸以外にも，飼料添加物としてリジン，スレオニン，トリプトファンなど，甘味料の原料としてフェニルアラニン，医薬品や医薬品原料としてグルタミン，アルギニン，ロイシン，イソロイシンなど，他の多くのアミノ酸やイノシン酸，グアニル酸などの核酸，ビタミンなどがこの種の細菌による発酵法で生産されている。

4.3.1 *Corynebacterium glutamicum* によるグルタミン酸発酵

グルタミン酸のような一次代謝産物を著量生成する微生物として初めて *Corynebacterium glutamicum* が分離された。その生産能力は驚くほど高く，適切な培養条件化では，野生株でも，グルコースを原料として24時間で約60％のモル変換収率でグルタミン酸を生成する。また，その生産条件はきわめて特徴的で，生育必須因子であるビオチンが十分培地中に存在する条件下ではグルタミン酸の過剰生成は誘導されず，ビオチン欠乏条件下でグルタミン酸の過剰生成が誘導される。また，ビオチンが十分量存在する場合でも，ある種の界面活性剤やペニシリンを添加すると，グルタミン酸過剰生成が誘導される。さらに，オレイン酸やグリセロール要求性変異株も十分量のビオチン存在下でグルタミン酸の過剰生成が誘導される。*C. glutamicum* の発見当時，グルタミン酸過剰生成を引き起こすこれらの因子が細胞表層の構造に影響を及ぼし，グルタミン酸の膜透過性を向上させ，細胞内のグルタミン酸が漏れ出てくると説明されていた[3]。しかし，その後の研究により，単純な漏出説では *C. glutamicum* のグルタミン酸過剰生成誘導機構を説明できない知見が多く得られてきた[4]。

4.3.2 *Corynebacterium glutamicum* のグルタミン酸生成機構解明に向けた取組み

グルタミン酸以外のほとんどすべてのアミノ酸過剰生産性変異株は，そのアミノ酸の生合成経路の代謝流束増強によって取得されている。グルタミン酸発酵においても，オキソグルタル酸脱水素酵素複合体（ODHC）活性の低下がグルタミン酸過剰生成誘導に重要であることが示唆された[5]。ODHC は TCA 回路上でグルタミン酸の前駆体である 2-オキソグルタル酸をスクシニル CoA に変換する酵素複合体である。その後，*C. glutamicum* 野生株から取得した *odhA* 遺伝子（ODHC の A サブユニットをコードする遺伝子）破壊株が，十分量のビオチン存在下においてもグルタミン酸を過剰に生成したことでグルタミン酸過剰生成が膜透過性の変化ではなく，代謝流束の変化で誘導されることが示された。さらにグルタミン酸過剰生成における ODHC 活性低下の重要性は流束制御係数を決定することによって代謝工学的解析によっても示された[6]。

つぎに，ビオチン量の制限や界面活性剤添加による *C. glutamicum* のグルタミン酸過剰

生成誘導機構に興味が持たれ，特に界面活性剤によるグルタミン酸過剰生成誘導機構が着目された。理由は，C. glutamicum のリジン過剰生成変異株に Tween 40 を添加すると，リジン生産量が増加するのではなく，グルタミン酸の過剰生成が誘導され，リジンとグルタミン酸を同時に生産するようになることが知られており，このことは Tween 40 にグルタミン酸過剰生成を誘導する特殊なメカニズムが存在することを示唆していたからである。そこで，Tween 40 によるグルタミン酸過剰生成誘導に関与する遺伝子の取得が試みられた。具体的には，C. glutamicum から取得した Tween 40 感受性変異株の Tween 40 感受性をマルチコピーで回復させる遺伝子として dtsR1 遺伝子（rescuer gene of detergent sensitivity）が C. glutamicum 野生株の染色体遺伝子ライブラリーより取得された[7]。DtsR1 はプロピオニル CoA カルボキシラーゼやアセチル CoA カルボキシラーゼなどのビオチン結合酵素複合体と高い相同性を示した。界面活性剤の機能に着目して取得された dtsR1 遺伝子産物がビオチン酵素複合体のサブユニットの一つをコードしていることが明らかとなり，DtsR1 が C. glutamicum のグルタミン酸生成機構において重要な機能を果たしていると期待された。

グルタミン酸生成と DtsR1 との関係を調べる中で，DtsR1 を増幅するとグルタミン酸生成が抑制されることが判明し，DtsR1 の発現レベルとグルタミン酸生産性との負の相関があることが予想された。そこで，dtsR1 の破壊株を野生株から作成したところ，dtsR1 破壊株は十分量のビオチン存在条件下においても，約 60％のモル変換収率でグルタミン酸を生成した。また，dtsR1 欠損株はオレイン酸要求性を示した。さらに dtsR1 破壊株では，ODHC 活性が野生株のグルタミン酸生成条件下での ODHC 活性と同レベルまで低下していることが明らかとなり，DtsR1 発現レベルの低下が ODHC 活性の低下を引き起こし，それによって代謝流束が変化し，グルタミン酸過剰生成が誘導されると考えられた[8]（図 4.5 参照）。

つぎに，ビオチン制限や界面活性剤によるグルタミン酸生成誘導の際に，どのような機構で DtsR1 の発現レベルが調節されているのかに興味が持たれた。そこで，dtsR1 遺伝子発現を調節する因子のスクリーニングを行った。具体的には，まず dtsR1 遺伝子のプロモーター領域を含む領域と DtsR1 の N 末端の数個のアミノ酸を含む領域に β-ガラクトシダーゼ遺伝子をレポーター遺伝子として連結したプラスミドを作成し，それを C. glutamicum の野生株に形質転換した。その形質転換体は X-gal 存在下で寒天培地上で青いコロニーを形成する。つぎに，dtsR1 遺伝子の発現を抑制する遺伝子をショットガンクローニングで取得することを考え，この形質転換体に野生株の染色体ライブラリーを形質転換した。導入されたプラスミド上に dtsR1 の発現を抑制する機能がある遺伝子が存在する場合は，β-ガラクトシダーゼの発現が抑制され，コロニーが青くならない。この系により，dtsR1 遺伝子発現を抑制する遺伝子として drp 遺伝子（dtsR1-regulator protein）が取得された。DRP は cAMP 受容タンパク質（CRP）と高い相同性を示した[9]。DRP は CRP が持つ helix-turn-

4.3 グルタミン酸生成機構の解明

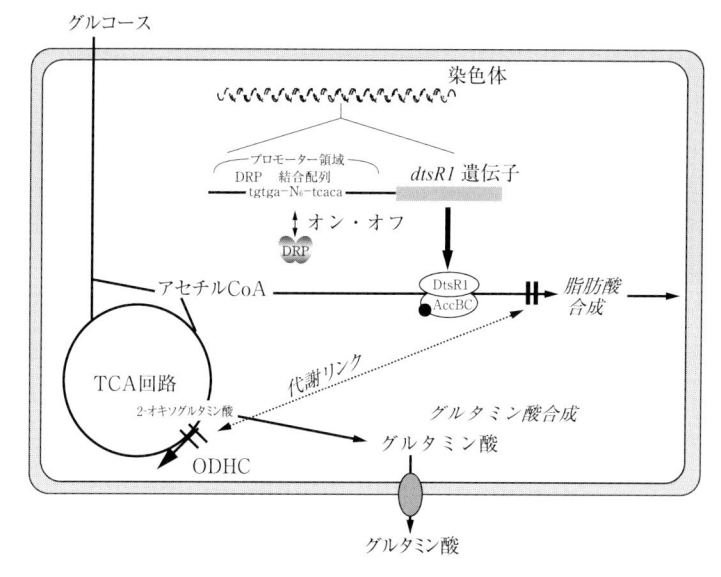

図 4.5 *Corynebacterium glutamicum* のグルタミン酸過剰生成誘導機構

helix 構造の DNA 結合モチーフを持つことが判明した。また，*dtsR1* のプロモーター領域には，DRP 結合領域と想定される配列が確認された。その後，DRP はリンゴ酸合成酵素のリプレッサーであることも示された[11]。これらのことから，DRP は *dtsR1* 遺伝子のプロモーター領域に結合して DtsR1 の発現を調節することにより，TCA 回路によるエネルギー形成とグルタミン酸過剰生成との劇的な代謝変換を調節するグローバル代謝調節因子であると考えられる（図 4.5 参照）。

アミノ酸発酵の分子機構に関する研究の歴史は古いが，近年のゲノム解析技術の進展やシステム生物学の勃興により，バイオテクノロジーの最先端分野の一つとして注目度を増している[10]。このことは，*C. glutamicum* のゲノム解析が複数のグループにより行われ，メタボローム研究のモデル生物の一つとなっていることからも明らかである。

1960 年代にバイオテクノロジーはグルタミン酸生産技術を革新した。その後もバイオテクノロジーによるものつくりが人々の生活に貢献した例は枚挙に暇がない。今後，地球環境問題への対応など，人類が直面するさまざまな課題を解決する手段としてバイオテクノロジーによるものつくりへの期待は増す一方である。同時にこの分野をリードするわが国の役割も大きくなっていくものと信じてやまない。

参 考 文 献

1) 栃倉辰六郎，山田秀明，別府輝彦，左右田健次 監修：発酵ハンドブック，pp. 141-145，共立出版（2001）．
2) Kinoshita, S., Udaka, S. and Shimono, M.：J. Gen. Appl. Microbiol., **3**, pp. 193-205 (1957).

3) Demain, A. L. and Birnbaum, J. : Curr. Top. Micorbiol. Immunol., **46**, pp. 1-25, (1968).
4) Krämer, R. : FEMS Microbiol. Rev., **13**, pp. 75-94 (1994).
5) Kawahara, Y., Takahashi-Fuke, K., Shimizu, E., Nakamatsu, T. and Nakamori, S. : Biosci. Biotech. Biochem., **61**, pp. 1109-1112 (1997).
6) Shimizu, H., Tanaka, H., Nakatoh, A., Kimura, E. and Shioya, S. : Bioprocess Biosyst. Eng., **25**, pp. 291-298 (2003).
7) Kimura, E., Abe, C., Kawahara, Y. and Nakamatsu, T. : Biosci. Biotech. Biochem., **60**, pp. 1565-1570 (1996).
8) Kimura, E. : Advances in biochemical engineering/biotechnology, **79**, pp. 38-57, Springer-Verlag (2003).
9) Kimura, E. : J. Biosci. Bioeng., **94**, pp. 545-551 (2002).
10) Kimura, E. (Eggeling, L. and Bott, M. ed.) : Handbook of Corynebacterium glutamicum, pp. 439-463 (2005).
11) Kim, H. J., Kim, T. H., Kim, Y. and Lee 1st S. H. : J. Bacteriol., **186**, pp. 3453-3460 (2004).

4.4 大腸菌の代謝流束解析

九州工業大学　清水　和幸

4.4.1 大腸菌の培養特性

図4.6(a)は，グルコースを炭素源とした天然培地（Luria-Bertani：LB培地）を用いて，大腸菌の野生株K12を，2l規模のバイオリアクターを用いて，好気条件で培養を行ったときの結果である[1]。この図から，培養開始6.5時間目くらいまでは，おもな炭素源であるグルコースを消費して細胞が増殖し，同時に酢酸を生成していることがわかる。また，グルコースが枯渇した6.5時間目以降は，それまでに蓄積された酢酸を炭素源として，さらに細胞が若干増殖していることがわかる。

図(b)は好気条件ではなく，通気を止めて，嫌気条件（正確には微好気条件）で培養を行ったときの実験結果である。この結果から，溶存酸素濃度を下げると，細胞増殖速度は低下し，乳酸，酢酸，蟻酸などの有機酸のほか，エタノールまでが生成されていることがわかる。

4.4.2 大腸菌の代謝流束解析

つぎに，大腸菌細胞の代謝流束について考えてみよう。一般に，代謝制御解析を行う場合，代謝流束だけでなく，遺伝子発現やタンパク質発現（酵素活性），細胞内代謝物濃度の情報も併せて考えるとわかりやすい。また，特定の遺伝子を破壊すると，通常は見えにくい代謝制御機構が見えてくる場合が多い。

（1）連続培養での増殖パラメータ　表4.1は，野生株の大腸菌W3110とホスホエノールピルビン酸カルボキシキナーゼ遺伝子（*pck*遺伝子）破壊株の連続培養（ケモスタッ

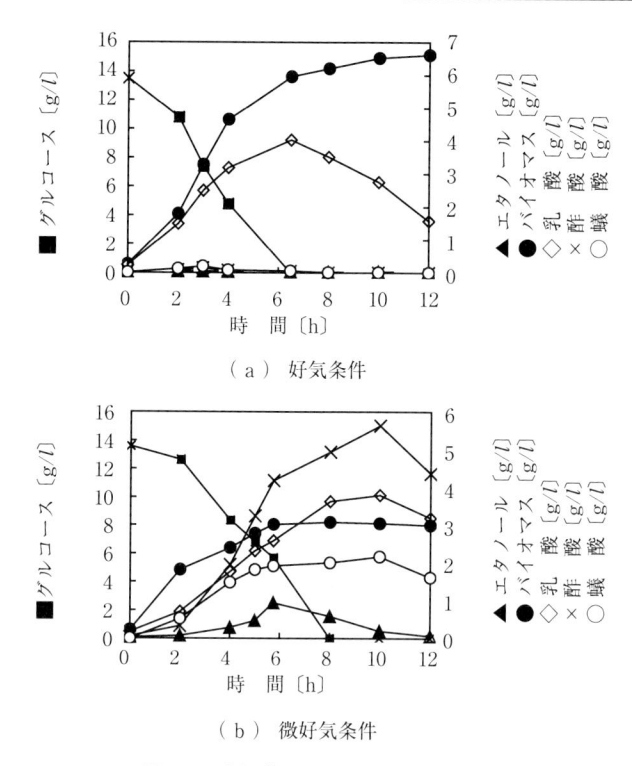

図 4.6 大腸菌 K 12 株の回分培養結果

(a) 好気条件

(b) 微好気条件

表 4.1 大腸菌 W 3110 株と *pck* 遺伝子破壊株の連続培養結果

増殖パラメータ	大腸菌株（希釈率）			
	W 3110 (0.10 h^{-1})	W 3110 (0.32 h^{-1})	W 3110 (0.55 h^{-1})	*pck* 破壊株 (0.10 h^{-1})
細胞収率〔g g^{-1}〕	0.40±0.01	0.44±0.02	0.48±0.03	0.46±0.02
グルコース消費速度〔mmol g^{-1}h^{-1}〕	1.4±0.1	4.0±0.2	6.4±0.2	1.2±0.2
酸素消費速度〔mmol g^{-1}h^{-1}〕	4.0±0.7	10.7±1.6	16.3±2.4	2.7±0.5
二酸化炭素生成速度〔mmol g^{-1}h^{-1}〕	4.2±0.4	11.1±1.2	16.6±1.8	2.9±0.3
炭素収支〔%〕	99±7	103±8	104±8	97±7

ト）を行った結果である[2]。ここで，野生株については，細胞増殖速度の影響を検討するために，いくつかの異なる希釈率で実験を行っている。炭素収支から，両菌株とも，基質であるグルコースを，おもに細胞と二酸化炭素に変換し，他の代謝物はほとんど生成していないことがわかる。希釈率が 0.10 h^{-1} の場合について，*pck* 破壊株の細胞収率（g-cell g-glucose^{-1}）を見てみると，W 3110 株の 0.40 に比べて，0.46 と向上していることがわかる。これは，前者では，二酸化炭素の生成が著しく低下しているためと思われる。

（2） 代謝流束解析　　NMR の測定データ，細胞の組成，**表 4.2** に示される比速度をもとに，細胞内代謝流束分布を求めると，**図 4.7**（野生株）と**図 4.8**（*pck* 破壊株）のようになる[2]。ここで，図 4.7 の四角の中の三つの数字は上から，希釈率がそれぞれ 0.10，0.32，0.55 h^{-1} のときの，（グルコース消費速度で）規準化した流束値を示している。この図から，希釈率が 0.10 h^{-1} のときの補充反応経路であるホスホエノールピルビン酸カルボキシラーゼ（Ppc）の流束は 94％で，逆方向の糖新生経路のホスホエノールピルビン酸カルボキシキナーゼ（Pck）の流束も 67％となっており，かなり大きな無益回路（futile cycle）を

表 4.2　大腸菌 W 3110 株と *pck* 遺伝子破壊株の連続培養での酵素比活性

酵素活性 [nmol min^{-1} mg-protein^{-1}]	大腸菌株（希釈率）			
	W 3110 (0.10 h^{-1})	W 3110 (0.32 h^{-1})	W 3110 (0.55 h^{-1})	*pck* 破壊株 (0.10 h^{-1})
ホスホエノールピルビン酸カルボキシキナーゼ（Pck）	28±5	36±6	33±6	<1.2
ホスホエノールピルビン酸カルボキシラーゼ（Ppc）	3.5±0.6	19±3	23±4	2.9±0.6
ホスホエノールピルビン酸カルボキシラーゼ（アセチルCoA 1 mM の添加）	67±12	270±30	350±40	56±10
イソクエン酸脱水素酵素（ICDH）	630±90	760±120	720±110	98±14
イソクエン酸リアーゼ	0	0	0	170±12

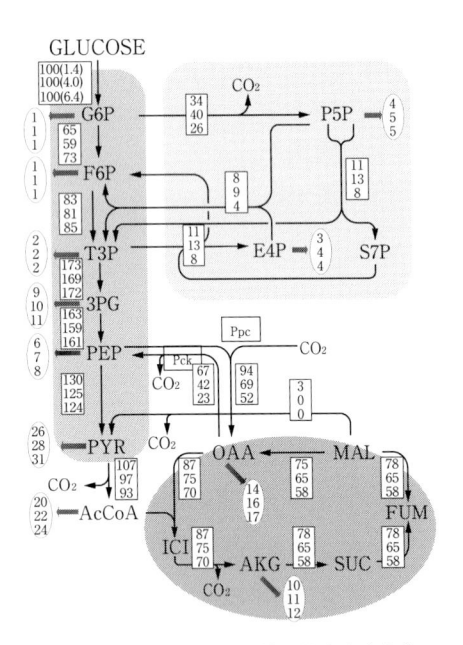

図 4.7　大腸菌 W 3110 株の代謝流束分布

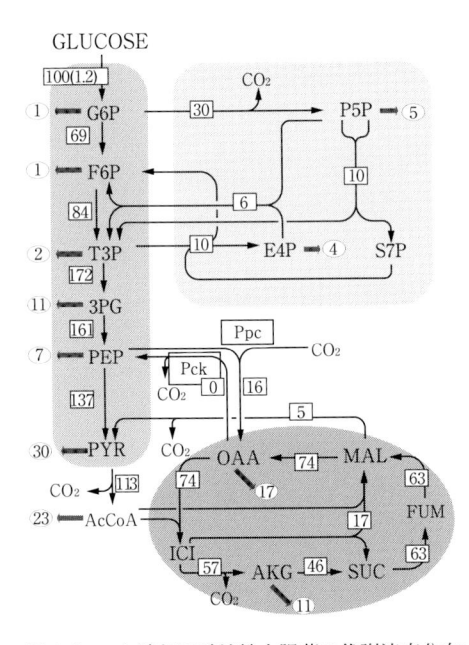

図 4.8　*pck* 遺伝子破壊株大腸菌の代謝流束分布

形成していることがわかる。希釈率が増加するにつれて，無益回路の割合は低下するが，$0.55\,\mathrm{h^{-1}}$ のときでも，Ppc の流束が 52% で，Pck の流束が 23% と比較的高いことがわかる。図 4.7 から，希釈率を変化させても，細胞内代謝流束分布はあまり変化していないが，希釈率が増加するにつれて，TCA 回路の流束，および前述の Ppc と Pck の流束が低下してることがわかる。また，リンゴ酸酵素（Mez）の流束は，希釈率が $0.10\,\mathrm{h^{-1}}$ のとき 3% で，希釈率が増加するにつれて，無視できる程度になっていることがわかる。

図 4.8 の結果から，pck 破壊株では Pck の流束がゼロで，補充反応の Ppc の流束が 16% と著しく低下しており，グリオキシル酸経路が活性化されていることがわかる。この場合，イソクエン酸の 23% がグリオキシル酸経路を利用して変換されており，77% が TCA 回路で処理されている。また，グリオキシル酸経路で生成されたリンゴ酸は，全体の 34% にのぼり，オキサロ酢酸から細胞合成のために利用される炭素骨格を補充していることがわかる。このことは，pck 破壊株では，Ppc による補充反応だけでは，オキサロ酢酸を十分供給できず，グリオキシル酸経路を利用して，これらの不足分を補っていることを示す。

（3）**酵素活性および細胞内代謝物濃度** 表 4.2 には，前述の連続培養について，いくつかの酵素活性が示してある[2]。この表から，pck 遺伝子を破壊しても，Ppc の比活性はほとんど変化していないが，図 4.8 からは，Ppc の流束は著しく低下していることに注意すべきである。すなわち，このことは，代謝流束が酵素活性だけでなく，この反応の基質や活性化因子や阻害物質の濃度によって調節されていることを意味している。表 4.2 から，野生株については，グリオキシル酸経路のイソクエン酸リアーゼの比活性はほとんど見られないが，pck 破壊株では，$170\,\mathrm{nmol\,min^{-1}\,mg\text{-}protein^{-1}}$ の活性を示しており，また，pck 破壊株でのイソクエン酸脱水素酵素は，野生株に比べて，約 6 倍比活性が低下していることがわかる。

つぎに，野生株について希釈率の影響を見てみると，Ppc については，希釈率が低い場合に比べて，高い場合の酵素活性は著しく増加することがわかるが，Ppc 以外はあまり変化していないことがわかる。大腸菌の Ppc はアセチル CoA（AcCoA）のような活性化因子がなければ活性は低いことがわかっている[3]。*in vivo* での酵素活性と，細胞内代謝物濃度との関係を調べるために，つぎに細胞内代謝物濃度を測定した結果を**表 4.3** に示す[2]。表 4.3 について，希釈率が $0.1\,\mathrm{h^{-1}}$ の場合の野生株と，pck 破壊株の結果を比較してみると，あまり差がないことがわかる。ただ，AcCoA およびオキサロ酢酸の濃度が若干低下し，イソクエン酸，リンゴ酸，ADP の濃度がやや増加していることがわかる。

また，野生株について希釈率の影響を見てみると，希釈率が増加するにつれて，ATP と ADP の濃度が上昇し，リンゴ酸の濃度はほぼ一定で，それ以外の代謝物の濃度は低下していることがわかる。

表 4.3 大腸菌 W 3110 株と *pck* 遺伝子破壊株の連続培養での細胞内代謝物濃度

代謝物濃度〔mM〕	大腸菌株（希釈率）			
	W 3110 (0.10 h⁻¹)	W 3110 (0.32 h⁻¹)	W 3110 (0.55 h⁻¹)	*pck* 破壊株 (0.10 h⁻¹)
FBP	0.92±0.11	0.78±0.14	0.46±0.04	1.41±0.21
3 PG	1.67±0.21	0.68±0.06	0.42±0.04	1.79±0.16
PEP	0.88±0.14	0.17±0.04	0.06±0.01	1.28±0.18
PYR	1.64±0.32	0.48±0.07	0.28±0.04	1.42±0.28
AcCoA	1.42±0.35	1.02±0.21	0.68±0.14	0.80±0.12
ICT	<0.03	<0.03	<0.03	0.05±0.01
AKG	2.54±0.24	1.02±0.09	0.30±0.03	2.13±0.27
MAL	0.07±0.01	0.06±0.01	0.07±0.01	0.15±0.02
OAA	1.07±0.21	0.77±0.14	0.49±0.07	0.38±0.06
Asp	3.95±0.80	3.45±0.67	2.28±0.41	3.36±0.65
ATP	0.94±0.22	1.01±0.21	1.20±0.25	1.22±0.31
ADP	0.32±0.09	0.51±0.14	0.63±0.17	1.21±0.35

（4）代謝制御解析 つぎに，表 4.2 と図 4.8 からもわかるように，*pck* 破壊株では，グリオキシル酸経路が活性化されていることがわかる。グリオキシル酸経路は，イソクエン酸脱水素酵素（ICDH）の可逆的リン酸化によって調節されている[4]。表 4.2 から，*pck* 破壊株では，ICDH の活性が著しく低下しているので，このことがグリオキシル酸経路の活性化につながっていると思われる。ICDH の可逆的なリン酸化・脱リン酸化は，ICDH キナーゼ・ホスファターゼによって触媒され，ICDH キナーゼ・ホスファターゼはオキサロ酢酸を含む多くのエフェクターによって調節されている[5]。オキサロ酢酸は ICDH キナーゼを阻害し，ホスファターゼを促進させる。表 4.3 からわかるように，*pck* 破壊株では細胞内のオキサロ酢酸濃度が減少し，このことが ICDH のリン酸化を促進して活性を低下させ，グリオキシル酸経路の流束が上がったものと思われる。酢酸を炭素源とした場合は，3-ホスホグリセリン酸（3 PG）も ICDH のリン酸化に影響を与える重要な調節因子と考えられているが[6]，表 4.3 からもわかるように，3 PG の濃度は野生株の場合とあまり変わっていないので，この可能性はないと思われる。

大腸菌では，イソクエン酸リアーゼをコードしている遺伝子 *aceA*，リンゴ酸合成酵素をコードしている *aceB*，それに ICDH キナーゼ・ホスファターゼをコードしている *aceK* によって酢酸オペロン *aceBAK* を形成している。このオペロンは，酢酸あるいは脂肪酸を炭素源として増殖する場合に誘導され，グルコース存在下では抑制されることがわかっている。このオペロンは，リプレッサータンパク質である IclR によって，転写レベルで負に制御されているが，酢酸を炭素源とした場合は，このリプレッサータンパク質が離れ，このオペロンの誘導が行われると思われる[6]。前述の結果は，グルコースを炭素源とした場合で

も，特定の遺伝子破壊株ではグリオキシル酸経路が働くことを示している。

このように，大腸菌の *pck* 破壊株では，野性株に比べて，補充反応の流束が著しく変化し，グルコースを炭素源とした場合，通常は利用されないはずのグリオキシル酸経路が利用されることを見てきた。しかし，表4.3からわかるように，細胞合成のための前駆体である3PG，ホスホエノールピルビン酸（PEP），ピルビン酸（PYR），AcCoA，α-ケトグルタル酸（αKG），アスパラギン酸（Asp）などの細胞内濃度はあまり変化していない。このことは，細胞内でこれらの量（濃度）を検知して一定に保つホメオスタシス機構が働いていることを示唆している。

一方，大腸菌の *pck* 遺伝子を破壊すると，TCA回路のイソクエン酸から，一部はグリオキシル酸経路を利用するため，TCA回路によるATPの生成は低下し，細胞増殖速度は低下するが，酢酸の生成や二酸化炭素の生成が減少し，細胞収率が向上することは応用上興味深い。

参 考 文 献

1) Peng, L., and Shimizu, K.：Appl. Microbiol. Biotech., **61**, pp. 163-178（2003）.
2) Yang, C., Hua, Q., Baba, T., Mori, H. and Shimizu, K.：Biotech. Bioeng., **84**, pp. 129-144（2003）.
3) Izui, K., Taguchi, M., Morikawa, M. and Katsuki, H.：J. Biochem., **90**, pp. 1321-1331（1981）.
4) Walsh, K. and Koshland Jr., D. E.：J. Biol. Chem., **260**, pp. 8430-8437（1985）.
5) Holms, W. H.：Curr. Top. Cell. Regul., **28**, pp. 69-105（1986）.
6) Cronan, J. E. Jr., LaPorte, D.（Niedhardt, F. C. et al. ed.）：TCA cycle and Glyoxylate bypass *E. coli and Salmonella*, ASM press, pp. 206-216（1996）.

5 生体触媒反応の速度論

5.1 生体触媒反応の速度論のおさらい

大阪大学　大政　健史

　反応速度論はなぜものつくりのバイオテクノロジーに必須なのであろうか。産業的にものつくりを行うためには，単に物質ができたというだけではなく，生産に必要な時間，必要な原材料量，生産物量，コストなど，定量的なものの見方が欠かせない。この定量的なものの見方を行うのに必須な考え方が反応速度論である。これを導入することによって，時間的変化を予測することができる[1]。予測を用いることにより，実験室レベルでの結果が産業レベルに応用可能か，それとも触媒となる酵素や微生物，細胞を新たに構築する必要があるのか，既存の生産プロセスを変更する必要があるのかなど，バイオプロダクションの根幹にかかわる基本的な問題点を明確にし，解決することが可能となる。

　さて，反応速度論で最も基本的でかつ大事なことがらは質量保存の法則である。すなわち，限られた空間内（バイオリアクター内）において起こる変化は

　　　（変化量）＝（流入量）−（流出量）＋（生成量）−（消費量）　　　　　　　　(5.1)

の形の物質収支式で表現することができる。これをさらに単位時間当たりに起こる変化ととらえ，時間で割ることにより

　　　（変化速度）＝（流入速度）−（流出速度）＋（生成速度）−（消費速度）　　　(5.2)

の形となる。この式を用いることにより，バイオリアクター内での原材料，生産物，菌体などの各種物質の挙動を表現し，その時間的変化を予測することが可能となる。

　時間的変化を予測する，つまり式 (5.2) を構築するにあたっての最も重要なポイントは，左辺と右辺とは等号で結ばれる関係にある点である。速度＝変化量，速度＝濃度などのように異なるものを等号で結ぶことはできない。等号の関係を整理するためには，「単位系」を整理して揃えることが基本となる。

　さて，式 (5.2) の構築において，つぎに考えなければならないことは生成速度，消費速度である。これらは，酵素や微生物，動植物細胞などによる生物反応によって生じる項であり，酵素，微生物，細胞の種類，性質，基質濃度，酵素（生物）周辺の環境（温度，pH な

ど），バイオリアクター内におけるさまざまな因子によって影響を受ける。生成速度，消費速度の二つの式を導くのに必要な反応速度式をあらかじめ構築し，これを式（5.2）に導入することにより時間的変化を予測することが可能な「数式モデル」が完成する。

通常，構築される数式モデルは連立常微分方程式となる。この微分方程式を解くためには，初期条件として，酵素や菌体，基質，生産物などの初期濃度が与えられなければならない。さらには，得られた解の物理的意味が成立するかどうか（例えば基質濃度や菌体濃度が負になる解が得られたとしても物理的に意味をなさない）についても検討する必要がある。また，微分方程式が非線形で解析的に解けない場合には，計算機による近似解を求める必要がある。

数式モデルが正しく構築されることにより，実験結果を再現できかつさまざまな条件下における時間的変化を予測することができる。

5.1.1 酵素反応速度式

バイオリアクター内における生物反応を酵素を用いて行う場合，前述の反応速度式は酵素反応速度式となる。生体内ではほとんどの反応が酵素により触媒されるため，酵素反応速度式を理解することは，生物反応そのものを理解する基本となるといっても過言ではない。酵素反応を産業上利用する場合は，酵素そのものを純粋に単離して用いるだけではなく，酵素を含む菌体を死滅もしくは休止菌体としてそのまま利用する場合や，繰り返し利用や連続操作を実現するために固定化して用いる場合も多い。酵素反応を用いたものつくりプロセスの構築は反応を触媒する酵素自身（新規酵素の発見，単離，大量生産，改良など）および反応場（固定化，スケールアップ，化学反応や他反応との組合せ，マイクロ化など）の二つの組合せから成立する。

酵素反応の速度式は単純な1基質反応からより複雑な多基質反応，各種阻害，アロステリック酵素などまで非常に幅広く提唱されている。これらについては成書2）〜5）を参考にしていただき，本項では簡単な反応速度式について概説する。

1基質反応，すなわち基質 S から生産物 P が酵素 E によって触媒され生成する場合において，酵素反応速度を表現する式として酵素-基質複合体の形成と分解が等しい擬定常状態を考えることによって導かれた，Michaelis-Menten 式が提唱されている。すなわち，基質濃度を S，酵素反応速度の最大値を V_m，酵素反応速度が V_m の1/2に対応する基質濃度（これを Michaelis 定数と呼ぶ）を K_m としたときに，反応速度は式（5.3）で表現可能となる[2),3)]。

$$（反応速度）=（生産物生成速度）=\frac{V_m S}{K_m + S} \tag{5.3}$$

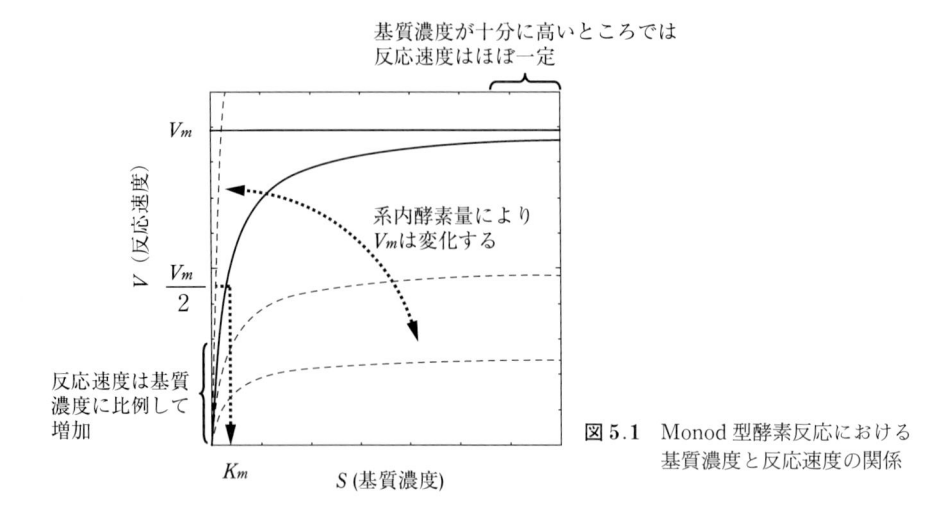

図 5.1 Monod 型酵素反応における基質濃度と反応速度の関係

式 (5.3) に示される基質濃度 S と反応速度 V の関係は**図 5.1** のように示される。基質濃度 S が非常に低い場合（$S \ll K_m$）には，反応速度は式（5.4 a）のように基質濃度に比例して増加する。一方，S が非常に高い場合（$S \gg K_m$）には，反応速度は一定（V_m）となる〔式（5.4 b）参照〕[4]。

$$（反応速度） \approx \frac{V_m S}{K_m} \tag{5.4 a}$$

$$（反応速度） \approx V_m \tag{5.4 b}$$

前述の式（5.3）を用いることにより，あらかじめ V_m，K_m を求めておけば，バイオリアクター内の基質濃度 S が与えられることにより，反応速度（基質消費速度および生産物生成速度）を求めることができる。この V_m，K_m の算出にあたって最も簡便な方法として知られているのが Lineweaver–Burk プロットと呼ばれる，反応速度の逆数と基質濃度の逆数をプロットした図解法であり，傾きが K_m/V_m，y 軸切片が $1/V_m$，x 軸切片が $-1/K_m$ となる（**図 5.2** 参照）。さらに，V_m は酵素濃度の関数であり，酵素濃度に比例して増加する。

さて，酵素によっては，酵素分子の特定の部位に何らかの阻害物質や生成物が結合して反応速度が低下したり，基質濃度の高い条件下において反応速度が低下（高濃度基質阻害）したり，基質が酵素と結合することにより酵素の活性が変化する（アロステリック酵素）場合がある。また，可逆反応，多基質反応，酵素の失活，温度，pH なども反応速度に影響を及ぼす。これらの条件を含んだ反応速度式を構築することにより，より厳密な酵素反応の「時間的変化」の予測が可能となる[2]。

酵素を固定化して用いることにより，高価な酵素を繰り返し利用することが可能となり，連続操作が実現できる。また，基質親和性や pH 依存性を変化させることもできる。一方，担体に固定化することにより，担体内の拡散による物質移動のため，反応速度（活性）は見

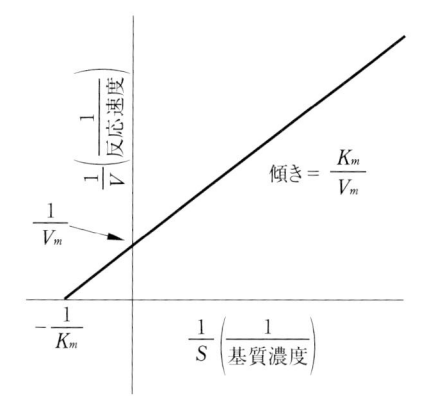

図 5.2 Lineweaver-Burk プロットによる V_m, K_m の求め方

かけ上低下する。すなわち，固定化によってバイオリアクター内に液相と固相（固定化酵素）の2相が存在し，不均一触媒反応となる。そのため，固定化酵素粒子（通常粒子状で固定化される）内外における基質濃度と生産物濃度の分布について考慮を行わなければならない。言い換えれば，固定化粒子外表面近傍における物質移動と粒子内の拡散-反応に関するモデルが必要となる[2]。

5.1.2 微生物反応速度式

実際にものつくりを行う場合，1基質から数個の基質程度の単純な反応は酵素を用いることによって実現可能であるが，より複雑な構造物（タンパク質，多糖類）や，安価な原料から生産を行う場合，微生物を利用して物質生産を行うことが多い。バイオリアクター内における生物反応を微生物を用いて行う場合，式（5.2）中の反応速度式は微生物反応速度式となる。この場合，微生物が生きていることが条件であり，すなわち，微生物が増殖しながら，物質生産反応を行っていると考えられる。

微生物の増殖が1種類の基質のみで制限されている場合，この基質を制限基質と呼び，そのときにおける微生物の増殖速度は式（5.5a）で表現される[7,8]。ここでは，バイオリアクター内の微生物の濃度を X，制限基質濃度を S，比増殖速度を μ，比増殖速度の最大値を μ_m，飽和定数を K_S で表現している。比増殖速度とは，単位細胞当たり，単位時間当たりに増加する細胞量を意味し，倍加時間 t_d（微生物が増殖によって2倍となる時間）との間には式（5.5b）で示される関係があり，時間の逆数の次元を持つ。比増殖速度は酵素反応における Michaelis-Menten 式と同様の式（Monod 式）にて表現されるが，Michaelis-Menten 式とは異なり，Monod 式は経験式である。

$$（増殖速度）= \mu X = \frac{\mu_m S}{K_S + S} X \qquad (5.5\,\text{a})$$

$$\mu = \frac{\ln 2}{t_d} \tag{5.5 b}$$

　Monod式は増殖の基質依存性を単純かつ明解に表現しているため，その構造をほとんど変更することなく，微生物の増殖において複数の制限基質が存在する場合や，基質阻害や代謝産物阻害が存在する場合など，多くの場合に拡張して用いられている。通常 X は乾燥細胞重量濃度で表現されるが，動物細胞の場合は細胞数濃度で表現される。

　微生物が増殖する際に必要なものは栄養源となる基質である。基質濃度は比増殖速度に影響を及ぼすが，基質自体の消費にも微生物が影響を及ぼす。通常，比消費速度 ν（単位細胞当たり，単位時間当たりに消費する基質量）は，菌体収率 $Y_{X/S}$ を介して比増殖速度 μ と関係づけられる〔式 (5.6) 参照〕。窒素源や無機塩，ビタミン類のように微生物の細胞構成成分にはなり得るけれどもエネルギー源にならない場合，式 (5.6) は成立するが，基質がエネルギー源の場合には，微生物の増殖以外に，微生物自身を維持する維持代謝のエネルギーの項 mX を式 (5.6) につけ加えなければならない。m は維持定数と呼ばれる比例定数である。

$$（基質消費速度）= \nu X = \frac{\mu}{Y_{X/S}} X \tag{5.6}$$

　微生物を用いて物質生産を行う場合には，生産物生成速度は微生物の増殖に影響される。比生産速度 ρ（単位細胞当たり，単位時間当たりに生成する生産物量）は，比増殖速度 μ との関係から，比増殖速度に比例する増殖連動型（$\rho = \alpha\mu$），比増殖速度に連動しない増殖非連動型（$\rho = \beta$），両者の項を併せ持つ混合型（$\rho = \alpha\mu + \beta$）（α，βは比例定数）に分類される。混合型を表す式 $\rho = \alpha\mu + \beta$ を Leudeking-Piret 式と呼ぶ。生産物生産においても培地中の生産物濃度が高くなると，生産速度を阻害する場合がある。この場合も酵素反応式同様の構造を持つ経験式が用いられる[6]~[8]。

参 考 文 献

1) 矢野俊正：食品工学・生物化学工学，pp. 49-69，丸善（1999）．
2) 山根恒夫：生物反応工学（第3版），産業図書（2002）．
3) 合葉修一，永井史郎：生物化学工学 反応速度論，pp. 131-215，科学技術社（1975）．
4) 川瀬義矩：生物反応工学の基礎，pp. 1-65，化学工業社（1993）．
5) 松野隆一，宮脇長人，東恆節治，松本幹治，菅　健一：生物化学工学，pp. 30-107，朝倉書店（1996）．
6) 吉田敏臣：培養工学，pp. 67-88，コロナ社（1998）．
7) 小林　猛，本多裕之：生物化学工学，pp. 40-65，東京化学同人（2002）．
8) 海野　肇，中西一弘，白神直弘，丹治保典：新版 生物化学工学，pp. 68-114，講談社サイエンティフィク（2004）．

5.2 固定化酵素

使用記号一覧

K_m	Michaelis定数〔mol l^{-1}〕	X	微生物濃度〔g-dry-cell l^{-1}〕
K_S	飽和定数〔g-substrate l^{-1}〕	$Y_{X/S}$	菌体収率〔g-dry-cell g-substrate^{-1}〕
m	維持定数〔g-substrate g-dry-cell^{-1} h^{-1}〕	α	比例定数〔g-product g-dry-cell^{-1}〕
S	基質濃度〔mol l^{-1}〕	β	比例定数〔g-product g-dry-cell^{-1} h^{-1}〕
	制限基質濃度〔g-substrate l^{-1}〕	μ	比増殖速度〔h^{-1}〕
t_d	倍加時間〔h〕	μ_m	比増殖速度最大値〔h^{-1}〕
V	酵素反応速度〔mol h^{-1}〕	ρ	比生産速度〔g-product g-dry-cell^{-1} h^{-1}〕
V_m	酵素反応速度最大値〔mol h^{-1}〕	ν	比消費速度〔g-substrate g-dry-cell^{-1} h^{-1}〕

5.2 固定化酵素

元 田辺製薬(株), (有)タカ企画　髙松　智

　常温・常圧で働く酵素は非常に有用な生体触媒であり, 現在多くの分野で利用されている。人口問題, 環境問題など人類を取り巻く困難な問題を解決する手段の一つとして, 省資源・省エネルギーの切り札として今後もますます利用価値が高まると考えられる。

　このように酵素が世界的に広く利用されるようになった理由の一つに, 酵素の固定化技術が開発され安価にかつ簡単に利用できるようになったことがあるが, そこには世界中の酵素研究者が結集した国際酵素工学会議での活発な活動を通じて工業化技術が一気に開花したことが高く貢献している。この会議は酵素利用技術の発展を目的に1971年に米国で始まったが, その後, 日本人研究者の活躍が目立ち会議をリードしてきた感がある。その結果として, 第1回国際酵素工学会議賞(1983)を田辺製薬の千畑一郎博士が, 第4回国際酵素工学会議賞(1989)を京都大学の福井三郎博士が, 第10回国際酵素工学会議賞(2001)を京都大学の山田秀明博士が受賞している。一方, 日本においては, 1979年に発足した酵素工学研究会の活動が固定化生体触媒の工業利用に寄与しており, 国際酵素工学会議が日本で開催される際には, この研究会が主催者にもなっている。

5.2.1 酵素の固定化

　タンパク質そのものである酵素は水溶性の性質を持っているが, 水に不溶性になってもその触媒活性を持続する例は古くから知られていた[1),2)]。しかし, 当時このような技術を工業的に活用する研究はなされておらず, 酵素はすべて水に溶解した状態で使用されていたために回収再利用が困難であり, また高価であったためにその利用範囲は限定されていた。1960年代になり田辺製薬のグループが, 工業的な連続反応の素材として使用できるアミノアシラーゼの固定化方法と, それを用いるプロセスの研究を開始した。その成果として, 1966年には固定化アミノアシラーゼによるDL-アミノ酸の光学分割の研究成果が発表され[3)], 1969年には固定化酵素を用いる世界初の工業プロセスとして, L-メチオニン, L-バリン, L-フェニルアラニンなど何種類ものL-アミノ酸の製造が開始された。その後, 固定化酵素の研

究は世界的に急速に進み，固定化の対象は微生物，増殖微生物，動植物細胞へと展開され，これらを総称して固定化生体触媒と呼ぶようになっている。

酵素の固定化方法には，担体結合法，架橋法，包括法などがあり図5.3に模式的に示したとおりである。詳細は成書を参考にして欲しい[4),5)]。なお，当初は酵素の固定化方法を見いだすこと自体が研究テーマとなっていたが，現在では完全にバイオテクノロジーの基本の一つとして定着し広く利用されている。

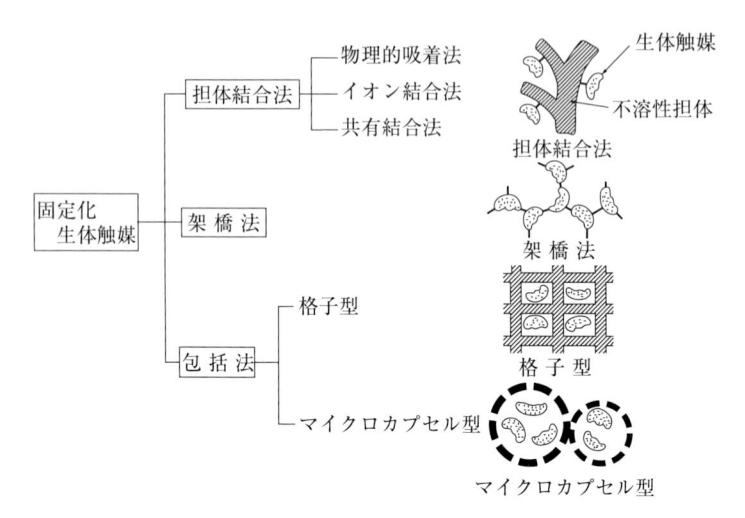

図5.3 固定化生体触媒の分類（日本生物工学会 編：発酵工学 20世紀のあゆみより転載）

5.2.2 固定化生体触媒の応用

固定化生体触媒は大きく分けて有用物質の生産と，分析試験やセンサー素材として開発されている。これまでに発表されている日本における工業化例は表5.1のとおりであり，医薬品原料，食品，工業原料，コモディティ品と多岐にわたることがわかる。これらのプロセスの中にはすでにそのライフサイクルを終えたものもあるが，1973年に田辺製薬が世界で最初の固定化微生物を用いる工業プロセスとしてスタートさせた固定化 *Escherichia coli*（アスパルターゼ）によるL-アスパラギン酸の製造は，30年以上を経ていまだに現役稼動している息の長い優れたプロセスである。固定化微生物法は，固定化酵素法に比べて微生物からの酵素の取り出し工程が不要である点で有利であり，以後の研究開発の流れを作った技術であると考えられる。

1985年，日東化学がこれまで化学触媒を用いて大量に工業製造されていたアクリルアミドを固定化 *Rhodococcus rhodochrous*（ニトリルヒドラターゼ）を用いる方法で製造するようになったことも特筆すべきである。従来は通常酵素を用いるプロセスが固定化生体触媒に移行したものであったが，この技術によって，酵素を用いることが化学触媒よりも価格的に有利

5.2 固定化酵素

表 5.1 固定化生体触媒の日本での工業化例（日本生物工学会 編：発酵工学 20世紀のあゆみより転載）

製造物	固定化生体触媒*	工業化開始時期〔年〕	工業化の企業
L-アミノ酸（DL-アミノ酸の光学分割）	アミノアシラーゼ（*Aspergillus oryzae*）	1969	田辺製薬
L-アスパラギン酸	*Escherichia coli*（アスパルターゼ）	1973	田辺製薬
6-アミノペニシラン酸	ペニシリンアミダーゼ（*Bacillus megaterium*）	1973	旭化成
L-リンゴ酸	*Brevibacterium ammoniagenes*（フマラーゼ）	1974	田辺製薬
低乳糖乳	ラクターゼ（*Aspergillus oryzae*）	1977	雪印乳業
7-アミノセファロスポリン酸	セファロスポリンCアミダーゼ（*Pseudomonas* sp.）	1980	旭化成
L-アラニン	*Pseudomonas dacunhae*（L-アスパラギン酸-β-脱炭酸酵素）	1982	田辺製薬
果糖高含有シロップ（異性化糖液）	*Streptomyces phaechromogenes*（グルコースイソメラーゼ）	1985	長瀬産業 他
パラチノース	*Protaminobacter rubrum*（α-グルコシルトランスフェラーゼ）	1985	三井製糖
フラクトオリゴサッカライド	*Aspergillus niger*（β-フルクトフラノシダーゼ）	1985	明治製菓
アクリルアミド	*Rhodococcus rhodochrous*（ニトリルヒドラターゼ）	1985	日東化学
カカオバター様油脂	リパーゼ（*Candida cylindracea*）	1988	不二製油
D-アスパラギン酸	*Pseudomonas dacunhae*（L-アスパラギン酸-β-脱炭酸酵素）	1989	田辺製薬
日本酒	*Saccharomyces cerevisiae*（アルコール発酵系酵素-固定化増殖微生物）	1990	大 関
ビール	*Saccharomyces cerevisiae*（アルコール発酵系酵素-固定化増殖微生物）	1992	キリンビール
ジルチアゼム中間体〔(−)-MPGM〕	リパーゼ（*Serratia marcescens*）	1993	田辺製薬
D-フェニルグリシン	ヒダントイナーゼ（*Escherichia coli* 組換え体），脱カルボミラーゼ（*Escherichia coli* 組換え体）	1995	鐘淵化学
D-*p*-ヒドロキシフェニルグリシン	ヒダントイナーゼ（*Escherichia coli* 組換え体），脱カルボミラーゼ（*Escherichia coli* 組換え体）	1995	鐘淵化学
脱アセチル7-アミノセファロスポリン酸	セファロスポリンCアセチルヒドラターゼ（*Escherichia coli* 組換え体）	1997	塩野義製薬
ニコチンアミド	*Rhodococcus rhodochrous*（ニトリルヒドラターゼ）	1998	ロンザ（京大発酵生理学研究室と日東化学）
D-パントテン酸（パントラクトンの光学分割）	*Fusarium oxysporum*（ラクトナーゼ）	1999	富士薬品

* 酵素名が先で微生物名がかっこに入っている場合は固定化酵素を表し，微生物名が先で酵素名がかっこに入っている場合は固定化微生物を表す。

であるだけでなく環境にもやさしいプロセスとなり得ることが認識されるようになった。

　酵素の欠点の一つに有機溶媒中での不安定性があったが，これも固定化することで解決し，いくつかのプロセスが工業化されている。1988年に不二製油が工業化した固定化リパーゼによるカカオバター様油脂の製造や，1989年に田辺製薬が工業化した固定化リパーゼによるカルシウム拮抗剤ジルチアゼム光学活性中間体の製造などである。有機溶媒中で反応可能なシステムの開発は，固定化生体触媒の応用範囲を飛躍的に広げ，固定化生体触媒の有

用性を広く産業界に知らしめるに至った。

固定化増殖微生物の工業化例としては，1990年の大関による清酒製造や1992年のキリンビールによるビールの製造がある。これらは，栄養源を連続的に供給することでゲル中に固定化された酵母が増殖しながらアルコール発酵を継続できることを利用した技術であり，糖からアルコールまでの複数ステップの生化学反応が効率よく行われている。

補酵素を固定化する技術も開発されており，今後も固定化生体触媒はなくてはならない反応素子として産業界で広く利用されると思われる。

5.2.3 バイオリアクターの最適化

固定化生体触媒を用いる反応装置は，一般的にバイオリアクターと呼ばれている。企業が有用物質の製造目的でバイオリアクターを採用する最大の理由は，競合プロセスに比べて製造価格面で優位であるからにほかならない。この意味でプロセスの最適化は非常に重要であるが，固定化生体触媒の酵素反応のみを採り上げた最適化とバイオリアクターを含むシステム全体の最適化は，ときにより逆の結果になることがあることを知っておく必要がある。特に大学で行われる最適化の研究は，担当者の興味が自分の専門分野に特化しがちであり，酵素の選択，固定化の方法，反応装置の設計，基質の種類や濃度，温度，圧力，制御システムなどについては十分検討されているが，基質の不純物濃度と市場価格，有休設備の活用，廃棄物処理費，ユーティリティー経費，設備投資額と減価償却費，作業者や管理者の人件費，必要な保険金や税金などに関しては考慮を忘れがちである。筆者がスラリー反応と名づけた固定化微生物を用いるL-アラニンの連続製造プロセスの開発を例に紹介させていただく。

固定化生体触媒プロセスの改良すべき事項として基質濃度が低いことが挙げられる。筆者らは，この問題を解決するために反応槽に晶析槽を付加し，後者を前者よりも低い温度に制御することで，生産物の反応槽での析出を防ぎ，晶析槽から生産物結晶を得るバイオリアクターを開発した[6]（図5.4参照）。すなわち，このリアクターでは反応と晶析が並行して進行している。L-アスパラギン酸脱炭酸酵素を持つ固定化 *Pseudomonas dacunhae* を反応槽に入れ，L-アスパラギン酸結晶を基質溶解槽に間歇的に投入しつつ晶析槽から析出したL-アラニン結晶を間歇的に取り出すことで，濃縮工程なしに効率よくL-アラニンを連続製造できることが明らかになった。また，このプロセスを新設し，L-アラニンを製造する場合の原料費，設備投資，人件費などを含む全運転経費および保険金や税金を含むすべてのコストを，固定化生体触媒を用いない従来の菌体懸濁法を新設する場合と比較すると，約40％のコストダウンとなることを明らかにした。ただ，L-アラニンは既存設備で製造されていたため，このスラリー反応法を用いた工業化には至らなかった。同じ土俵で評価すればより有利な方法であっても，競合方法には有休設備が使用できる，自社の余剰な安価な副生物を

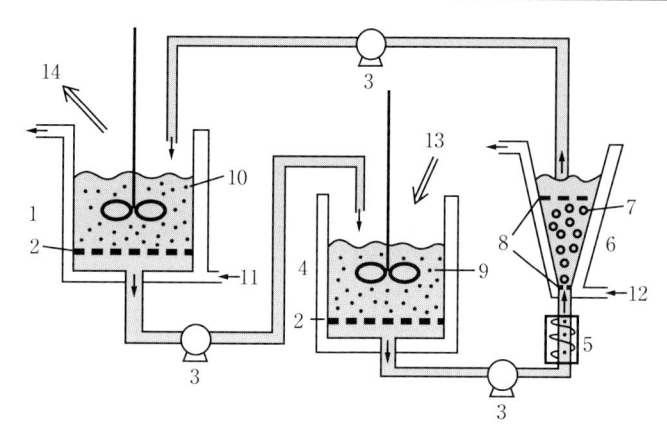

図 5.4 固定化スラリー反応装置〔1：晶析槽，2：結晶分離フィルター，3：ポンプ，4：基質溶解槽，5：熱交換器，6：反応槽，7：固定化生体触媒，8：スクリーン，9：基質結晶，10：生産物結晶，11 と 12：温度調整水，13：基質フィード（L-アスパラギン酸），14：生産物取り出し（L-アラニン）〕

原料として使える，などシステムの優劣以外の企業独自の判断基準によって採否が決まることを理解する必要がある。

このように，固定化酵素の実用化の足跡を振り返ったが，より詳しくは土佐博士の優れた総説を参照して欲しい[7]。

参 考 文 献

1) Nelson, J. M. and Griffin, E. G.：J. Am. Chem. Soc., **38**, pp. 1109-1115 (1916).
2) Sumner, J. B：Science, **108**, pp. 410-418 (1948).
3) Tosa, T., Mori, T., Fuse, N. and Chibata, I.：Enzymologia, **31**, pp. 214-224 (1966).
4) 千畑一郎 編：固定化酵素，講談社 (1975).
5) 千畑一郎 編：固定化生体触媒，講談社 (1986).
6) Takamatsu, S. and Ryu, D. D. Y.：Biotechnol. Bioeng., **32**, pp. 184-191 (1988).
7) 土佐哲也：発酵工学 20 世紀のあゆみ，pp. 70-81，日本生物工学会 (2000).

5.3 ATP 再 生 系

東京大学　藤尾　達郎

化学的合成反応は高温・高圧条件により合成のためのエネルギーを反応系に供給する。しかし，生物系の合成反応は常温・常圧で進行する。生物は生体中に存在する主要な化合物の一つであるATPの分子中にエネルギーを蓄積しており，生合成酵素の働きにより常温・常圧でATP分子内のエネルギーが生合成反応に使われるからである。

生物は遺伝情報に基づいて，一連のきわめて多数の生合成反応によって，自らの身体を形

成する。生合成を行うために必要なATPを合成するためのエネルギーは植物に由来する。植物は，太陽のエネルギーを利用して空気中の二酸化炭素を炭素源としてグルコースなどの糖質を生合成し，その分子内に太陽由来のエネルギーを貯蔵する。ほとんどの微生物や動物は，この糖質を摂取し，自らの身体を形成する主原料として用いてさまざまな化合物を生合成すると同時に，生合成に必要なエネルギー源として利用する。

グルコースをはじめとする糖質に蓄えられたエネルギーは，そのままでは生合成反応に利用されない。解糖系をはじめとする一連の酵素反応を通じて糖質を代謝することによって，その分子内に蓄えられたエネルギーがATP分子内に移され，生合成酵素反応に使われる。生合成反応における直接かつ共通のエネルギー源としてATPが用いられるため，ATPは生物におけるエネルギーの通貨といわれる。

多くの生合成酵素は，基質とATPから生産物とADP（もしくはAMP）を生成する。ATPから末端の高エネルギーリン酸結合が切断される際に放出されるエネルギーが生合成に利用される〔図5.5の式(1)参照〕。

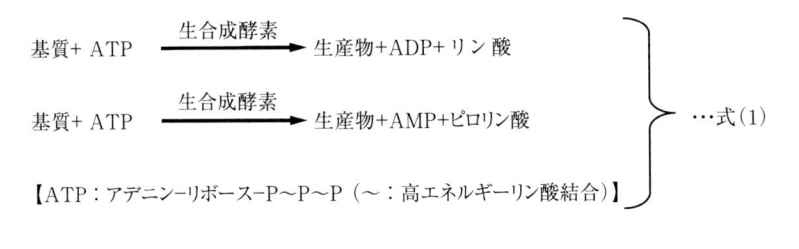

$$\text{基質 + ATP} \xrightarrow{\text{生合成酵素}} \text{生産物 + ADP + リン酸}$$

$$\text{基質 + ATP} \xrightarrow{\text{生合成酵素}} \text{生産物 + AMP + ピロリン酸}$$

…式(1)

【ATP：アデニン-リボース-P〜P〜P（〜：高エネルギーリン酸結合）】

$$\text{ADP + リン酸 + エネルギー供給源（グルコース）} \rightarrow \text{ATP} \quad \cdots\cdots\text{式(2)}$$

図5.5 ATPの分解による生合成エネルギー供給とATP再生反応

いわゆる直接発酵法の場合，つまり微生物の生菌体が持つ多数の生合成酵素が働いて，例えばアミノ酸などの有用物質を大量に培地中に蓄積させる場合は，菌体内においてアミノ酸生合成反応と並行してエネルギー供給（ATPの生合成と生合成酵素への分配）が行われるため，生合成エネルギーの供給問題を意識する必要はない。しかし，直接発酵法では生産対象とし得ない物質も多数存在する。例えば，親水性のリン酸基があるため細胞膜を透過しないATPのようなヌクレオチド類などである。

生物の生合成機能を利用する物質生産法として，直接発酵法以外に酵素法がある。適当な原料物質（基質）がある場合に，微生物菌体の代わりに単一もしくは複数の生合成酵素を用いて，目的物質に酵素的に変換する方法である。この場合は，生菌体を用いる直接発酵法と異なり，生合成エネルギーの供給方法が高いハードルとなる。生合成酵素反応系にエネルギー源としてATPを用いることできれば簡単であるが，ATPが高価であることから経済的に成立し得ない。このような場合に対応するため，微生物が持っているATP再生能を利用

してごく少量の ATP を反復使用する方法が開発された。

5.3.1 微生物のグルコース代謝と ATP 生合成

培地からグルコースを取り込んだ微生物は，解糖系，TCA 回路，電子伝達系などの代謝経路を経て，その一部を最終的に二酸化炭素と水にまで分解する。その間に，グルコース分子中に蓄えられていたエネルギーを用いて ATP が生合成される。ATP 分子中でエネルギーの受け渡しにかかわるのは ATP 分子中の 3 分子の末端リン酸基である。

生合成酵素反応において，ATP の末端のリン酸基が切断され，その際に解放されるエネルギーが生合成反応に利用されるが，その結果，ATP は ADP（アデノシン二リン酸）と P_i（無機リン酸）になる。場合によっては，ATP が AMP（アデノシン一リン酸）と PP_i（ピロリン酸）になることもあるが，この場合も分解により解放されたエネルギーが生合成に利用される〔図 5.5 の式（1）参照〕。

生成する ADP をリン酸化して ATP を再生することができれば，生合成酵素反応を用いる物質生産におけるエネルギー供給の問題は解決する。ADP から ATP を生合成するためには，高エネルギーリン酸結合を形成するためのエネルギー供給が必要となる〔図 5.5 の式（2）参照〕。生物においては，グルコースがこのエネルギー供給源として用いられている。この，あらゆる生物が普遍的に持っている「糖代謝と共役した ATP 合成」という生物機能を利用した ATP 再生系について以下に述べる。

5.3.2 グルコースをエネルギー供給源とする ATP 再生系

マンガンイオン濃度を極端に制限した培地を用いて，ある種の微生物（*Corynebacterium ammoniagenes*）を培養すると，培養中期以降菌が著しく膨潤し，同時に培地中に ATP を漏出することが見いだされた[1]。アデニンをこの培地に添加しておくと，添加したアデニンを出発原料として培地中に著量の ATP が生成蓄積した。この事実は，① この膨潤菌体において，少なくとも解糖系の全酵素が活性を保持していて，ADP から ATP を生合成していること，また，② ATP のリボース骨格を供給するホスホリボシルピロリン酸（PRPP）がグルコースから生合成されていること，を示している。その後，ATP の細胞膜透過性付与処理法として，マンガンイオン制限法に代わる，より実用的な方法である界面活性剤と微量の有機溶剤を併用する方法が開発された[2]。図 5.6 にアデニンからの ATP 生産系の全容と関係する酵素反応系を示す。ATP 膜透過性付与処理を施した菌体は増殖能を失っていることから静止菌体と呼んでいる。本反応系の本質は，グルコースをエネルギー供給源とする ADP からの ATP 再生反応系（以下「ATP 再生（糖代謝）系」）と，グルコースを要求する生合成反応系との共役反応である。

C. ammoniagenes のATP膜透過性付与菌体

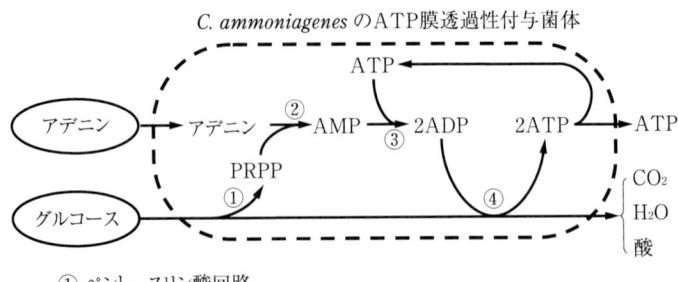

```
アデニン → アデニン → ② → AMP → 2ADP → 2ATP → ATP
                    PRPP      ③         ↑
グルコース → ①              ④          → CO₂, H₂O, 酸
```

① ペントースリン酸回路
② サルベージ合成系
③ AMPキナーゼ
④ ATP再生（糖代謝）系（解糖系＋TCA回路＋電子伝達系）

図5.6　アデニンからのATP生産反応系と関連する生合成系の概要

5.3.3　任意の生合成酵素とATP再生（糖代謝）系の組合せによる物質生産

ATP膜透過性付与処理を施した菌体（膜処理菌体）を酵素源とし，安価なグルコースを再生エネルギー供給基質とするATP再生系が工業的規模で利用できることが示されたことにより，ATPを必要とする多くの生合成酵素を物質生産に利用する道が開かれた。ATPの代わりに膜処理菌体とグルコースを反応系に共存させることにより，ごく少量のATPをADPから再生して反復使用する「共役反応系」による，安価なATP供給が可能となったためである。より具体的には，大別して2種類の共役反応系が生まれた。第一は，ATP再生（糖代謝）系と生合成酵素（系）とが同一の菌体内に存在する場合，第二は，両反応系が別々の菌体に存在する場合である。前者を自己共役反応系，後者を異菌体間共役反応系と称する（図5.7参照）。

（a）自己共役反応系　　（b）異菌体間共役反応系

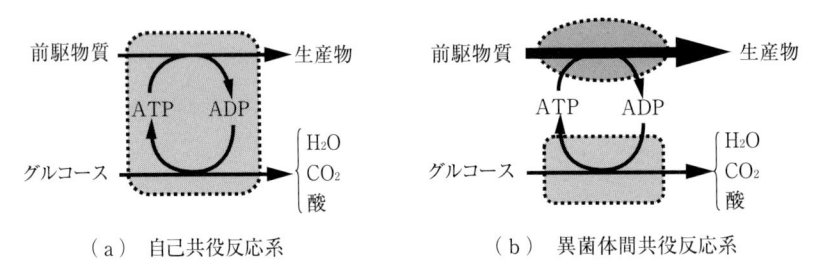

図5.7　ATP再生系と生合成酵素系との共役反応

自己共役反応系の実用化例としては，図5.6のATP生産法，グアニル酸（GMP）生産法（旧法），グルタチオン生産法[3]などがあり，異菌体間共役反応系の例としては，GMP生産法（新法）[4]，イノシン酸（IMP）生産法[5]がある。また，両反応系を組み合わせた複合共役反応系による生産プロセスの例としてシチジン二リン酸コリン（CDPコリン）生産法[6]が挙げられる。

5.3.4 異菌体間共役反応法による IMP の生産[5]

図 5.8 に異菌体間共役反応法の例として IMP 生産法の概要を示す。まず *C. ammoniagenes* の変異株を用いてイノシンを直接発酵生産し，終了後この培地に界面活性剤と有機溶媒を添加して *C. ammoniagenes* 菌体を静止菌体化し，ATP 再生活性供給源とする。他方で，遺伝子組換えによりイノシンキナーゼ活性を大幅に強化した大腸菌を培養し，少量（*C. ammoniagenes* 培養液の 10% 以下）の培養液をイノシン発酵終了液に添加する。この混合液にグルコースなどを加え，イノシン・リン酸化反応液として pH および温度制御下かつ通気撹拌下で約 20 時間反応させる。イノシンキナーゼ反応の結果生成する ADP は *C. ammoniagenes* の静止菌体により ATP に再生され，再び IMP 合成が進行する。大腸菌自体も ATP 再生活性を有するが，反応系中に存在する大腸菌の菌体量は少なく，したがって遺伝子工学により強化したイノシンキナーゼ活性量と比較して ATP 再生活性量は僅少であった。反応系中に大量に存在する *C. ammoniagenes* 菌体の ATP 再生能と共役することにより，初めて十分な IMP 蓄積が認められたことから，両菌体間で ATP と ADP をやりとりする共役反応が必須であった。

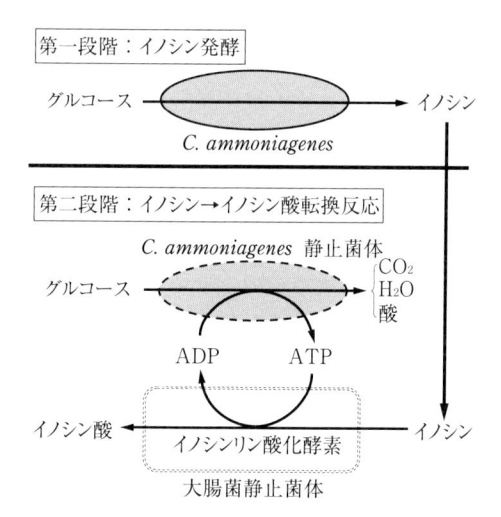

図 5.8 イノシン生産菌の ATP 再生活性利用と，大腸菌イノシンリン酸化酵素構造遺伝子の発見，クローニング，高発現化により成立した，異菌体間共役反応による IMP 生産法

参 考 文 献

1) Tanaka, H., Sato, Z., Nakayama, K. and Kinoshita, S.：Agric. Biol. Chem. **32**, pp. 721-726 (1968).

2) Maruyama, A. and Fujio, T.：Biosci. Biotechnol. Biochem., **65**, pp. 644-650 (2001).
3) 藤尾達郎：Bio Industry, **3**, pp. 453-461 (1986).
4) 藤尾達郎，丸山明彦，青山良秀，河原　伸，西　達也：生物工学会誌, **77**, pp. 104-112 (1999).
5) Mori, H., Iida, A., Fujio, T., Teshiba, S.：Appl. Microbiol. Biotechnol., **48**, pp. 693-698 (1997).
6) Fujio, T., Maruyama, A.：Biosci. Biotechnol. Biochem., **61**, pp. 956-959 (1997).

5.4　マイクロバイオリアクター

大阪府立大学　関　実

5.4.1　マイクロバイオリアクターとは何か

　エレクトロニクス産業の基盤技術の一つである半導体微細加工技術の加速度的な進展により，今日，商業的に生産可能なマイクロチップの線幅（電線の幅）は，数十 nm まで微細化してきており，サブミクロンオーダーの構造ならば，正確に再現性よく大量に作ることが可能になっている。1980 年代の後半から，このような技術がエレクトロニクス以外の分野にも大きな影響を与えるようになってきた。特に，近年，ナノテクノロジーへの注目の高まりとともに，化学やバイオの分野におけるマイクロ技術も大きな関心を集め，盛んに研究開発が行われている[1]。化学やバイオのマイクロ技術にとっては，微量の液体や気体（あるいは固体）を正確に操作することが必要で，そのために構成されたミクロンオーダーの構造体は「マイクロ流体素子」と呼ばれている。マイクロバイオリアクターもこの範疇に含まれる技術と考えることができる。

　マイクロ流体素子は，通常，直径（断面が矩形の場合には幅と深さ）が数 μm から数百 μm のマイクロチャネル，同程度の大きさのマイクロチャンバー，あるいはそれらのネットワークに，液体，気体，粉粒体などを導入し，生化学反応や有機化学的な合成反応，細胞培養，各種溶液の混合，生成物の分離・精製・分析などを行わせることを目的に作られた微小構造物である。マイクロ流体素子にセンサーやアクチュエーターなどを集積化したシステムを分析目的に使用する場合には「マイクロトータルアナリシスシステムズ（μTAS）」と呼び，マイクロ流体素子上での反応による物質生産（変換）に重点が置かれている場合には「マイクロリアクター」と呼ぶことが多いが，両者が明確に区別されている訳ではない。そこで，「生体触媒反応が組み込まれたマイクロ流体素子とそのシステム」は，広く「マイクロバイオリアクター」と呼ばれている。

5.4.2　マイクロバイオリアクターにはどんな特徴があるのか

（1）　微量反応と微量生産　　当然のことながら，装置サイズを小さくすることは，分析やスクリーニングを目的とした場合には大きな利点がある。DNA やタンパク質などの貴重

で高価な試料や試薬，触媒としての細胞や酵素をきわめてわずかな量だけ用いても十分な結果が得られる。また，廃液排出量も微量で環境への負荷が小さく，場所をとらず持ち運び可能なシステムの実現が期待される。一方，稀少疾患のための需要の小さな医薬品などを目的とした多品種少量のバイオプロダクションにおいても，微量の触媒と基質を用いた少量生産が可能となる。

（2）**温度や濃度の精密な制御**　　空間サイズを小さくしていくと，体積当たりの表面積が少しずつ増大していく。例えば，微生物の培養スケールを小さくしていくと，培養液の体積に対して培養槽の壁の面積が増大していくことになる。話を簡単にするために立方体を考えてみると，一辺が 10 cm では単位体積当たりの表面積（比表面積）は，0.6 cm^{-1} ということになるが，一辺が 10 分の 1 の 1 cm となると，比表面積は 10 倍の 6 cm^{-1} に増大する。すなわち，一辺の長さと比表面積は反比例の関係にあり，空間サイズが小さくなるほど，濃度（単位体積のあたりの物質量）や温度（エネルギー密度）を素早く変化させることや，これらを一定に保つことが容易になる。実際は，溶質濃度が異なる隣り合った2液（立方体）の濃度が拡散によって一定になるのに必要な時間は，立方体の一辺の長さの2乗に反比例する。このとき，両者の拡散混合に必要な代表時間 t は

$$t = \frac{L^2}{D}$$

と表される。ここで，L は一辺の長さ，D は拡散係数である。溶質の拡散係数を例えば，$D = 10^{-9}$ m^2/s とすると，1 mm の立方体間では拡散混合時間は 16.7 分であるが，100 μm では，わずか 10 秒ほどで，ほぼ均一の濃度が実現される。

表 5.2 に，空間サイズと拡散時間の関係を示した。いわゆるマイクロ空間（一辺の長さが 1 μm ～ 1 mm 程度）では，拡散時間は，1 ミリ秒～十数分まで大きく変化させることが可能である。特に，数十 μm 以下の空間では，実質的に混合時間を考えなくてよい場合も多くなる。伝熱についても同様のことが実現されるため，濃度や温度を一定に保つ，あるいは，周期的に変化させるなどして，精密に制御された培養環境を実現することが可能になる。

（3）**安定な層流系**　　マイクロチャネル（流路）では安定な層流（平行流）が実現できる。このことによって，滞留時間や混合時間の精密な制御や安定な界面を利用した反応・分離操作が可能となり，酵素反応や基質・生成物分離の精密制御，高速・高効率化，副反応抑制などが期待されている。さらに，μm 程度の空間では重力や慣性力などの体積力に比べて表面張力や粘性力などの面積力の影響が強く現れることから，これを利用した新規反応分離システムも期待されている。

（4）**集積化・並列化**　　細胞の大きさというのは，細菌の場合は 1 μm 程度，酵母は数 μm 程度，動植物細胞で 10～30 μm であり，マイクロ流体デバイスで精密な設計が可能な

表5.2　マイクロ空間の特徴

一辺の長さ	体積	表面積〔m²〕	比表面積〔m⁻¹〕	表面吸着分子[−]*	拡散時間**	分子数(1 mM)	細胞数(10^9/ml)
1 m	1000 l (= 1 m³)	6	6	10^{-7}	31.7 year	6×10^{23}	10^{15}
10 cm ($= 10^{-1}$ m)	1 l ($= 10^{-3}$ m³)	0.06	60	10^{-6}	116 day	6×10^{20}	10^{12}
1 cm ($= 10^{-2}$ m)	1 ml ($= 10^{-6}$ m³)	6×10^{-4}	600	10^{-5}	27.8 hour	6×10^{17}	10^{9}
1 mm ($= 10^{-3}$ m)	1 μl ($= 10^{-9}$ m³)	6×10^{-6}	6×10^{3}	10^{-4}	16.7 min	6×10^{14}	10^{6}
100 μm ($= 10^{-4}$ m)	1 nl ($= 10^{-12}$ m³)	6×10^{-8}	6×10^{4}	10^{-3}	10 sec	6×10^{11}	10^{3}
10 μm ($= 10^{-5}$ m)	1 pl ($= 10^{-15}$ m³)	6×10^{-10}	6×10^{5}	0.01	100 msec	6×10^{8}	1
1 μm ($= 10^{-6}$ m)	1 fl ($= 10^{-18}$ m³)	6×10^{-12}	6×10^{6}	0.1	1 msec	6×10^{5}	——
100 nm ($= 10^{-7}$ m)	1 al ($= 10^{-21}$ m³)	6×10^{-14}	6×10^{7}	1	10 μsec	6×10^{2}	——
10 nm ($= 10^{-8}$ m)	1 zl ($= 10^{-24}$ m³)	6×10^{-16}	6×10^{8}	——	100 nsec	0.6	——
1 nm ($= 10^{-9}$ m)	1 yl ($= 10^{-27}$ m³)	6×10^{-18}	6×10^{9}	——	1 nsec	——	——

*　1分子当たりの吸着面積を 10^{-16} m² とし，単層吸着，濃度1 mMのときの，表面吸着可能な分子数の全分子数に対する割合。
**　拡散係数を $D = 10^{-9}$ m²/s とする。

空間サイズと同じ程度の大きさである。例えば，$10^9 \sim 10^{10}$ 個/ml 程度の微生物培養でよく用いられる細胞濃度の培養液をマイクロ空間内に入れると，1～1000個程度の少数の細胞の培養が容易になる。また，タンパク質やDNAなどの高分子も少数の分子を個別に取り扱って，反応や分離の対象とすることが可能である。

このような特徴は，ハイスループットのスクリーニング系（HTS系）などの多種・多数のサンプルの並行同時処理，前処理・反応・分離精製などのシークエンシャル処理[2),3)]，あるいは，同種の構造のナンバリングアップ（生産規模を拡大する際に装置の大きさではなく数を増やすという考え方）による小規模物質生産システムの実現に威力を発揮する。マクロなスケールとは異なり，小さな構造を数多く作製するためには前述のチップテクノロジーのような光学的なコピー技術を利用することが可能であるため1台当たりの製造コストが軽減し，同時に操作の簡略化も期待される。

（5）**マイクロ化に伴う問題点**　　しかしながら，μm程度の大きさを有するシステムにおける流動や伝熱現象はまだ十分に解明されておらず，マイクロ流体の操作・制御方法についても研究例は少ない。また，流路の閉塞や汚れの問題，材料や微細加工法に起因する構造

設計上の制約などのために，必要とされる性能が十分に発揮できないような例も見られる。

一方，空間サイズを小さくしすぎると，空間内の分子数が減少し不均一になる，あるいは，比表面積の増大によって壁に吸着する分子の影響が無視できなくなることも心配される。しかし，表5.2にも示したように，例えば，一辺10 μmの立方体中の1 mM程度のタンパク質溶液であれば，空間内の分子数は600万と十分な数であり，表面に吸着する割合もその1％程度と，それほど大きな問題とはならない。

5.4.3 マイクロバイオリアクターは何に使えるのか

（1） 研究ツール　マイクロバイオリアクターを用いて，単細胞あるいはきわめて少量の細胞にかかわる微量物質を対象とした研究が盛んに行われている。これは少量の代謝物の希釈を防ぎ，局所の情報を取り出せるという意味だけでなく，μm程度の空間の局所濃度条件の設定が可能である点も重要である。例えば，流路の幅の方向に対象物質の濃度が階段状に異なる層流系を作製し，その流れの中に細胞を静置させると，細胞周囲の特定の場所ごとの微細環境を変化させることが可能となる。この手法を利用して，細胞内でのミトコンドリア移動過程の溶存酸素濃度に対する応答[2]，細胞局所のEGF刺激後のシグナル伝達過程などが観察されており，細胞工学的な研究への広範な応用が期待されている。

（2） 分　　析　分析目的ではDNAポリメラーゼを用いた遺伝子増幅反応（PCR）に関する研究が数多くなされている。PCRは，少量のサンプルを用いた高速の温度周期操作が必要な点がマイクロ化に適しており，遺伝子解析高速化の必要性からも関心が高い[3],[4]。今後，単細胞解析や遺伝子診断・法医学検査などの分野で発展が期待される。また，酵素・免疫反応を利用した微量血液診断，あるいは，生細胞を利用した微量化学物質の毒性評価なども実用化への期待が大きい。

（3） スクリーニング　ハイスループットスクリーニングは超並列・シークエンシャル処理の長所が生かせる。例えば，ヘテロな細胞集団からの細胞選抜，あるいは，細胞増殖・代謝や酵素反応に対する温度，pH，基質濃度などの至適条件探索などではきわめて有効な手段となろう[5],[6]。また，タンパク質の構造解析に必須である，結晶化条件のスクリーニングは，きわめて微量のタンパク質を用いて精密な条件設定を行うことが可能になるため長所が大きい（図5.9参照）[7]。しかし，そのためには，個々の反応器の温度，pH，DO濃度などの精密制御や微量の液体操作を簡単な仕組みで安価に行うことも必要となるため，マイクロチャネルの表面修飾による微細環境の精密制御，細胞の導入方法，細胞の計測・分取技術などが検討されている。

（4） 物質生産・細胞生産　マイクロバイオリアクターによる物質生産が有効になる可能性がある例としては，物質移動（混合）速度の上昇による酵素反応速度の向上，滞留時間

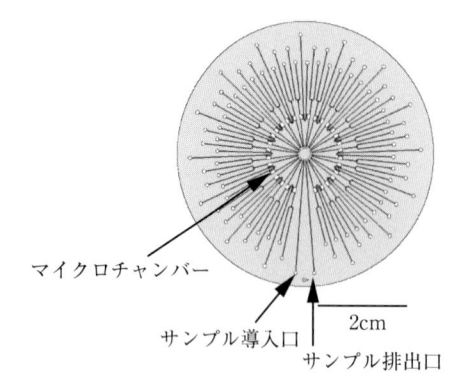

ディスクの中心に導入されたタンパク質溶液は，中心から7 mm程度外側に同心円状に並んだ30個のマイクロチャンバー（長方形）に6～20 nlずつ正確に分注され，外側から導入された30種類の沈澱剤溶液と混合することができる。必要なタンパク質溶液の総量は1μl以下でデッドボリュームはきわめて少ない。

図5.9 タンパク質結晶化条件スクリーニングのためのマイクロ流体デバイスの流路デザイン

を精密制御した多段酵素反応による代謝中間体の合成やタンパク質・脂質などの修飾反応における収率向上などが挙げられる。また，分離プロセスと統合することによって，例えば，層流系の安定な界面を利用した生産物分離と基質循環利用による反応率の向上や，膜分離システムを用いた無細胞タンパク質合成，リフォールディングシステムのマイクロ化なども期待できる。ペプチドや糖鎖などの多種少量生産，多種の化合物に対するメチル化や配糖化，それらの組合せなど，コンビナトリアルな物質生産では大きな期待がある。また，動植物細胞を利用する場合には細胞周辺の微細環境を精密制御したマイクロユニットを多数利用することも考えられる。例えば，ハイブリッド型の人工臓器，分化段階が制御された細胞を生産するマイクロバイオリアクターや体外受精システムなどが考えられる。

5.4.4 マイクロバイオリアクターの将来

バイオプロダクションにおいては，大きなタンクで大量のものを作るとは限らない。ある意味で，細胞は高度に集積化されたマイクロバイオリアクターであり，さまざまな環境（栄養）条件を与えることによって，多様な物質生産が可能であることは周知のことである。細胞が大きさが μm～数十 μm である理由を考えながらプロセスのスケールダウン効果をうまく利用することが，マイクロバイオリアクター実用化のかぎであると考えている。

参 考 文 献

1) 瀬名秀明 編：科学の最前線で研究者は何を見ているのか，pp. 260-279，日本経済新聞社 (2004).
2) Takayama, S., McDonald, J. C., Ostuni, E., Liang, M. N., Kenis, P. J. A., Ismagilov, R. F. and Whitesides, G. M.：Proc. Natl. Acad. Sci., **96**, pp. 5545-5548 (1999).

3) Kopp, M. U., de Mello, A. J. and Manz, A.：Science, **280**, pp. 1046-1048（1998）.
4) Burns, M. A., Johnson, B. N., Brahmasandra, S. N., Handique, K., Webster, J. R., Krishnan, M., Sammarco, T. S., Man, P. M., Jones, D., Heldsinger, D., Mastrangelo, C. H. and Burke, D. T.：Science, **282**, pp. 484-487（1998）.
5) Yamada, M. Nakashima, M. and Seki, M.：Anal. Chem., **76**, pp. 5465-5471（2004）.
6) Yamada, M., Kasim, K., Nakashima, M., Edahiro, J. and Seki, M.：Biotechnol. Bioeng., **88**, pp. 489-494（2004）.
7) Yamada, M. Sasaki, C., Isomura, T. and Seki, M.：Proc. of MicroTAS 2003, pp. 449-452（2003）.

6 バイオリアクター

6.1 バイオリアクターのおさらい

京都工芸繊維大学　岸本　通雅

　生物反応を利用して有用物質(例えばアルコール,アミノ酸,核酸,抗生物質,酵素,医薬品原料など)を生産する場合,バイオリアクターなどにより生物を培養する必要がある。使用される生物としては動物細胞,植物細胞,微生物などがあるが,本節では最も広く用いられている,微生物の培養について解説する。また本節の後で,最先端培養技術が紹介されるがそれらのうち,2節は主として微生物培養に属し,1節は動物細胞培養によるものである。では微生物はどのように利用されるのか,発酵プロセスの代表的なフロー図を**図6.1**に示す[1]。

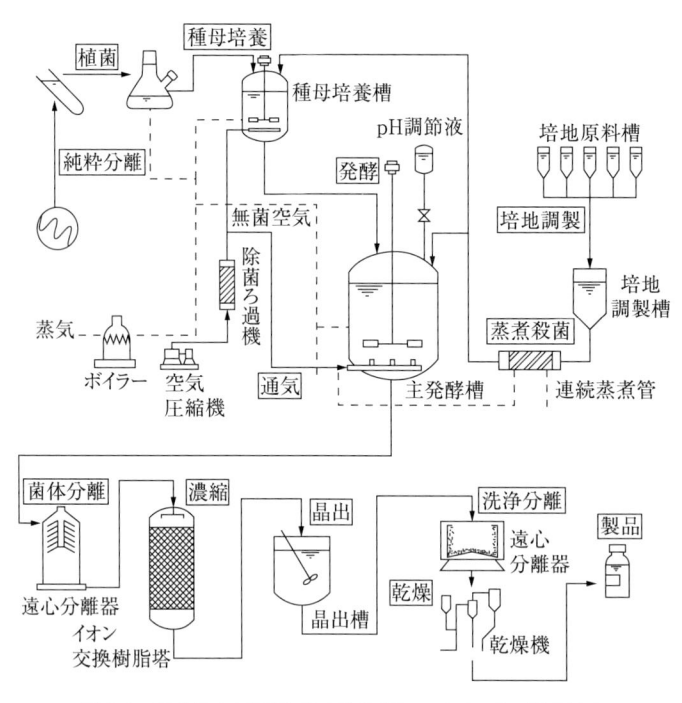

図6.1　微生物と発酵生産〔鮫島廣年,奈良 高:微生物と発酵生産,p.147,共立出版(1979).より転載〕

6.1.1 発　酵　槽

　種母（種菌）発酵槽と主発酵槽には，多くの場合通気撹拌槽が用いられる。主発酵槽までの工程では菌の取扱いは無菌条件下で行わなければならないから，三角フラスコ程度以下のミニスケールではオートクレーブを使用し，発酵槽や関連する配管は120℃，1気圧の水蒸気で殺菌できなければならない。なお，殺菌は確実に行われなくてはならないので，水蒸気の入り込みにくいような構造物を，殺菌されるべき部分（発酵槽以外では，無菌空気の通路の配管，無菌フィルター，培地供給用配管，バルブ，消泡剤やpH調整用の薬剤ストック用容器，各種センサーなど）に設けてはならない。例えば圧力調節用のブルドン管の構造の場合は，蒸気の逃げ道を設けて，デッドスペース（蒸気の入れないたまり場のような場所）を生じさせない工夫が必要である。

　以下に菌株の保存から説明する。生産菌株はスクリーニングや各種育種技術により純粋分離の状態で作成される。それらは試験管内でスラント（斜面培養）として冷蔵庫で保管されたり，グリセロールを混入させた液体培養培地を小さなバイアルに入れ−80℃で保存されたり，凍結乾燥状態で保存されていたりする。

　注意すべきことは，通常それをそのまま発酵槽に植菌できないことである。例えばスラントで保存されていたものを白金耳などを用いて植菌し，試験管や三角フラスコで液体培養を行った後，ミニジャーファーメンターで培養するなどして，徐々に培養スケールを上げていく。菌の性質にもよるが，植菌量，すなわち前段階の培養液の投入量は，現段階の培養液量の最低5％程度は必要である。

　発酵槽としては図6.2に示すような通気撹拌槽が汎用タイプとしてよく用いられる。形状

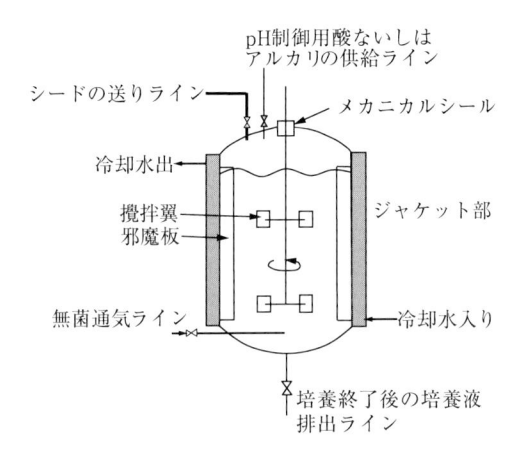

図6.2　2段タービン型撹拌翼を持つ中型発酵槽
（ジャケット部を通る冷却水温度をコントロールすることにより，培養液の温度制御が行われる）

として円筒型で槽高と槽径の比率は1.0から3.0の範囲である。攪拌は平羽根タービン翼や下羽根タービン翼を1段ないしは2段使用し，回転運動を妨げて乱れをより強くするための邪魔板が槽内に敷設されている。また大容量の発酵槽では冷却能力を上げるため，蛇管状に冷却管が敷設される。これは冷却能力を決定づける伝熱量が伝熱面積に比例する一方，発熱量は液量（体積）に比例するからである。したがって，形をそのまま保持してスケールアップすると，冷却能力は不十分となる。例えば数百m^3の発酵槽では図6.2に示すようなジャケット（培養液を入れる本体のタンクを取り囲むように外側に空間を設け，中に冷却水や蒸気が入るようにしたもの）を用いても十分な冷却は難しく，複雑な冷却管を必要とする場合が多い。逆に数l程度のミニジャータイプの発酵槽なら上部から設置されたU字管タイプの冷却管で十分となる。

6.1.2 殺　　　菌

　さらに殺菌のためにオートクレーブを使うのは小スケールでは問題ないが，ある程度以上（数l以上）の発酵槽になると伝熱面積に比して液量が多くなり，また液中の伝熱が悪いため，液内の温度上昇および冷却に要する時間が長くなりすぎ，滅菌操作に支障をきたす。したがって容量10l以上の発酵槽では，オートクレーブに入れるといった殺菌操作を行わず，直接加熱を行い，蒸気を吹き込む滅菌操作を行うようになっている。

　また，さらに大きなスケールでは，培地を発酵槽の中で殺菌するのではなく，連続殺菌装置で処理した培地を殺菌済みの発酵槽に投入するという操作がとられる。連続殺菌システムでも，通常の殺菌と同じく培地の殺菌温度までの昇温，殺菌温度での一定時間の保持，発酵温度への冷却からなる。熱交換機を用いた連続殺菌システムでは，殺菌済みの培地が持っている熱をこれから殺菌しようとする培地の余熱に用いるタイプもあり，加熱器における蒸気の節約と，殺菌済み培地の冷却に必要な冷却水の節約にも役立っている。さらに，連続殺菌法では単位容積当たりの伝熱面積が多くとれるので，回分式殺菌に比べ温度の上昇，下降速度が大幅に改善され，温度の設定を変えて滞留時間を短くすることにより，培地の損傷すなわち培地栄養成分の変性が少なくなる利点を持っている。

　通気攪拌型発酵槽が大きくなると，攪拌に要する動力が大きくなり，攪拌機の構造，機能，軸封など技術的側面からも制約を受ける。さらに攪拌翼が高速で回転するため，翼先端部近辺のせん断力が大きく，カビ，放線菌などは損傷を受けやすく，抗生物質などの生産に対して悪影響を及ぼすことが多い。この攪拌を激しく行わなければならない理由は，酸素移動を促進するためである。すなわち，強力な乱れを起こすことにより気泡を細かく砕くと，単位容積当たりの酸素移動速度を上げることができるのである。この酸素移動速度を上げるには，気泡を細かくするだけでなく気泡を多くしてもよいわけで，無菌空気のスパージャー

からの吹込み速度を上げてもよいことがわかる。さらに酸素移動速度は，酸素移動容量係数 K_La と，ドライビングフォースである気泡中の酸素分圧に平衡な液中の酸素濃度に影響される。したがって気泡中の酸素分圧を上げればよいので，発酵槽の内部圧力を上げることによって酸素分圧を上げることも可能となる。そのため，実際の培養では K_La で代表される発酵槽の能力を補うため，通気攪拌だけでなく圧力の調整も検討されている。

6.1.3 培地の成分

培地成分は微生物の増殖や生産に大きく影響する因子であり，その成分を間違えれば，いかに優良な生産菌を用いても生産は著しく低下してしまう。しかし前述のように，培地選定は主として経験と試行錯誤に頼っているのが現状であり，培地選定のために多くの時間と労力を消費してしまう。さらにコストにも大きく影響するのであるが，まだこれといった決め手がなく，ほとんど経験に頼っているのが現状である。アミノ酸発酵やアルコール発酵など製品単価が安く，大量生産される製品の場合には，比較的安価な廃糖蜜やキャッサバでんぷんなどの天然培地が炭素源として用いられる。廃糖蜜は砂糖を作る際にできる搾りかすで，廃液として処理されていたものを有効に活用した例である。キャッサバでんぷんは熱帯地方で食用として利用されているキャッサバ芋の余剰農産物として産出される。また窒素源としてはトウモロコシでんぷんであるコーンスティープリカーが知られている。しかし天然培地としてよく用いられている糖蜜の場合でも，炭素以外に窒素，カルシウムも含まれている上，グルコースやスクロース以外のさまざまな糖が含まれており，それらの組成も産地や季節によって多少の変動がある。このように安価な天然培地の場合，品質管理がしにくいので，生産物が高価な医薬品関係では取扱いもしやすく，品質の変動も少ないと期待される，より高価なグルコース，ペプトン，肉エキスなどがよく用いられている[3]。

したがって，どのような方針でこの選定を行うべきかは重要な問題である。一つの方針として，菌体や生産物の元素組成を調べ，それら全体の元素組成から培地成分の必要条件を割り出し，それに見合った培地を作成するといった考え方がある。**表 6.1** にバクテリア，酵母，カビの無機質元素組成を示す。さらに各培地成分，例えばペプトンなどは製造業者から元素組成の情報ないしは分析データを得ることが可能である。これらを利用して，所定の菌体濃度を得るためには，どの成分をどの程度加えるのが妥当であるかを検討した結果の例を以下に示す。

図 6.3 は，基礎研究で最もよく用いられている LB 培地を改良することで，どの程度大腸菌 W3110 株の増殖が改善されたかを示したものである。LB 培地は，酵母エキス 5.0 g/l，ペプトン 10 g/l，NaCl 5.0 g/l からなり，明らかに炭素源が他の窒素源やカリウムなどと比べて不足している。そこでまずグルコースを 5 g/l 加えて改変 LB 培地を作成し，培養した。それでも炭素源，鉄やマグネシウムが足りないことが，菌体成分および発生する二酸化炭

表 6.1 微生物の無機質分の組成〔乾物中%-W/W〕〔合葉修一, A. ハンフリー, N. ミリス (永谷正治 訳):生物化学工学 第2版, p.31, 東京大学出版会 (1976). より転載〕

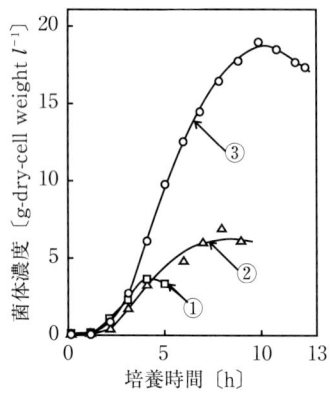

成　分	バクテリア	カ　ビ	酵　母
リ　ン	2.0〜3.0	0.4〜4.5	0.8〜2.6
イオウ	0.2〜1.0	0.1〜0.5	0.01〜0.24
カリウム	1.0〜4.5	0.2〜2.5	1.0〜4.0
マグネシウム	0.1〜0.5	0.1〜0.3	0.1〜0.5
ナトリウム	0.5〜1.0	0.02〜0.5	0.01〜0.1
カルシウム	0.01〜1.1	0.1〜1.4	0.1〜0.3
鉄	0.02〜0.2	0.1〜0.2	0.01〜0.5
銅	0.01〜0.02		0.002〜0.01
マンガン	0.001〜0.01		0.0005〜0.007
モリブデン			0.0001〜0.0002
全灰分	7〜12	2〜8	5〜10

① 改変LB培地（通常のLB培地成分＋グルコース5g/l）
② 改変LB培地＋グルコースの流加
③ 改変LB培地に微量金属成分を加え, さらにグルコースを流加したもの

図 6.3 培地成分の改良による菌体生産の増加〔岸本通雅:エキスパートシステムによる培地成分のオンライン制御, バイオサイエンスとインダストリー, **55**, pp. 397-401 (1997). より転載〕

素とLB培地成分の元素組成を調べることにより明らかとなった。そこでまず, 最も鋭敏に影響すると考えられる炭素源を連続的に供給すると2倍程度増殖がよくなり, さらに鉄やマグネシウムを追加することにより6倍の増殖を可能にした。さらに, エキスパートシステムにより培地の過不足を緻密に計算し, 自動的に追加供給量を決定するなどすると, 菌体濃度は130 g-dry-cell l^{-1} 程度まで増殖することを培養実験で確認した[4]。ただし, ここまで増殖させるには培地組成以外のさまざまな培養条件(pH, DO濃度, 温度)の制御も行わなければならない。

ところでW 3110株の場合は, 野生株で特殊な微量成分をあまり必要としないので, 菌体増殖は改善できたが, 他の菌株も同様に改善できるとは限らない。特に元来増殖活性の低い菌株や, 育種のための変異操作や遺伝子組換え操作を繰り返すことにより作成された菌株は, 特殊な栄養要求性, しかも明白に突き止められていない要求性のあることが多く, 元素組成を揃えたからといって増殖が著しく改善される可能性は少ない。さらに同じ菌株でも,

例えば消費しにくい炭素源を有する培地で生育したものと，消費しやすい糖が十分ある培地で生育した菌とでは，菌体内の酵素生成量も違ってきており，他の栄養分との兼合いもあって，糖の資化能力に差が生じてくることも考慮しなくてはならない。

さらに培地成分の供給方法についても検討する必要がある。最も簡単な方法は培養開始前に，あらかじめすべての培地成分を投入する培養で，回分培養と呼ぶ。しかし高濃度の菌体や生産物を期待する場合は，それに見合った培地成分を最初から投入することは，浸透圧などの問題が生じ，得策とはいえない。またアルコールや酢酸など，高濃度基質阻害の生じる基質を用いる場合（グルコースでさえ高濃度基質阻害がある）にも，最初に投入されるのは一部で，大半は培養中供給される。この方法を流加培養と呼び，多くの実生産のための培養プロセスに用いられている。

参 考 文 献

1) 鮫島廣年，奈良　高：微生物と発酵生産，p. 147，共立出版（1979）．
2) 合葉修一，A. ハンフリー，N. ミリス：生物化学工学　第2版，p. 31，東京大学出版会（1976）．
3) Stanbury, P. F., Whitaker, A.（石崎文彬　訳）：発酵工学の基礎，学会出版センター（1988）．
4) 岸本通雅：バイオサイエンスとインダストリー，**55**，pp. 397-401（1997）．

6.2　有機溶媒耐性微生物培養

メルシャン（株）　武田　耕治

6.2.1　は じ め に

現在に至るまで，微生物は食品や医薬品など，われわれの生活に必要なものを製造するために幅広く用いられてきたのはよく知られていることである。しかしながら，微生物をより広範囲なものつくりに応用するには多くの克服すべき課題も残されている。本節では，有機溶媒耐性微生物の持つものつくりに対する意義とその現状を紹介する。

6.2.2　有機溶媒耐性微生物の意義

近年，地球環境保護のため環境調和型生産プロセスの開発が望まれている。微生物を用いたバイオプロセスは，有機合成による生産プロセスに比較すると，常温・常圧の環境で反応が進行することから省エネルギー型といえ，処理が困難な重金属触媒を使用しないことや副生成物が生じにくいことから，環境負荷が小さい生産システムといえる。しかしながら，常温・常圧などの限られた環境下以外では，その微生物の持つ能力を発揮することができないという欠点も有している。特に，毒性を示す有機溶媒を含む非水系環境下では反応が困難であるため，基質濃度や生産物濃度を化学合成プロセスのように高くできない点が短所となっ

ている。そのため，バイオプロセスは基質濃度や生産物濃度が比較的低濃度でも採算性が成り立つ医薬品などの高付加価値製品の生産で応用されることが多かった。一方で，このようなバイオプロセスの欠点を補うため，各種の有機溶媒に耐性を示す微生物が幅広く分離され，有機溶媒-水の2相系で油脂の加水分解や疎水性化合物の修飾反応に利用されており[1]，有機溶媒耐性微生物を用いたバイオプロセスの有用性が示されつつある。

6.2.3 有機溶媒耐性微生物の取得

有機溶媒耐性微生物を自然界から分離する試みは多く報告されており，その分離源は海洋，化学プラント周辺，道路など一般生活圏周辺および油田など，多様な地点に分布している[2]~[4]。傾向としては，定常的に有機溶媒に暴露されやすい化学プラント周辺や油田周辺より有機溶媒耐性微生物が得られやすいように思われる。分離方法としては，有機溶媒による選択圧条件下で生育し得る微生物を取得すればよいので，比較的単純な手法で可能であるが，培養方法の項目で触れるような理由から，強毒性有機溶媒耐性微生物の取得には低毒性または低濃度の有機溶媒で馴養した後に，目的の有機溶媒で分離する工夫が必要である。

微生物に対する有機溶媒種の毒性の度合いを示す指標として，$\log P_{ow}$値が多く用いられいる。$\log P_{ow}$値は，対象化合物の水/1-オクタノール（1-octanol）の分配比から算出される指数で，一般的に$\log P_{ow}$値が低い有機溶媒ほど水との親和性が高くなり，微生物に対する毒性が高いとされている[5]（**表6.2**参照）。$\log P_{ow}$値により定量化した研究では，一般則

表6.2 *Rhodococcus opacus* B-4 および *Pseudomonas* sp. OCR 002 の有機溶媒耐性

有機溶媒	$\log P_{ow}$	*R. opacus* B-4	*Pseudomonas* sp. OCR 002
n-decane	5.6	+	+
n-octane	4.5	+	+
propylbenzene	3.6	+	+
n-hexane	3.5	+	+
diethylphalate	3.3	+	+
cyclohexane	3.2	+	+
ethylbenzene	3.1	+	+
o-xylene	3.1	+	+
styrene	3.0	+	−
toluene	2.5	+	+
n-heptanol	2.3	−	+
benzene	2.0	+	−
cyclohexanol	1.2	−	+

＋：有機溶媒耐性，−：有機溶媒感受性

としてグラム陽性菌よりグラム陰性菌のほうが有機溶媒耐性能が強く，グラム陰性菌の中では Pseudomonas 属細菌が低い $\log P_{ow}$ 値を示す溶媒に耐性を示すとされている[6]。Pseudomonas putrid IH-2000 株[2]，Pseudomonas sp. DS 313 株[7]，Pseudomonas sp. OCR 002 株[4]はそれぞれ，$\log P_{ow}$ 値が 2.4 の 1-ヘプタノール（1-heptanol），$\log P_{ow}$ 値が 2.1 のベンゼン（benzene），$\log P_{ow}$ 値が 1.2 のシクロヘキサノール（cyclohexanol）に耐性を示すことが報告されている。Pseudomonas 属細菌は環境適応能力が高いと筆者は推測している。

6.2.4 有機溶媒耐性微生物の培養

有機溶媒耐性微生物をものつくりに応用するにあたり必要な要件は，再現性のよい培養方法の設定と有機溶媒耐性に関する形質を安定に保持させる保存方法であろう。これまでの報告によると，有機溶媒耐性 Pseudomonas 属細菌の有機溶媒耐性機構の一つは，細胞膜リン脂質の脂肪酸組成比を変化させることにあるとされており，外部環境の変化に応じて細胞膜の構造を強化し，有機溶媒の細胞内への進入から守る仕組みが示されている[7]。このような理由から，実際の培養においては，低毒性あるいは低濃度有機溶媒においての培養を経た後に，強毒性の有機溶媒あるいは高濃度有機溶媒にさらす手法が有効であると提案されている。確かに Pseudomonas sp. OCR 002 は，一度低毒性の 1-オクタノールや 0.1% 以下のシクロヘキサノール存在下で馴養した後でないと，飽和濃度のシクロヘキサノール存在下で培養できない[4]。さらに，再現よく培養するためには数段階の馴養培養を行い，徐々に有機溶媒濃度を上げる必要がある。試行錯誤を繰り返すことになるが，高濃度または強毒性の有機溶媒存在下での再現のよい培養方法を設定するには，それなりの工夫を必要とするであろう。

もう一つの要件である長期間の形質保存に関しての報告例は少ないが，これまで有機溶媒耐性にかかわる遺伝子はプラスミド上にはないと報告されており[8]，プラスミド脱落による有機溶媒耐性能の低下は生じにくいと思われた。しかしながら，OCR 002 株において -80 °C における凍結保存期間中の有機溶媒耐性能の低下が報告されている[4]。形質の保持のため，有機溶媒存在下での凍結保存も試みられているが，保存期間中に死滅が確認されている。他の有機溶媒耐性微生物において同様の現象が見られるかは，詳細な検討が必要と思われるが，せっかく苦労して取得した微生物がその能力を失うのは非常に残念なことである。培養方法の設定とともに，長期保存方法には配慮が必要である。

ここまでに紹介したように，$\log P_{ow}$ 値は有機溶媒の微生物に対する毒性の指標としてある程度は有効ではあるが，やはり例外が存在し，低い $\log P_{ow}$ 値の有機溶媒存在下で生育できる耐性微生物が，必ずしも高 $\log P_{ow}$ 値有機溶媒で生育できるとは限らないことがある。例えば Bacillus sp. DS-1906 においては，$\log P_{ow}$ 値が 2.1 のベンゼンに耐性を示すが，

logP_{ow}値が3.1のp-キシレン（p-xylene）や2.9のスチレン（styrene）には耐性を示さなかった[9]。有機溶媒耐性機構としては，細胞膜構造の変化による構造の安定化と細胞内への溶媒の流入防止，リン脂質生合成速度の向上による細胞膜修復の改善，細胞膜に存在する排出ポンプによる有機溶媒の排出など複数のシステムからなるとされているが，有機溶媒種により作用するシステムの重要性が異なると考えられている[10]。このような有機溶媒耐性機構の複雑さが，現実の応用段階で予想外の結果を生じさせることにつながっていると思われるが，有機溶媒耐性微生物の応用に際しては，このような例外に対する配慮も必要である。

また，培養装置に関しても安全および公害防止に対する配慮が必要である。現在汎用的に用いられている培養装置は，危険物である有機溶媒の使用を前提にしておらず，温度調節系ヒーターや制御装置，攪拌に用いられるモーターなどの動力系統などは防爆仕様になっていないものが大多数である。また，ゴムパッキンなど装置のシール材は有機溶媒に容易に侵されるものが多用されている。また，好気培養下では，有機溶媒の気化による排気系統からの大気中への拡散を防ぐ対策をとっておかないと公害や災害を引き起こす可能性がある。培養装置を設置する場所も，防爆および拡散防止対策を考えねばならない。フラスコレベルでの培養でも，インキュベーターやシェーカーに対する安全上の対策は怠ってはならない。これまでの一般的な微生物の培養では問題にならないような項目でも，繊細な配慮が必要となるであろう。

6.2.5 有機溶媒耐性微生物の応用

では，有機溶媒耐性微生物をものつくりにどのように応用することが望ましいであろうか。もし有機溶媒耐性微生物が取得できたとしても，必要な触媒能力や物質生産能力などが備わっていなければものつくりには応用できない。特定のものつくりに応用することをねらい，有機溶媒耐性能と物質生産能力を兼ね備えた微生物をスクリーニングすることは，非常に困難であることは容易に想像できる。実際には有機溶媒耐性微生物を宿主として用い，有用な外来遺伝子を有機溶媒耐性微生物に導入する応用方法が現実的である。このような取組みはすでに行われており，飽和濃度以上のベンゼン耐性を示し，かつ多様な有機溶媒を炭素源として資化できる *Rhodococcus opacus* B-4株（図6.4参照）を有用物質生産のための宿主とするために，同株が保持するプラスミドを改変して，効率的な形質転換方法を開発する試みが行われている[11]。また，トルエン（toluene）およびスチレン耐性微生物である *Pseudomonas putrid* S-12株に外来トルエンジオキシゲナーゼ遺伝子を導入したところ，形質転換株がオクタン-水2相系の反応でトルエンから3-メチルカテコール（3-methyl catechol）を高濃度で蓄積することが報告されている[12]。この取組みは，有機溶媒耐性度が低い大腸菌などでは実現が困難なものであり，有機溶媒耐性微生物でのみ実現可能なバイオプロセスとして特に注目される。

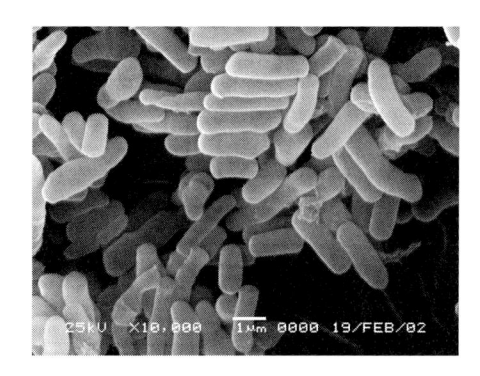

図6.4 有機溶媒耐性微生物 *Rhodococcus opacus* B-4株の電子顕微鏡写真

6.2.6 おわりに

　有機溶媒耐性微生物に対する関心は近年高まり，公的機関による研究開発のプロジェクトとしての一つのテーマとして採り上げられている[13]。有機溶媒耐性微生物の持つ可能性が広く認められていることの証であると思われる。微生物の新しい機能を開発する上で，有機溶媒耐性をはじめとする特殊環境下で生育できる多様な微生物のさらなる発見と，産業上への利用を期待したい。

参 考 文 献

1) Aono, R., Dokyu, N., Kobayashi, H., Nakajima, H. and Horikoshi, K.：Appl. Environ. Microbiol., **60**, pp. 2158-2523(1994).
2) Kim, M. K. and Ree, J. S.：Enzyme Microb. Technol., **15**, pp. 612-616(1993).
3) Abe, A., Inoue, A., Usami, R., Moriya, K. and Horikoshi, K.：J. Mar. Biotechol., **2**, pp. 182-186(1995).
4) Kyung-su, N. A., Kuroda, A., Takiguchi, N., Ikeda, T., Ohtake, H. and Kato, J.：J. Biosci. Bioeng., **99**, pp. 374-382(2005).
5) 武田耕治，成川隆也，高橋澄人，加藤純一：環境バイオテクノロジー学会誌，**4**，pp. 57-62(2004).
6) Inoue, A. and Horikoshi, K.：Nature, **338**, pp. 264-268(1989).
7) Inoue, A. and Horikoshi, K.：J. Ferment. Bioeng., **71**, pp. 194-196(1991).
8) Moriyama, K. and Horikoshi, K.：J. Ferment. Bioeng., **76**, pp. 397-399(1993).
9) Weber, F. J., Iseken, S., and DeBont, J. A. M.：Microbiology, **140**, pp. 2013-2017(1994).
10) Pinkart, H. C., Wolfram, J. W., Rogers, R. and White, D. C.：Appl. Environ. Microbiol., **62**, pp. 1129-1132(1996).
11) Isken, S., Derks, A., Wolffs, P. F. G. and DeBont, J. A. M.：Appl. Environ. Microbiol., **65**, pp. 2631-2635(1999).
12) Kyung-su, N. A., Nagayasu, K., Kuroda, A, Takiguchi, N., Takiguchi, N., Ikeda, T., Ohtake, H. and Kato, J.：J. Biosci. Bioeng., **99**, pp. 408-414(2005).
13) Weber, F. J., da silva, M., de Bont, J. A. M.：Appl. Microbiol. Biotechol., **54**, pp. 180-185(2000).

14) 新エネルギー・産業技術総合開発機構のホームページ：http://www.nedo.go.jp/bioiryo/project/17/kihon.pdf（2006年3月5日現在）

6.3 ティッシュプラスミノーゲンアクチベーター（tPA）生産

北海道大学　髙木　睦・旭化成ファーマ㈱　重松　弘樹

6.3.1　はじめに

がんと並んで日本人の死亡原因の上位にある脳血栓，心筋梗塞の治療では，血管に生成する血栓を溶解することが必須である。血栓の成分はフィブリンと呼ばれる硬タンパク質であり，通常は前駆体であるフィブリノーゲンとして血液中に存在している。血栓溶解剤としての治療薬にはウロキナーゼがあるが，フィブリンだけでなくフィブリノーゲンをも分解する活性があり，血栓治療のために多量投与すると出血などの副作用が起きることがある。これに対して，ティッシュプラスミノーゲンアクチベーター（tPA）は，フィブリンと結合するとともに，プラスミノーゲンと結合しプラスミンに変え，その結果プラスミンがフィブリンを分解溶解する。このためウロキナーゼのような副作用がなく，またウロキナーゼに比べて血栓溶解活性が高いことから，優れた血栓溶解剤と考えられる。

tPAは，もともとヒトの血管内皮細胞が生成する527個のアミノ酸配列からなる，フィブリンに対して親和性を持つクリングル構造を2個有する，60～70 kDaの糖タンパク質である（図6.5参照）。血中濃度の維持に糖鎖が必要なこと，分子内にジスルフィド結合を10

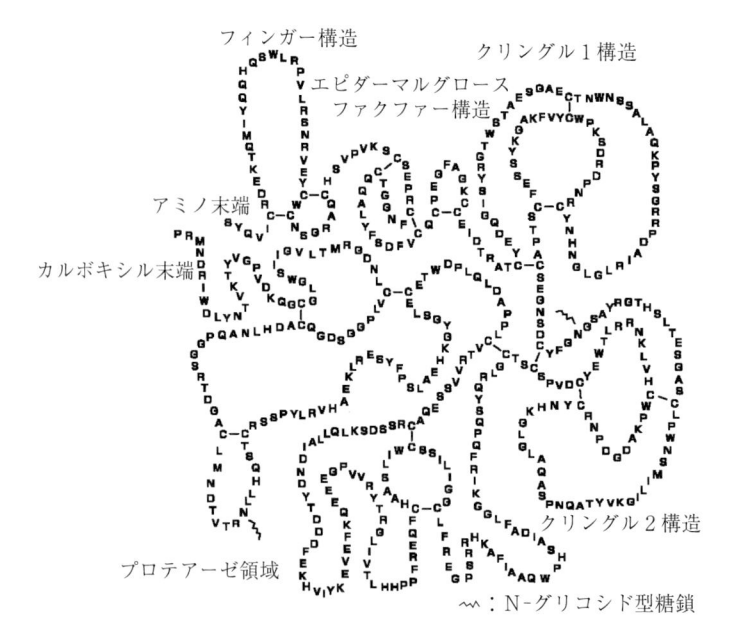

図6.5　tPAの一次構造

個以上も形成する複雑な構造を有することから，大腸菌などの微生物での生産は困難であり，現在も開発が進んでいる第2世代 tPA を含めてすべて動物細胞培養により生産される。旭化成は tPA 生産のためにヒト胎児肺細胞の接着大量培養（マイクロキャリヤー培養）技術を確立し，1988年9月に製造承認を申請し，1991年3月に日本で初めて tPA 製剤（プラスベータ）の販売を開始した。

6.3.2 培養工程

動物細胞，それもヒト細胞を大量に安定に培養するプロセスは，それまで世界的にもほとんど例がなかったことから，培養技術の確立は数々の困難をきわめた。

(1) **汚染防止** 動物細胞の分裂増殖に要する時間は微生物の場合の数十倍と長いことから，動物細胞を安定に培養するためには完全な無菌化技術が必要となる。パイロットタンクに作成した数百 l の高価な培地が翌朝には雑菌汚染で真っ白になることがたびたびあった。そのつど，配管などの設備および操作方法の改良を繰り返した結果，当初は購入品であったパイロットプラントはタンク缶体本体を除けば，すみからすみまで旭化成のオリジナルに生まれ変わった。

一般的な微生物よりも恐ろしいマイコプラズマやウイルスという汚染生物がある。動物細胞培養用の液体培地は熱に不安定なために，通常 $0.2\,\mu m$ 程度のポアサイズの膜でろ過し除菌するが，マイコプラズマやウイルスはこれらを通過するため，いったん混入すれば除去は不可能である。またマイコプラズマやウイルスにより細胞や培地が汚染されても，プロセスに顕著な影響が認められないことが多い。tPA 開発プロジェクトもマイコプラズマやウイルスのために1年程度の期間停滞を余儀なくされたが，厳重な操作および原料品質の管理体制により解決された。

培地原料の水の品質管理も重要である。自社で水を供給する場合には，培地に適した水の安定な製造技術の確立も必須で，購入品の場合も，培養プロセスに投入するまでの間での汚染をいかに防ぐか，ハード，ソフト両面での工夫が必要である。

(2) **継代培養設計** 保存アンプル（ワーキングセルバンク）1本中には通常 1×10^6 個程度の細胞を入れる。かりに最終スケールが $1\,m^3$ で播種細胞密度が 1×10^5 個 ml^{-1} の場合，10^5 倍（≒$2^{16.6}$ 倍）に細胞を増やす必要がある。動物細胞培養における1ステップ当たりの増殖倍率はせいぜい50倍程度であるから，最終スケールで播種するまでに，3ステップ程度の継代培養と3週間近い時間が必要となる。この過程をいかに汚染なく，安定に，しかも簡略に行うかの設計は重要であった。

(3) **基本的培養条件の設計** 動物細胞培養における細胞密度は，溶存酸素供給やせん断力の問題などから通常 $1\sim5\times10^6$ 個 ml^{-1} と低いため培養装置単位体積当たりのタンパ

ク質生産性（リアクター生産性）を上げるためには，細胞当たりの生産性（比生産速度）を上げるか，細胞密度を上げるか（高密度培養）になる。このうち tPA の比生産速度の向上に関しては培地成分，特にタンパク質加水分解物の添加が効果的であった[1]。また，細胞増殖後に長期間にわたって tPA を分泌するので，温度，pH，溶存酸素（DO）濃度などの基本操作条件は，細胞増殖と tPA 生産の両方についてそれぞれ最適化した[2]。また現在と多少事情は異なっていたものの，ウシ血清はコスト，品質の両面で問題があり，対応が必要であった[3]。

（4） 効率化（溶存酸素供給，高密度化）　　動物細胞は微生物細胞と異なり機械的外力に弱いため，高い攪拌速度や深部通気を採用できず，低攪拌・表面通気が一般的である。スケールアップに伴い培養液体積当たりの気液界面積が減少するので，スケールアップや高密度培養に際しては溶存酸素供給が最大の工学的課題であった。そのため培養槽および攪拌羽根の設計，種々の新規通気方法の検討を行った[4]。それらの中で最も効果的な方策の一つが加圧培養であった。ただし，加圧が動物細胞に与える影響は当時もほとんど調べられておらず，その研究は現在も続けている。

一方，溶存酸素供給速度を上げ高細胞密度を達成しても，tPA の場合も他と同様に高細胞密度になるほど比生産速度は顕著に低下した。われわれは，培地成分中の脂溶性成分が高細胞密度で不足することを見いだし，この問題を解決した[5]。

（5） 自動化（酸素消費速度のオンライン測定）　　一般の製造プロセスと同じように，tPA 製造プロセスも最終的には自動化による人件費削減が必須課題であった。培養プロセスの自動化にはシークエンス制御やオン・オフ制御のほかに，培養状態，特に細胞活性のモニタリングが必要である。微生物培養プロセスで一般化している酸素消費（呼吸）速度のオンライン測定技術は，微生物培養に比べて細胞密度が非常に低い動物細胞培養には適用できなかった。そこでわれわれは，培養に外乱を与えず，コストもかからない，動物細胞培養用の酸素消費速度のオンライン連続測定法を独自に開発した[6]。さらにこれを応用して，増殖培養から生産培養への移行時期のオンライン最適制御も可能であることを実証した[7]。

以上，多くの研究者，技術者の検討の集大成として建設された工場設備の一部を**図 6.6** に

図 6.6　tPA 製造培養プラント

示す。われわれはその後も継続して動物細胞培養技術を研究しているが[8]，動物細胞培養は抗体医薬の登場などによりその重要性をますます高めている。

6.3.3 精製工程

バイオ医薬品の精製工程は，単に純度を上げればよいというものではなく，外来からの感染性因子（微生物，マイコプラズマ，ウイルスなど）の混入を防ぐことを考えなければならない。また，その生産細胞がウイルス試験で陰性という結果が得られている場合でも，精製工程はウイルスを十分に不活化または除去する能力を持たなければならない[9]。

プラスベータ（tPA 製剤）原薬の精製工程は三つのカラムクロマトグラフィー工程から構成されている（**図 6.7** 参照）。第一段階の陽イオン交換カラムクロマトグラフィー工程は，約 1 万 l の培養生産液の濃縮と粗精製を目的としているだけでなく，酸性条件下でクロマトグラフィーをすることによるウイルス不活化を兼ねる重要な工程でもある。第二段階の抗体カラムクロマトグラフィー工程は，プラスベータに対するマウスモノクローナル抗体をリガンドとしたカラムを使用している。この時点で電気泳動上ではシングルバンドであり，産業用酵素や試薬としては十分すぎるほどの純度であるが，医薬品としての安全性向上のため，いわゆるポリッシング工程としてゲルろ過クロマトグラフィーを実施し，不純タンパク質を最終的に $ng\,ml^{-1}$ レベルまで低減化させている。最後に限外ろ過膜を用いて，適切な濃度まで濃縮し，容器に分注して，プラスベータ原薬となる。

陽イオン交換カラム
・濃縮
・粗精製
・ウイルス不活化

抗体カラム
・主精製

ゲルろ過カラム
・ポリッシング
・成分調整

限外ろ過膜
・濃度調整

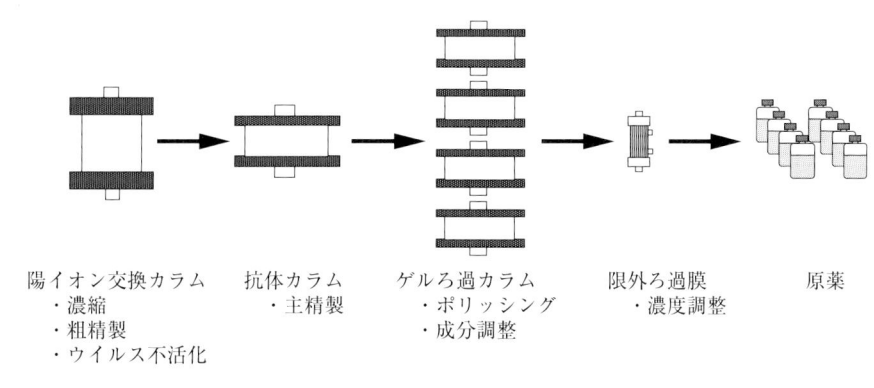

原薬

図 6.7 tPA 製剤（プラスベータ）原薬精製フロー

このように最終的には非常にシンプルな無駄のない精製フローを確立できたが，1980年代の開発当時はバイオ医薬の黎明期でもあり，そのプロセス開発は手探り状態であった。プラスベータのような注射剤では，菌由来の発熱性物質であるエンドトキシンをできるだけ低減化させる必要がある。当初われわれは，精製出発原料である培養生産液は無菌である上に，精製工程はすべて低温室で実施するため，菌の増殖は問題にならないと考え，基本的に

は精製設備の殺菌はアルカリ通液だけに頼っていた。しかし，それだけでエンドトキシンをコントロールすることは難しく，開発初期は規格からはずれるものを多発させてしまった。そこで，それまでの考え方を大きく見直し，精製設備についても可能な限り蒸気滅菌ができるようにした。さらに精製工程で使用する緩衝液はすべて限外ろ過（分子量 6 000 カット）するシステムも構築し，原薬のエンドトキシン量を検出限界（0.03 EUml^{-1}）未満という低レベルに維持することに成功した。それ以来，発売から 14 年になるが，一度もエンドトキシンが問題になったことはなく，高い品質を維持している。

6.3.4 おわりに

tPA の市場は 1992 年に 75 億円であったが，予想に反してその後縮小傾向が進んでおり，現在では 20 億円程度と推定される。市場縮小の原因は，医師の多くが PTCA（経皮経管冠動脈血管再建術）やステントなどの外科的処置を選択する傾向が強まったことによると推測されるが，今後外科的処置との併用や脳梗塞への適応による市場拡大を期待したい。

プラスベータを含む tPA 製剤の発売は，現在注目されている抗体医薬につながる国内バイオ医薬品開発の歴史上の幕開けでもあり，その後のバイオ医薬品開発に与えた影響は大きい。さらにその影響は技術面だけでなく，わが国の知的財産政策にも及んだ。すなわち，プラスベータに続いて承認された遺伝子組換え型 tPA は，米国の Genentech 社との特許紛争を引き起こすことになり，この事件以降，国内医薬メーカーの知的財産権に対する認識が大きく変わるようになった。いま振り返ると，日本がプロパテント政策へ転換していく引き金になった事件であるように思える。

参 考 文 献

1) Hasegawa, A., Yamashita, H., Kondo, S., Kiyota, T., Hayashi, H., Yoshizaki, H., Murakami, A., Shiratsuchi, M. and Mori, T.：Biochem. Biophys. Res. Com., **150**, pp. 1230-1236 (1988).
2) Takagi, M. and Ueda, K.：Appl. Microbiol. Biotechnol., **41**, pp. 565-570 (1994).
3) Takagi, M. and Ueda, K.：J. Ferment. Bioeng., **77**, pp. 394-399 (1994).
4) Takagi, M., Okumura, H., Okada, T., Kobayashi, N., Kiyota, T. and Ueda, A.：J. Ferment. Bioeng., **77**, pp. 301-306 (1994).
5) Takagi, M., Kiyota, T., and Ueda, K.：J. Ferment. Bioeng., **78**, pp. 269-271 (1994).
6) Takagi, M. and Ueda, K.：J. Ferment. Bioeng., **77**, pp. 709-711 (1994).
7) Takagi, M. and Ueda, K.：J. Ferment. Bioeng., **77**, pp. 655-658 (1994).
8) 髙木　睦：生物工学会誌，**80**, pp. 70-77 (2002).
9) 医薬審第 329 号，「ヒト又は動物細胞株を用いて製造されるバイオテクノロジー応用医薬品のウイルス安全性評価」について（2000 年 2 月 22 日）

6.4 ヒト血清アルブミン

三菱ウェルファーマ(株)　大屋　智資

バイオによるものつくりの対象として，医薬品はその付加価値の高さから早くから採り上げられてきた。インターフェロン，成長ホルモン，インスリン，エリスロポエチン，B型肝炎ワクチンなど多くの例が挙げられる。ここで紹介するのは，大量供給が可能な，高純度のヒト血清アルブミンをバイオテクノロジーを応用して開発した例である。

6.4.1 ヒト血清アルブミンの役割

ヒト血清アルブミン（HSA）はヒト血しょう中のタンパク質の約60％を占める糖鎖を持たない一本鎖の単純タンパク質であり，おもに肝臓において合成される。HSAは分子量が66.5 kDaと大きく半透膜を通過できないため，その膠質浸透圧（水分を血管内に保持する力）により血管内外の水分のバランスを保つ役割を果たしている[1]。肝硬変の患者では浮腫という余分な水分がたまって体が膨れた状態になるが，これは肝臓におけるHSAの生産量が低下して膠質浸透圧が低下したことが原因である。また一方では，HSAは生体内でビリルビンや脂肪酸などの低分子と結合してそれらを運搬する輸送タンパクとしても機能する。

HSAは肝硬変以外にも種々の病態と関連していることから，ヒト血しょうを原料として分画，製剤化された血しょう由来ヒト血清アルブミン（nHSA）が1960年に開発された。nHSAは膠質浸透圧の改善あるいは循環血しょう量を是正することを目的としており，現在でも幅広く使用されている。その適応としては，アルブミンの喪失（熱傷，ネフローゼ症候群など）およびアルブミン合成低下（肝硬変など）による低アルブミン血症，出血性ショックが挙げられる。nHSA製剤を取り巻く現状を述べると，血しょう分画製剤の国内自給化の推進が強く要望される中，nHSA製剤については2004年度でも自給率50.2％に留まっている[2]。また，収率向上の余地もほとんどないことから，本製剤の完全国内自給化は容易ではないといわざるを得ない。さらに，nHSA製剤は血しょう分画製剤であるため，加熱処理が施されているとはいえ，血しょう由来の感染性物質（ウイルスやプリオンなど）の伝播の可能性を完全には否定できない。

これらの国内自給化および安全性確保を目指し，バイオテクノロジーによるヒト血清アルブミン（rHSA）製剤の開発が試みられた。rHSA製剤を開発するにあたっては，HSAの投与量が他のタンパク質医薬品に比べてけた違いに多いことに起因した大きな壁が存在した。例えば，出血性ショックなどの救急領域では循環血しょう量を維持するため，場合によっては100 g以上を投与されることも珍しくない。この場合，かりにrHSA製剤が99.999％の純度であったとしても1 mgの不純物が同時に投与されることになる。これはショック

などの免疫反応を誘発するに足る量である。したがって，はるかに高い純度が要求されることになる。また，nHSA の適正使用が推進されたことから使用量は減少してきているが，それでもタンパク質の量に換算して年間 40 トン以上と大量である。さらに，患者の負担軽減ならびに医療財政への貢献を考慮すると，より安価に供給することが望まれた。

6.4.2 メタノール資化性酵母 *Pichia pastoris*

医薬品をバイオテクノロジーで作る場合は，宿主生物の選択が重要になってくる。特に，糖タンパク質の場合はヒト由来でない糖鎖が付加することにより，患者に投与されたときに副作用の原因になる場合がある。HSA は糖タンパク質ではないため rHSA の宿主生物の選択幅は広いが，安価に大量に供給することを考えると，効率のよい分泌発現が期待できる酵母が最有力候補となった。

Pichia pastoris はメタノールを単一炭素源として増殖できる酵母である。そのメタノール代謝経路の最初に位置するアルコールオキシダーゼの発現量は，メタノールで生育させた場合に，全細胞可溶性タンパク質の 30％以上にまで上昇するとされている[3]。したがって，HSA 遺伝子をアルコールオキシダーゼプロモーターの制御下に置くことにより，きわめて高い発現量が期待できる。われわれはその高い生産性に着目して rHSA 産生宿主として *P. pastoris* を選択した。

6.4.3 *Pichia pastoris* による組換えヒト血清アルブミン（rHSA）生産

rHSA の開発にあたっては非常に高い純度が求められたため，十分に不純物を除くために精製工程における処理数は増加せざるを得ず，精製工程での収率の向上およびコストの低減は容易ではない。そこで，培養工程において生産コストの低減を考慮しながら高い生産量を達成することが要求された。ここでは，培養工程での取組みに焦点を当てて紹介する。

近年，*P. pastoris* を用いて種々のタンパク質の発現が試みられているが，生産量を低下させる大きな要因としてプロテアーゼによる分解が挙げられる。このプロテアーゼによる分解を回避する方法として，プロテアーゼ欠損株を宿主に用いる方法，原因プロテアーゼが活性を保持する pH 範囲をはずして培養する方法，過剰量のアミノ酸を含む物質，例えばカザミノ酸のようなタンパク質酸加水分解物質を添加する方法が用いられる[4]。HSA の場合は比較的安定なタンパク質であったため，アンモニア濃度を高めた改良培地の使用と pH の至適化により分解を抑制することが可能になった[5]。

P. pastoris を宿主としてアルコールオキシダーゼプロモーターの制御下で HSA を発現させる場合は，メタノールは発現誘導物質として働き，また単一炭素源として菌体増殖させることも可能である。したがって，メタノール添加方策（流加速度の経時変化）が生産性に及

ぼす影響は大きいと考えられる。一方では，*P. pastoris* は培地中にわずか0.5%（v/v）以上のメタノールが存在するだけで増殖阻害が起こるため，培養方法として回分培養には不向きである（図6.8参照）。そこで，われわれは流加培養を実施することにして，メタノール添加方策を最適なものにすることに注力することになった。

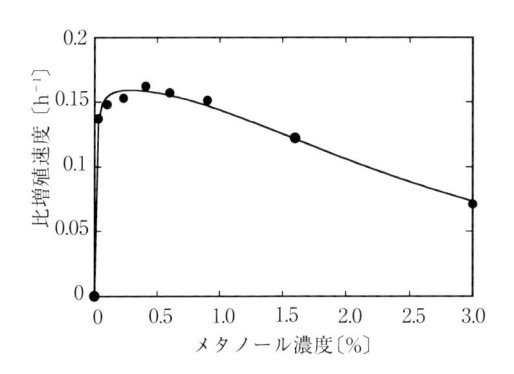

図6.8 メタノール濃度と比増殖速度の関係

（1） 流加培養におけるメタノール添加方策の最適化　メタノール添加方策を最適化する場合に，まずは目的を明確にする必要がある。当初は生産量の最大化を目的として，添加時間を固定し，最適な添加方策を培養系を表すモデル式を用いて計算により求めた。得られた最適方策は培養期間中に急激なメタノール流加速度の減少を伴うものであったが，現実の培養系ではそのような急激な流加速度の変化は菌体に与える影響が大きく，生物反応に適合した緩やかな減少にすることにより生産量が18％上昇した[6]。

続いて，培養期間中の生産コストも同時に考慮するために，次式に示す"利益"の最大化

（利益）＝（精製品の価格）×（精製収率）×（生産量）－（生産コスト）　　　　(6.1)

を目的として最適な添加方策を求めた。本添加方策を実施した場合の時間当たりの利益を評価したところ，264時間の添加時間で最大になり，初発菌体量が多いほど時間当たりの利益も増加し，100 g の場合に10％増加になることが明らかになった[7]（図6.9参照）。

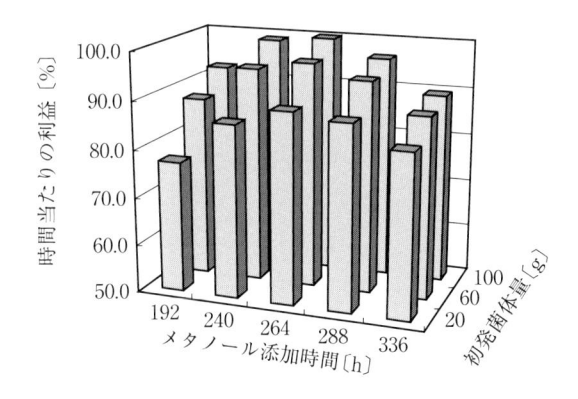

図6.9　メタノール添加時間および初発菌体量に対して最適添加方策を実施したときの時間当たりの利益 時間当たりの利益は，初発菌体量とメタノール添加時間をおのおの100 g と264時間に設定したときの数値を100％として表示した。

（2）繰返し流加培養における操作方法の最適化　繰返し流加培養は，培養終了後に培養液あるいは菌体の一部を培養槽に残し，新鮮な培地を添加して流加培養を繰り返す培養方法であるが，繰返し時の前培養，培養槽の洗浄・滅菌操作のための時間が省略できるため，生産性を向上させる手段として有効と考えられる。前項の流加培養の最適化においては，初発菌体量が多いほど時間当たりの利益も増加していたが，繰返し流加培養においては，高い初発菌体量は引抜き培養液量の低下および生産物収量の低下につながるため，流加培養と同じ操作方法が最適であるとは限らない。したがって，最適な繰返し流加培養を実施するためには，おのおのの培養における添加方策，添加時間，引抜き培養液量を最適な操作方法に設定することが必要になってくる。これらの操作方法を実際の培養実験によって試行錯誤的な手法で求めることは時間と手間のかかることであったため，モデル式による流加培養での最適化計算の結果を利用して繰返し流加培養での最適な操作方法を求めた。得られた操作方法を実際に培養実験で確かめてみると，繰返し2回目以降の培養での生産量に計算結果とのずれが認められたため，生産量については実験データを用いて再計算を行い，最終的に最適な操作方法を決定した。これにより，年間生産量が47%増加し，"原価率（年間生産コストを年間生産量で除した比率）"が24%減少すると見積もられた[7]（**表6.3**参照）。

表6.3　最適操作方法を実施した培養における操作時間，年間生産量および原価率の比較

培養法	従来法による流加培養	最適化された流加培養	4回繰返し流加培養
1ロットあたりの操作日数〔day〕	18	15	48
年間生産量〔%〕	100	128	147
原価率*〔%〕	100	83	76

*　年間生産コストを年間生産量で除した比率であり，従来法を100%として表示した。

本節では，培養工程における生産コストの低減を考慮しながら高い生産性を達成した方策を中心に紹介したが，精製工程においても改良の積み重ねにより非常に高い純度と収率を実現している。rHSA製剤の開発はこれまで多くの研究者たちによって取り組まれてきたが，高純度と高生産量を同時に実現しなければならないという壁に跳ね返されてきた。現在，rHSA製剤は新薬承認申請中であるが，ようやくその壁を越えようとしている。供給量の心配のない，安全なrHSA製剤が病気に苦しんでいる人たちの"Quarity of Life"に貢献することを期待している。

参 考 文 献

1) Peters, T.(Putnum, F. W. ed.)：Serum albumin(The Plasma Proteins, 2nd ed.), **1**, pp. 138-181, Academic Press, NY (1975).
2) 厚生労働省ホームページ，血液事業の現状：http://www. mhlw. go. jp/new-info/kobetu/iyaku/kenketsugo/1. html (2006 年 3 月 6 日現在)
3) Couderic, R. and Baratti, J.：Agric. Biol. Chem., **44**, pp. 2279-2289 (1980).
4) Sreekrishna, K., Brankamp, R. G., Kropp, K. E., Blankenship, D. T., Tsay, J., Smith, P. L., Wierschke, J. D., Subramaniam, A. and Birkenberger, L. A.：Gene, **190**, pp. 55-62 (1997).
5) Kobayashi, K., Kuwae, S., Ohya, T., Ohda, T., Ohyama, M., Ohi, H., Tomomitsu, K. and Ohmura, T.：J. Biosci. Bioeng., **89**, pp. 55-61 (2000).
6) Kobayashi, K., Kuwae, S., Ohya, T., Ohda, T., Ohyama, M. and Tomomitsu, K.：J. Biosci. Bioeng., **90**, pp. 280-288 (2000).
7) Ohya, T., Ohyama, M. and Kobayashi, K.：Biotechnol. Bioeng., **90**, pp. 876-887 (2005).

7 バイオプロダクツの分離

7.1 バイオプロダクツの分離のおさらい

神戸大学 加藤 滋雄

7.1.1 バイオプロダクションにおける分離の役割と特徴

医薬品，酵素，食品などの多くは，生物の機能を利用したバイオ生産プロセスで作り出される。しかし，生産物中には目的物質以外のものが多種含まれ，その中には目的物質の機能や安定性を損なうものや，さらには生体にとって有害，有毒なものも存在する可能性がある。したがって，バイオプロセスにおいて生産目的物から不要，有害なものを除き，その純度を高める分離・精製工程，いわゆるダウンストリームプロセスは製品の有効性，安全性を確保するのに不可欠である。この目的を達成するために，バイオプロセスにおける分離・精製は生産コストの50%以上を占めることがしばしばである。したがって，生産目的物質とその生産法の特徴に応じて適切に分離・精製工程を構築することがバイオプロセスの成否を決定する。

バイオプロセスのダウンストリームにおいては，一般に分離対象物が親水性か疎水性かによって採用される分離法が異なる。脂肪，ステロイド，香料，疎水性の抗生物質などは有機溶媒抽出，クロマトグラフィーあるいは蒸留などによって分離・精製される。これに対して，タンパク質，糖類などの親水性バイオプロダクツの分離・精製には沈澱・晶析，膜分離，水溶液を移動相とするさまざまなクロマトグラフィーなどがよく用いられる。本節では現在医薬品，酵素，食品などバイオプロダクツの多くを占めるタンパク質，ペプチドの分離・精製法を中心に述べることにする。バイオプロダクツ分離・精製の特徴として以下のような点があげられる[1]。

（1）低濃度からの濃縮 バイオプロダクションでは，目的物質は水溶液中に低い濃度でしか存在しないことが多い。したがって，一定量の製品を得るためには，分離の初期工程において大量の粗原料を取り扱わなければならず，高い選択性，親和性を示す分離法によって濃縮する工程が必要となる。このようなことが，分離の工程数や装置容量，処理時間を増し，分離コストを高めることになる。また，工程数が多い場合，各操作の収率が問題とな

る。例えば，五段階の分離操作が必要とすれば，各段階の収率が70%であったとしても，五段階目ではわずか17%の収率（$0.7^5 = 0.17$）となってしまう。

（2）　類似物質中からの高度分離　バイオプロダクツは多成分系を構成し，また生産過程における誤ったプロセッシングやフォールディングの結果，凝集，修飾，分解産物など類似した特性を有する副産物が生じる。これらはときに有害であり，その分離にはわずかな物理化学的差異を識別する選択性の高い方法が必要となる。

（3）　生理活性の維持と安全性の確保　多くが医薬品や食品であるバイオプロダクツの安全性に対する要求度は高い。すなわち，有害物質，パイロジェン（発熱性物質），原材料や培地由来の異種タンパク質，ウイルス，核酸などを完全に除かなければならない。このため，生産プロセスに対する厳しい安全性の評価と管理基準に従わなければならない。また，生理活性を目的とした製品が多く，分離・精製工程においてそれが損なわれないよう操作しなければならないため，温度，pH，塩組成などの条件が狭い範囲に限定されることが多い。

以上のことからバイオプロセスにおける分離・精製工程には従来の化学プロセスとは異なった分離法が用いられるとともに，高選択性，高収率の操作が必要とされる。

7.1.2　バイオ分離プロセスの流れ

発酵生産を考えると，**図7.1**に示すように，生産目的物質は，菌体そのものである場合，菌体内に産生される場合，および菌体外に分泌される場合がある[2]。さらに，菌体内の存在状態は，細胞質中に溶解，細胞内成分と結合，および不活性タンパク質顆粒（封入体あるいはインクルージョンボディと呼ばれる）となっている場合がある。生産目的物質と用いられる細胞の特性，および培養条件に応じてこれらの産生形態が定まるが，いずれの形態が望ましいかを検討することも重要である。

前述のようにバイオプロダクツの分離においては，低濃度，多成分系から高純度にしなけ

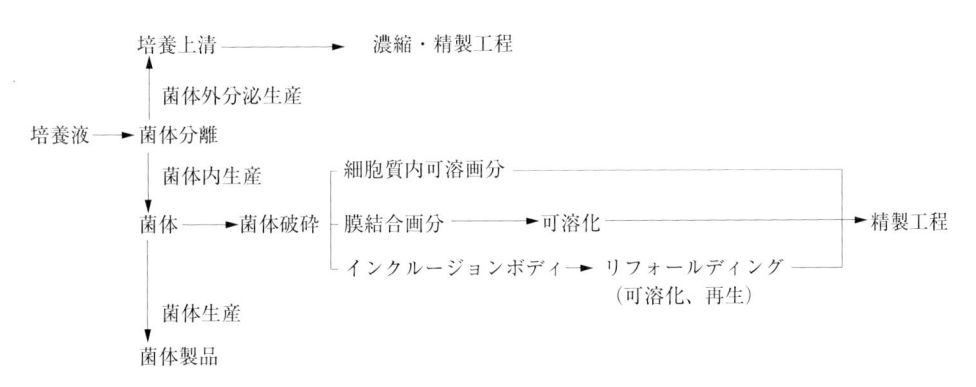

図7.1　バイオプロダクションにおける目的物質の産生形態

ればならないので，図7.2に示すようにいくつかの段階を経る。一般的には成分間の分離よりも，まず希薄な目的物を含む画分を濃縮するのに有効な方法で処理容量を減らし，その後純度を上げられる分離を行う。菌体・細胞の分離には遠心分離が実験室的にも工業的にも利用されるが，近年，膜による精密ろ過も用いられる。粗分画には塩析，等電点沈澱，有機溶媒沈澱などの沈澱分画，晶析，抽出，限外ろ過濃縮などが多く利用される。高純度な目的物を得るための分離操作には，クロマトグラフィーが広くバイオプロセスで採用されている。その後，乾燥，結晶化，安定剤添加，製剤化などの製品化工程を経て，製品とされる。また，安全性の観点から，これらの工程が所期の目的を達成しているかを立証する，いわゆるバリデーションが必要である。

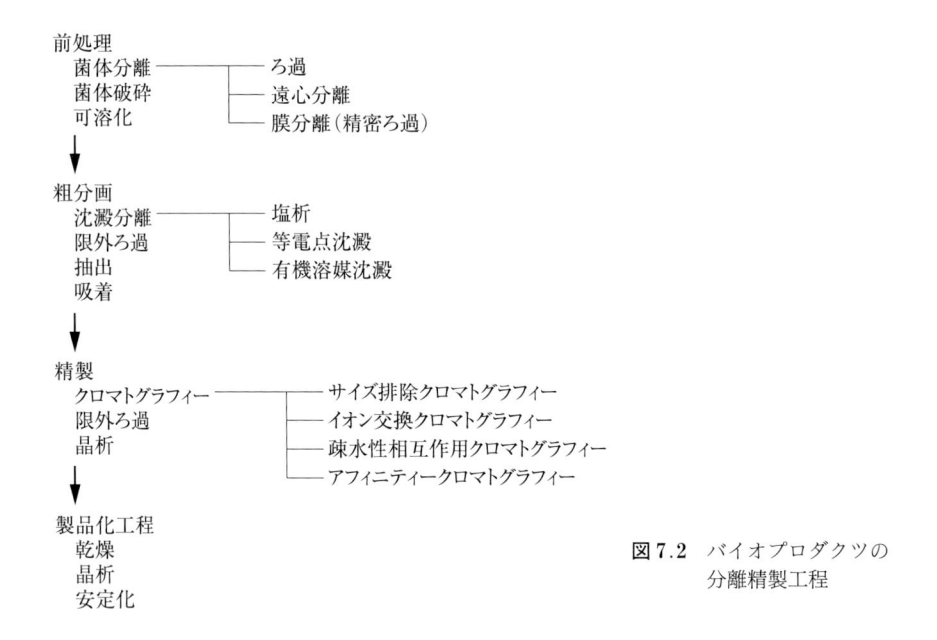

```
前処理
  菌体分離 ──┬── ろ過
  菌体破砕   ├── 遠心分離
  可溶化    └── 膜分離（精密ろ過）
    ↓
粗分画
  沈澱分離 ──┬── 塩析
  限外ろ過   ├── 等電点沈澱
  抽出     └── 有機溶媒沈澱
  吸着
    ↓
精製
  クロマトグラフィー ──┬── サイズ排除クロマトグラフィー
  限外ろ過        ├── イオン交換クロマトグラフィー
  晶析          ├── 疎水性相互作用クロマトグラフィー
              └── アフィニティークロマトグラフィー
    ↓
製品化工程
  乾燥
  晶析
  安定化
```

図7.2 バイオプロダクツの分離精製工程

　バイオプロダクツのうち，特にタンパク質は，両性電解質，両親媒性でかつ特異的な立体構造をしているので，分子の大きさ，静電的特性，疎水性，立体的相互作用などの差に基づくさまざまな原理の分離法が用いられる。それぞれの分離原理については本章で，具体的な設計・操作法については8章で述べる。

7.1.3　バイオプロダクツ分離の原理

　ここではタンパク質を対象としてバイオプロダクツ分離の原理と代表的な方法を考えよう。タンパク質は，アミノ酸がそれぞれに一定の順序でペプチド結合した分子量数千から数百万にわたる生体高分子で，機能に対応した特定の立体構造を持つ。アミノ酸の有する特性から，タンパク質は正，負の電荷を有し，pHに応じて全体として正，ゼロ，負の電荷とな

る。タンパク質の総電荷がゼロとなる pH を等電点（pI）と呼ぶ。また，その表面は全体的には親水性であるが，一部に疎水性の部分が存在することがある。これらの物理化学的特性の差に基づいて，他の物質や他のタンパク質と分離される。すなわち，分子の大きさ，溶解度，分配係数，電荷そしてバイオアフィニティーなどに着目した分離法が用いられている[3)~5)]。

（1）**分子の大きさの差に基づく分離**　タンパク質には種々の形状のものが存在するが，多くは球または回転楕円状であり，分子量とともに大きくなる。したがって，適当な孔径の膜（限外ろ過，精密ろ過）の分子ふるい効果，多孔性充てん体中への浸透の度合い（サイズ排除クロマトグラフィー），あるいは大きな遠心力場での沈降（超遠心分離）などによって分離できる。このような方法は物理的な差に基づくので，タンパク質の活性が損なわれることも少なく，収率もよいが，分離度は高くないことがある。膜分離およびクロマトグラフィーについては，8 章で詳細が述べられる。

（2）**溶解度の差に基づく分離**　タンパク質は疎水性アミノ酸を分子内部に，表面には極性あるいは電荷を持ったアミノ酸がくるような立体構造をとるものが多く（7.2 節参照），水に比較的よく溶けるがその程度はかなり異なる。タンパク質の溶解度の差に基づいて目的タンパク質を沈殿，濃縮することは，分離の初期において処理量を減少させるのに有効である。タンパク質の溶解度は，イオン強度，pH の調節，有機溶媒やポリマーの添加などで変化する。晶析も溶解度差による分離と考えられ，培養液からの沈殿など分離初期から，最終製品形態とする段階まで広く用いられる。

（a）**塩溶と塩析**　タンパク質の溶解度は，一般に低イオン強度では塩濃度とともに増加し，さらに高くなるとかえって減少する。前者は塩溶，後者は塩析と呼ばれ，イオン強度や pH の調節によって，目的タンパク質を沈殿させるのに利用される。低イオン強度では，タンパク質分子どうしの電荷による反発のために溶解しにくいが，イオン強度が高まると，この反発が弱められタンパク質分子どうしが接近でき，溶解度が高くなる。特に，等電点近傍で沈殿が起こりやすく，グロブリンのような比較的疎水性が高く溶解度の低いタンパク質でこの効果が著しい。

高イオン強度でのタンパク質の溶解度減少を利用する塩析は，バイオプロダクツの分離の初期段階で広く用いられる。タンパク質表面の疎水性部分近傍の水は，疎水的残基を取り巻く規則的構造性を有しているが，大量のイオンの水和によってこの水が取り去られると，タンパク質表面の疎水性部分どうしの相互作用によって凝集が促進され沈殿する。このような目的に利用される塩は，それ自身の溶解度が高く，塩溶液と沈殿の密度差が大きく，溶解に際して発熱量の小さいものが望ましく，硫酸アンモニウム，クエン酸ナトリウムなどが用いられる。

（b）**有機溶媒沈澱** 等電点近傍で，エタノール，アセトンなどの水と可溶な有機溶媒を加えると，誘電率の変化によってタンパク質分子間の静電的引力が強くなり凝集が起こる。血しょうタンパク質の分画に長年用いられてきている。

（c）**晶析** 温度やpH変化による溶解度の減少に伴う固体析出によって，目的物の濃度，純度を高める点では前述の沈澱法と同様であるが，晶析操作では目的の特性を持った結晶形を得ることが可能であり，光学分割の代表的な方法として用いられる。また，医薬品などの最終製品の結晶形はその生理活性や安定性に大きな影響を与えることも多い。アミノ酸や有機合成医薬品がおもな対象であるが，タンパク質についても応用される。

（3） **分配係数の差による分離** バイオプロダクツは液相と固相や，相互に混じらない2液相間の目的物質の平衡濃度の差によって分離できる。抽出，吸着，クロマトグラフィーなどであり，特にクロマトグラフィーは目的物の純度を高めるのに最も広く用いられる。

抽出は脂溶性の抗生物質や脂質，有機酸などの分離に利用されるが，タンパク質に対しては変性の問題から，水性2相分配や逆ミセル抽出（7.3節参照）など特殊な方法が適用される。

吸着は固相表面に特定溶質が分配，濃縮される現象で，ファンデルワールス力による物理吸着が一般的であるが，タンパク質の分離には静電的相互作用，疎水的相互作用，バイオアフィニティーに基づく吸着がよく利用される。吸着操作は回分的にも行われるが，クロマトグラフィーがタンパク質などのバイオプロダクツの分離プロセス，特に高純度精製に最もよく用いられる。カラムクロマトグラフィーでは吸着剤（固定相）を充てんしたカラムに試料を少量負荷し，そこに流体（移動相）を連続的に供給する。この流体にともなう負荷試料中の溶質の移動は，固定相への分配係数が大きいものほど遅くなる。したがって，カラム出口に分配係数の小さな溶質から順次流出することによって分離される。水溶液系で行われることが多いためタンパク質変性が少なく，分離対象のタンパク質と不純物の特性に応じてさまざまな相互作用に基づくクロマトグラフィー分離が行え，装置も単純でスケールアップも比較的容易なことなどが，クロマトグラフィーがバイオ分離で汎用される理由である。

7.1.4 安全性と品質保証

バイオ製品，特に医薬品は人の生命と健康に直接関与するので安全性・有効性・品質の保証が法的に要求されており，さまざまな規制に従った製造，品質管理を行う必要がある[6]。GMP（医薬品の製造管理および品質管理規則）などに基づくサニタリー設計（清潔で衛生的な製造保証），プロセスおよび規格・試験法のバリデーション，あるいは食品におけるHACCP（危害分析・重要管理点）などに従うことが，これらのプロセスでは要求されている。当然，分離・精製工程はその重要な部分である（7.4節参照）。

参考文献

1) 加藤滋雄,谷垣昌敬,新田友茂:分離工学,オーム社（1992).
2) 日本生物工学会 編:生物工学ハンドブック,8章 分離精製技術,コロナ社（2005).
3) ロバート・スコープス:新タンパク質精製法,シュプリンガー・フェアラーク東京（1995).
4) 中西一弘,米本年邦,白神直弘,崎山高明:生物分離工学,講談社サイエンティフィク（1997).
5) 日本生化学会 編:新生化学実験講座,タンパク質Ⅰ 分離・精製・性質,東京化学同人（1990).
6) 化学工学会生物分離工学特別研究会 編:バイオセパレーションプロセス便覧,共立出版（1996).

7.2 タンパク質のフォールディング

東京大学　津本　浩平

ゲノム解析の急激な進展から,遺伝子産物であるタンパク質に関する構造・機能解析に大きな関心が集まり,プロテオミクス研究の重要性がうたわれている。一方,産業界における抗体を中心としたバイオ医薬,あるいはタンパク質の立体構造をベースとした創薬への大きな期待も,タンパク質研究の重要性をさらに強調する結果となっている。

そのような中,従来にもまして精製タンパク質の必要性が高まりをみせている。例えば,ある生命現象をつかさどる一連のタンパク質あるいはプロテオミクス解析から見いだされた新規なタンパク質の詳細な機能・構造解析においては,一定量の可溶性タンパク質を調製することは必須であろう。バイオ医薬という観点からも抗体,抗体断片,サイトカイン,細胞成長因子などを医薬品として開発するためにはタンパク質生産系の確立が不可欠である。また,低分子医薬品を開発する際にも標的タンパク質を入手することによって開発を大きく進展させることができる。

7.2.1 バイオプロダクションにおけるタンパク質のフォールディング

アンフィンゼンのドグマとしてよく知られているように,おのおののタンパク質は,そのアミノ酸配列によって最も適切でエネルギー的に安定な三次元構造（立体構造）をとる。基本的には,疎水的な領域を分子内部に置き,親水的な領域を分子表面に置くといういわゆる疎水的相互作用がタンパク質のフォールディングを促進させ,分子内部に形成される水素結合や塩橋（静電的相互作用）により構造安定化のエネルギーを獲得すると説明されている。明らかなアミノ酸配列類似性を欠く場合でも,立体構造類型性が検出されることも多く,現在,さまざまなタンパク質の構造データベースと配列情報から,その折りたたみ構造を予測することが可能となってきている。

遺伝子が手に入れば，さまざまな宿主を用いた発現系あるいは無細胞タンパク質合成系により目的の機能を持つタンパク質を大量に調製することが可能である。ところが，菌体内あるいは細胞内にあまりにも大量に組換えタンパク質が蓄積，いわゆる不溶性顆粒（インクルージョンボディとも呼ぶ）といわれる凝集体を形成し，結果として不活性型の組換えタンパク質として得られることがしばしばある。凝集体形成は，タンパク質のいわゆるフォールディング不全に起因することはいうまでもない。本来の機能を持つタンパク質を得るためには，適切なフォールディングを促し維持する環境を，合成・抽出・保存の各過程において整える必要があるということになる。

つまるところフォールディング制御は，正しく折りたたまれるか，インクルージョンボディやアミロイド線維などの凝集形成，あるいは天然型と異なる折りたたみにするかの競争反応において，より正しく折りたたまれ天然型の立体構造を形成・維持させる方向に導くことにあり，活性型であるフォールディング効率を高めることは，この個々のタンパク質が示す中間状態の性質に強く依存する（図7.3参照）。例えば凝集は，部分的に構造をとった中間体どうしの相互作用や部分変性したタンパク質の疎水的相互作用に起因する。

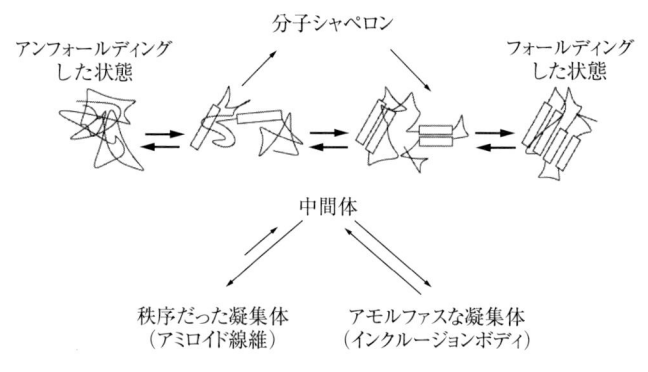

図7.3 タンパク質の折りたたみ過程と制御

7.2.2 タンパク質合成過程におけるフォールディング環境

各種発現系を用いてタンパク質を大量調製する際に期待したいのは，高収量である。そのためには，高い翻訳効率，そして合成速度を高めることが求められる。しかしながら，その高い翻訳効率・合成速度ゆえに凝集体を形成する場合が多い。特に，タンパク質の合成速度と折りたたみ速度との関連はきわめて重要である。タンパク質の折りたたみ速度は，分子種によって著しく異なり，場合によっては，通常の条件下では分子シャペロンや各種酵素を用いないと，さまざまな折りたたみ中間体のまま溶液中に存在してしまい，結果として天然型に折りたたまれないというものも多数存在する。大腸菌や酵母を用いる場合は，低温培養などの温度制御により，合成速度と細胞内品質管理機構を協調させることが効果的である場合

が多い。加えて，定常的（constitutive，構成的ともいう）な発現ではなく，任意のタイミングでの発現誘導が可能な（inducible という）プロモーターを用いる場合には，発現誘導の時期，用いる試薬の添加量を減らす，温度を下げるなどの工夫がなされる。

細胞内には，細胞を構成するタンパク質の発現量や存在量，あるいはその活性を管理するようなシステム，いわゆる品質管理システムが存在することが知られている。そこで，収量は大幅に減少するものの，機能を有する分子種を確実に得るために，高等生物由来細胞のような優れた細胞内品質管理機構を有する宿主を使う場合がある。また，無細胞タンパク質合成系に，品質管理システムに関連する大腸菌由来シャペロニン GroE，酸化還元酵素 Dsb など各種タンパク質を加えることもしばしば試される。

目的タンパク質の溶解度を高める上では，宿主細胞内での溶解度が高く，かつ高発現するタンパク質との融合発現が有効になることがある。例えば，大腸菌を宿主とする場合であれば，グルタチオン-S 転移酵素やマルトース結合タンパク質，あるいは金属キレートクロマトグラフィーによる精製が容易なヒスチジン 6 量体との融合がよく用いられる。融合タンパク質が発現すれば，配列特異的プロテアーゼを用いた特異的な切断で，目的の遺伝子産物の回収が比較的容易である。しかしながら融合発現により，目的とするタンパク質が天然型フォールディングを持たないまま可溶化している場合がしばしばあり，十分な検討を要することも多い。

分子シャペロンとの共発現により，インクルージョンボディ形成が著しく抑えられ，天然型分子種を得ることができる例も報告されている。また，ジスルフィド結合に起因するインクルージョンボディの形成は，チオレドキシンあるいは各種酸化還元酵素との共発現により解消されることがある。これらは，細胞内でのタンパク質の品質管理機構による制御が不十分であるときに有効である場合が多いと考えられている。ジスルフィド結合形成は，折りたたみ過程という観点では特に遅い反応であり，考慮すべき重要な問題である。

7.2.3　抽出過程におけるフォールディング：リフォールディング

抽出において天然型分子種が得られる場合は，すぐに精製過程に進むことになるが，凝集体として得られたタンパク質については，いったん変性剤や界面活性剤により可溶化したのち，活性型の構造に巻き戻すという操作が必要となる。これをリフォールディング（再生）という。凝集体を，活性ある分子種にリフォールディングするまでの大きな流れを図 7.4 に示した。大きく単離，可溶化，巻き戻し反応の三段階に分けることができる。

（1）　単　　　　離[2),3)]　組換えタンパク質を細胞質内で大量発現させることによって得られる凝集体は，細胞の中で比較的高密度にあるため，細胞を破砕した後，比較的低速度の遠心で十分に分離が可能である。しかし，残さ（debris）が凝集体と一緒に沈殿してしま

インクルージョンボディの分離	細胞を破砕後，遠心分離による回収 界面活性剤を含むバッファーによる洗浄
インクルージョンボディの可溶化	変性剤，還元剤，界面活性剤による 可溶化，各種精製
インクルージョンボディの巻き戻し	希釈，透析などによる可溶化剤の除去 添加試薬による収量の改善 酸化還元系の導入

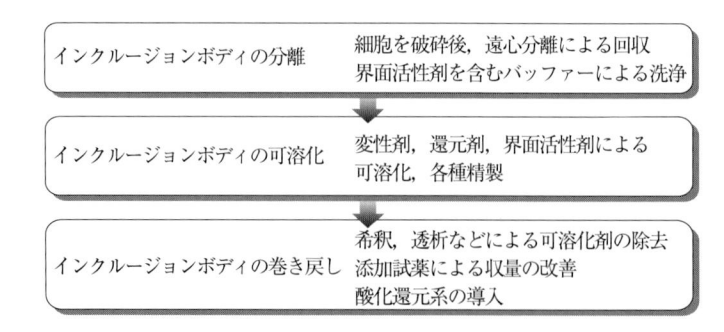

図7.4 タンパク質のリフォールディング

い，その残さに存在する膜タンパク質類が，巻き戻し反応における収量低下につながることが知られている。通常，このような不純物はTritonX-100やデオキシコール酸ナトリウム存在下あるいは，薄いカオトロピック溶媒（尿素や塩酸グアニジン）で数回洗うことで除けることが多い。工業規模での生産を視野に入れると，このインクルージョンボディの抽出作業そのものが重要なステップである。

（2）**可　溶　化**[2)～4)]　つぎに，精製した凝集体を可溶化する必要がある。一般的には6Mの塩酸グアニジンや8Mの尿素といったかなり変性作用の強い物質を用いる場合が多い。界面活性剤系可溶化剤として，ほかにラウリル硫酸ナトリウム（SDS），n-セチルトリメチルアンモニウム塩酸塩（CTAB），n-ラウリルサルコシンナトリウムなどの界面活性剤が報告されている。また，特にジスルフィド結合を形成するタンパク質の場合は，β-メルカプトエタノール，ジチオスレイトール，グルタチオンのようなチオール試薬や還元剤を加えることで溶解度を高めることができる場合がある。銅イオンなど重金属イオンにより自発的に起こるジスルフィド結合形成を防ぐため，金属キレート試薬であるEDTAを加えることも多い。

すべての凝集体で，同様に純度が高いとは限らず，細胞内のさまざまなタンパク質が不純物として相当量混在していることがある。また，核酸や膜成分が混在していることも多い。このような場合は，変性剤の存在下で，逆相HPLC，ゲルろ過，イオン交換クロマトグラフィーを行い，高純度に精製することが肝要である。

インクルージョンボディ中に存在するタンパク質の構造については，インクルージョンボディ形成機構の議論も含めて，盛んに行われてきた。筆者らは最近，超高度好熱菌由来タンパク質や一本鎖抗体，緑色蛍光タンパク質，あるいはβ-2-ミクログロブリンについて，形成されるインクルージョンボディの二次構造を分光学的に解析したところ，天然類似の分子種を多数含むことを示唆するデータを得た。そこで，このインクルージョンボディからのタンパク質の可溶化に，凝集抑制剤であるL-アルギニンを用いたところ，天然型類似の構造を持つ分子種を選択的に可溶化できることを見いだしている[5)]。

（3） 巻き戻し反応[2)~4)]　　一般に，変性剤であれ界面活性剤であれ，可溶化剤を用いて可溶化したインクルージョンボディから可溶化剤を除去することにより，リフォールディング反応を進める。可溶化剤の除去には，通常，希釈法か透析法が用いられる。基本的には，折りたたみ反応と凝集形成反応の競争反応であり，この競争をどのように制御して天然型構造へ導くかということになる。

透析法の場合は，可溶化剤の濃度をよりゆっくりと低下させることができるが，より長く折りたたみ中間状態に置くことになり，結果として折りたたみ中間体から凝集に向かいやすいタンパク質については，後述のような添加剤を工夫して凝集を抑えるか，希釈により可溶化剤濃度を速やかに低下させることにより，巻き戻し効率を高めることができる。一方，一気に希釈してしまうと凝集してしまう場合もあり，この場合は透析法で徐々に可溶化剤を除くことで解消できる。可溶化剤として界面活性剤を用いる場合は，その除去方法に十分な配慮が必要である。

このような巻き戻し過程における凝集を防ぐことが，活性回復において最も重要な要因であり，分子間の疎水的相互作用を防ぐために，あるいは折りたたみを促進するために，低分子化合物を添加することが多い。この効用として，① 天然状態の安定化，② 誤って折りたたまった分子を選択的に不安定化，③ 折りたたみ中間体の溶解度の上昇，④ 変性状態の溶解度の増加，などが考えられる。添加剤は，折りたたみの速度を加速させるものと，不本意な凝集形成を防ぐものに大きく分けることができる。

最もよく使われる添加剤として，L-アルギニンがある。L-アルギニンがなぜ有効に働くか，その詳細は明らかではなかったが，最近の筆者らの研究により，カオトロピック溶媒である塩酸グアニジンと同じグアニジウム基を持っているが，変性作用はなく，巻き戻り中間体の溶解度を高めるところにあることが示されている[5)]。

折りたたみ中間体の溶解度を高めるという観点では，イオン性，非イオン性双方の界面活性剤の利用も考えられる。ラウリルマルトシド，ラウリルサルコシンナトリウムなどを用いることで，活性回復の上昇が報告されているほか，臨界ミセル濃度以上のラウリルマルトシドの存在下での効率よい巻き戻しの成功例がある。さらに，TritonX-100にリン脂質を加えた混合物でミセルを作ることで，高濃度のタンパク質の巻き戻しが可能になることもある。特にポリエチレングリコールあるいはハイドロゲルのナノ粒子が化学量論的に結合して凝集を抑制し，巻き戻し効率の大幅な上昇につながるという報告もある。折りたたみと凝集の間の競争反応を制御するという意味で，分子シャペロンあるいは一連のフォールダーゼの利用も有効である。微粒子への固定化や固定化樹脂への応用も十分可能であり，プロテインジスルフィド異性化酵素など酸化還元酵素への応用が図られている。

7.2.4 精製過程におけるフォールディング

タンパク質を精製する場合，7.1節で述べられているように，クロマトグラフィーを用いることがほとんどである。クロマトグラフィーの原理，バイオプロセスにおける応用例の詳細は8章を参照されたい。タンパク質のフォールディングに影響を与え得る分離に関しては，その影響を最小限に抑えることが肝要である。

7.2.5 お わ り に

タンパク質を扱う研究に関しては，いかに優れた手法を確立したと考えていても，最後は個々の分子によって異なる性質に支配される諸因子をていねいに取り扱わないと，本当の意味での科学的あるいは産業へのアプローチが困難である。このような"匠の世界"にあるバイオ分離プロセス開発は，いわゆるダウンストリーム領域のみならず，探索開発研究であるアップストリーム領域においてもきわめて重要な位置づけにあることも，改めて強調しておくべきであろう。

参 考 文 献

1) 日本生化学会 編：新生化学実験講座，タンパク質Ⅰ 分離・精製・性質，東京化学同人（1990）．
2) Rudolph, R. and Lilie, H.：FASEB J. **10**, pp. 49-56（1996）．
3) 津本浩平，三沢 悟，熊谷 泉：蛋白質 核酸 酵素，**46**, pp. 1238-1246（2001）．
4) Tsumoto, K., Ejima, D., Kumagai, I. and Arakawa, T.：Protein Expression and Purification, **28**, pp. 1-8（2003）．
5) Tsumoto, K., Umetsu, M., Kumagai, I. Ejima, D. Philo, J. S. and Arakawa, T.：Biotechnology Progress, **20**, pp. 1301-1308（2004）．

7.3 ナノ空間における生体分子相互作用

九州大学　後藤　雅宏

7.3.1 ナノ集合体逆ミセルとは

ある特定の分子構造を有した両親媒性分子（界面活性剤）は，有機溶媒中で微量の水を均一に分散させる能力を持っている。これらの分子は自発的にナノスケールの分子集合体である「逆ミセル」を形成し，ナノオーダーの水滴（water pool とも呼ばれる）を安定に非水媒体中に分散させることができる。これによって，有機溶媒の持つ通常の飽和水分量に比べて数百倍もの水分子を，有機溶媒中へ均一に溶かし込むことが可能となる。また，各水滴はほぼ均一なサイズを有し，逆ミセル溶液自身は透明でかつ熱力学的に安定であるという特徴を有している[1]。

多くの逆ミセル研究で用いられているジ-2-エチルヘキシルスルホコハク酸（AOT）は，

逆ミセルを形成する代表的な界面活性剤である。このような界面活性剤が有機溶媒中に分散することによって，有機溶媒-界面活性剤-水の三成分からなる安定なナノスケールの微小液滴核が形成される（図7.5参照）。

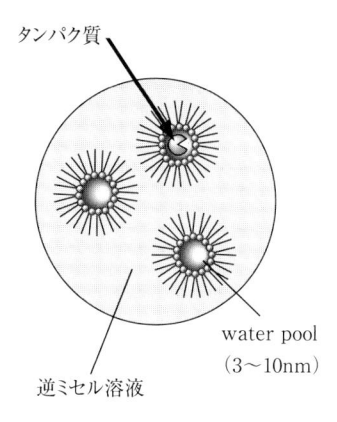

図7.5　ナノ空間を提供する逆ミセルの模式図

このナノ集合体である逆ミセルを利用することによって，生体分子は有機溶媒から保護され，本来の機能を非水媒体中においても発現することができる[2]。その結果，これまで水溶液系でのみ利用されてきた生体分子の高い触媒活性や高度な分子認識能力を非水媒体中で発揮させることが可能となる[3]。

7.3.2　タンパク質の分離場としてのナノ集合体

1985年にMITのHattonらにより，水相中に溶解しているタンパク質が，接触した有機相中へ移動すること，つまり逆ミセルにタンパク質の抽出能力があることが示された[4]。液液抽出操作は，連続操作が可能でスケールアップが容易なことから，実用化への期待も高まり，1985年以降タンパク質の分離場としての逆ミセルに関する研究が盛んに行われた。

逆ミセルによるタンパク質分離は，選択的な抽出と定量的な逆抽出(回収)操作によって構成される(図7.6参照)。単なる可溶化とは異なり，逆ミセル相へ抽出されるための駆動力が必要である。タンパク質抽出におけるおもな駆動力は，タンパク質-界面活性剤間の静電的相互作用であることが明らかとなった。前述のAOTは，アニオン性の親水基を有する界面活性剤であり，カチオン性を帯びたタンパク質に対して，強い抽出能力を示す。そのため，タンパク質の抽出効率は水相のpHに強く依存する。タンパク質の有する等電点より低いpHの水相では，そのタンパク質はカチオン性を帯びており，きわめて効率よく逆ミセル相中へと抽出される。逆に，等電点以上のpHの水相では，タンパク質がアニオン性を帯び，界面活性剤との静電的な反発のため抽出は起こらない。このように等電点を境に抽出のオン・オフ制御が可能であり，異なる等電点を持つ複数のタンパク質を分離することが可能となった[5]。

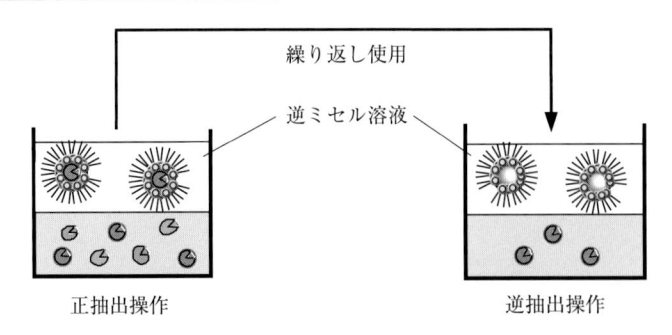

図7.6 逆ミセルのナノ空間を利用したタンパク質分離

7.3.3 DNAの分離場としてのナノ集合体

　生物の遺伝情報を保存し，医学や農学の分野などで盛んに研究に用いられている核酸（DNA）もまた，逆ミセルによって抽出できることが，最近明らかになった[6]。これまで数多くの抽出例が報告されているタンパク質に比べて，DNAの形状や表面の性質は大きく異なる。分子量が数万のタンパク質はnmオーダーの球形をしているのに対し，DNAの分子量は数百万にも及び，二重らせん構造によって細長い形状をとっている。さらにDNA表面は均一なアニオン性を帯びており，溶液中では単なるポリアニオンとして振る舞う。これまでのタンパク質抽出に関する研究が，おもにアニオン性界面活性剤を用いて行われてきたため，対象となるタンパク質は操作条件下でカチオン性のものが多かったことを考えると，DNAの抽出にはアニオン性界面活性剤は適さない。さまざまなタイプの界面活性剤を用いてDNA抽出が検討された結果，2本のアルキル鎖を有するカチオン性界面活性剤でほぼ完全にDNAを抽出できることが明らかにされた。このDNAの抽出においても，抽出のおもな推進力は，界面活性剤との静電的相互作用であることが明らかにされている。

7.3.4 ナノ集合体による変性タンパク質の再生

　近年の遺伝子工学やタンパク質工学の発展によって，目的のタンパク質を得るために，大腸菌などを利用する場合が多くなってきた。しかしながら，目的タンパク質の大量発現が可能である反面，しばしば細胞内にインクルージョンボディと呼ばれる不溶体を形成してしまう。通常，この不溶成分は強力な変性剤である高濃度の塩酸グアニジンや尿素水溶液を用いて溶解させる。この段階でタンパク質は変性状態にあり，変性剤を取り除くことによって，本来の高次構造へと巻き戻し，活性を再生するプロセスが必要となる。この過程をリフォールディングと呼ぶ。このとき，高タンパク質濃度でのリフォールディングは，不適切な分子間相互作用によって再びインクルージョンボディの形成を引き起こすため，数十〜数百倍もの高度希釈が必要となる。その結果，目的タンパク質を得るためには大量の溶液を処理しなくてはならず，希釈法に代わる新しいリフォールディング方法の開発が望まれている。組換

え遺伝子を用いた異種細胞での有用タンパク質生産が活発に行われている今日でもなお，このような希釈法を用いた地道なリフォールディング操作が行われているのが現状である。

逆ミセルはすでに述べたようにタンパク質1分子とほぼ同等のサイズを有することから，逆ミセル内に変性タンパク質を可溶化できれば，個々のタンパク質をそれぞれ隔離して，不適切な分子間相互作用を抑制した高タンパク質濃度でのリフォールディング操作が可能となると期待された。1990年にはHagenらによって逆ミセルがタンパク質のリフォールディング媒体として有効なことが初めて示された[7]。しかしながら，変性剤溶液中から逆ミセル溶液への変性タンパク質の抽出効率が低く，高タンパク質濃度でタンパク質回収は困難であった。これに対して最近，固体の変性タンパク質を直接逆ミセル溶液へ可溶化し，高タンパク質濃度条件下でリフォールディングが行える手法が開発された（図7.7参照）[8]。この手法はタンパク質を高濃度で処理できるだけでなく，ジスルフィド結合形成時に用いる高価な酸化還元試薬もきわめて少量で済むといった利点を有している。同様のナノ集合体として，リポソームを利用した新しいリフォールディング法も提案されている。最近では，固体変性タンパク質の逆ミセル溶液への抽出効率が，尿素添加法によっていっそう改良され，インクルージョンボディの直接可溶化・高濃度リフォールディングへの道を開く方法として期待されている[9]。

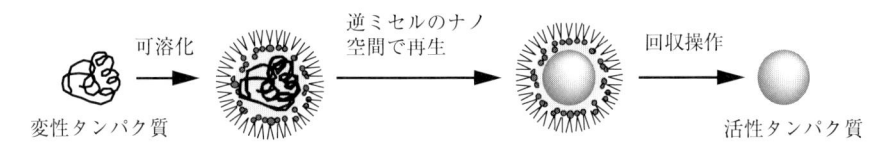

図7.7 逆ミセルのナノ空間を利用したタンパク質の再生

7.3.5 ナノ集合体による遺伝子変異の検出

逆ミセル中に種々の遺伝子を取り込ませ，ハイブリダイゼーションを行った結果，正常な遺伝子（フルマッチ）のハイブリダイゼーション速度が，他の異常遺伝子の速度に比べて非常に速いことが示された。変異が，最末端に1か所見られる場合でも，ハイブリダイゼーション速度は抑制され（70%），中心付近に変異がある場合，その速度は，正常遺伝子のそれに比べて10分の1以下に低下した（図7.8参照）。これより，遺伝子の配列に異常がある場合，逆ミセル中で起こる二重らせんの形成速度が著しく抑制されることが明らかとなった[10]。

水相中での二重らせん形成は，数秒で達成されるため，遺伝子に異常がある場合でもそのハイブリダイゼーション速度の差異を明確にすることはできない。しかしながら，逆ミセルというナノ集合体に遺伝子を取り込み，それぞれを隔離することによって，その二重らせん

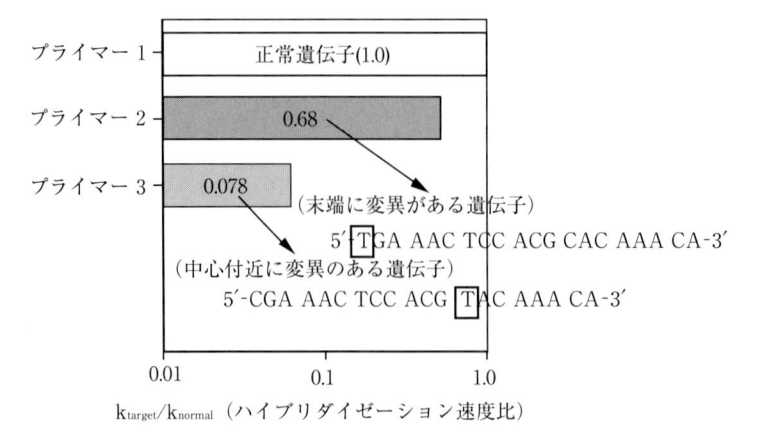

図7.8 逆ミセルのナノ空間を利用した遺伝子検査

形成の速度を制御できることが示された。実際に，ハイブリダイゼーションの速度は，数時間のオーダーまで抑制され，遺伝子の異常がナノ集合体を用いて容易に検出されている。

参 考 文 献

1) Ono, T. and Goto, M.：Current Opinion in Colloid & Interface Science, **2**, pp. 397-401（1997）.
2) Ichinose, H., Michizoe, J., Maruyama, T., Kamiya, N. and Goto, M.：Langmuir, **20**, pp. 5564-5568（2004）.
3) 後藤雅宏，小野 努，古崎新太郎：膜，**25**, pp. 23-31（2000）.
4) Goklen, K. E. and Hatton, T. A.：Biotechnol. Prog., **1**, pp. 69-76（1985）.
5) Ono, T., Goto, M., Nakashio, F. and Hatton, T. A.：Biotechnol. Prog., **12**, pp. 793-800（1996）.
6) Goto, M., Momota, A., Ono, T.：J. Chem. Eng. Japan, **37**, pp. 662-668（2004）.
7) Hagen, A., Hatton, T. A. and Wang, D. I. C.：Biotechnol. Bioeng., **35**, pp. 955-961（1990）.
8) Goto, M., Hashimoto, Y., Fujita, T., Ono, T. and Furusaki, S.：Biotechnol. Prog., **16**, pp. 1079-1085（2000）.
9) Sakono, M., Kawashima, Y., Ichinose, H., Maruyama, T., Kamiya, N. and Goto, M.：Biotechnol. Prog., **20**, pp. 1783-1787（2004）.
10) Maruyama, T., Park, L., Shinohara, T. and Goto, M.：Biomacromolecules, **5**, pp. 49-53（2004）.

7.4　レギュレーション

塩野義製薬（株）　中西　勇夫

7.4.1　は じ め に

医薬品は人の生命に深いかかわりを持つものであり，その有効性，安全性を含めた真の品質特性は，外観や特定の試験結果だけでは判定できないものである。それゆえ医薬品を開

発・製造するにあたっては，数多くの法規制の遵守が要求される。代表的なものの一つとしてGMP（good manufacturing practice：薬局などの構造設備規則，医薬品の製造管理および品質管理規則）があり，これは保証（科学的に検証）された品質の医薬品を製造するために，製造業者が守るべき基準である。GMPは米国において1962年に成立し，日本においては厚生省（当時）によって1974年にGMPが公示された。

医薬品の品質を保証するためには，原料の受け入れから最終製品の出荷に至るまでの全製造工程にわたる系統だった品質管理が必要となる。そのため設備機能が満足しているだけでは不十分であるし，最終の品質試験に適合したからといって，それだけでその品質を保証できるものではない。例えば，無菌製品であれば「無菌性」の保証が必要となるが，これが無菌試験だけで保証できるかといえば，答えは否である。製品が菌に汚染されたとき，それは製品中に均一に存在するわけではない。製造で得られた製品全量を無菌試験することは不可能であるから，製品全体が完全に無菌であるということを無菌試験だけで判断することはできない。かりに，無菌試験を行ったサンプルには菌の存在を認めなかったとしても，残りの製品に，わずかでも菌が存在していたとすればどうなるか。菌は増殖する性格を持っているから，製造直後はわずかであっても，製品として保管する間に，それは医薬品としては危険きわまりない製品となってしまう。この例からもわかるように，その品質を保証するためには，製品検査を行うだけでは不十分で，設備，製造管理，品質管理など全製造工程にわたる保証が必要となるのである。

7.4.2 構造設備について

医薬品の品質を保証するためには，全製造工程にわたる保証が必要であることは述べたとおりであるが，まず基本となるのは，製造を行うための設備である。設備が確実にその品質を保証できる機能を有しなければ，いくら製造管理を確実に行ったとしても，安定した品質の製品を確保するのは困難である。医薬品製造に携わるエンジニアは，そのことを十分に理解した上で設計を行う必要がある。

設計段階では，その設計内容が目標とする品質の製品を製造する機能を有しているかの確認（design qualification：DQ）を行い，工事完了後の段階では，設計図どおりに設置されているかの確認（installation qualification：IQ），各単体機器の運転性能が設計どおりであるかの確認（operational qualification：OQ），設備全体として設計機能を有しているかの確認（performance qualification：PQ）を行うことが要求される。これらの確認を経た後，最終的に試験製造を行い，得られた結果が期待どおりのものであることを確認（process validation：PV）できて，ようやく製造を行うための設備の準備が整うことになる。

1994年に改正されたGMPが不明確であったことに起因して，真に必要とされるレベル

を超えてエスカレートする傾向が生まれた。このことが工期の遅延などによるコストの増大を招き，危機感を抱いた医薬品業界とISPE (International Society for Pharmaceutical Engineering) およびFDA（米国食品医薬品局）との間で議論がなされ，その解釈に一貫性を持たせるため，いくつかのガイドラインが発刊されている[1]。いくつかのキーワードについて以下に紹介する。

（1）**クリティカルステップとクリティカルパラメーター** 一般的に医薬品は複数の工程を経て製造される。クリティカルステップとは，それ以降でプロセス不良や汚染が発生した場合に，目的とした品質の医薬品を得ることができなくなる工程を指し，クリティカルパラメーターとは，その許容基準を逸脱したときに，目的とした品質の医薬品を得ることができなくなる反応温度などの操作条件を指す。

品質の中には有効性や純度に関するすべての特性が含まれる。化学的特性としては製品含有量，各種不純物含有量などが含まれ，物理学的特性としては粒径，かさ密度，溶解度などが含まれる。また生物学的特性としては微生物レベル，エンドトキシンレベルなどが含まれる。

クリティカルパラメーターは科学的根拠を明確にすることとそれを計測・制御する計器類についてはそれ以外の測定計器に比べ，より徹底した維持管理を行うことが要求される。

プロセスを十分に解析し，クリティカルステップ，クリティカルパラメーターを特定することが必要であり，プリクリティカルなステップからクリティカルステップに進むにつれて，GMP管理レベルを上げていくことが重要となる。

（2）**クロスコンタミネーション（交叉汚染）** 製品の汚染源としては，その設備で製造する他の品目，周囲環境，機器，人などがあり，汚染物質の有害性，クリティカルステップか否かなどから，保護レベルを決定する必要がある。汚染例としては以下のようなものがあり，製造された医薬品が汚染を受けないようコントロールされることが重要であり，そのための適正な設計を行う必要がある。

① 前製造品目，前製造工程のプロセス内残留による汚染
② プロセスが環境に露出されるケースにおける環境からの汚染
③ 機器の潤滑剤などによる汚染
④ 人為的ミスによる汚染

（3）**洗　　浄** 医薬品製造を行う上で，洗浄は最も重要な操作の一つであり，洗浄性を考慮した設計および洗浄法の確立と洗浄で残留がないことを保証することが重要である。機器のプロセス液との接触部位は，デッドスポットが系内にできないような設計や，洗浄しやすいような材質の選定および表面平滑化処理が要求される。

洗浄法の確立方法としては，残留物の溶解性に基づいて洗剤の選択，機器の特性に合わせた洗浄方法の設定，残留物の特性に合わせた洗浄間隔の設定，洗剤の除去方法の設定を行

い，最終的に洗浄ができたことを判定するためのサンプリング方法および分析方法の設定が必要となる。

これらの設計，設定の後，最終的にプロセス全体の残留物が許容基準以下にまで洗浄できることを保証（cleaning validation）して初めて対象とする品目製造後の洗浄方法が確立できたといえる。

（4）**環境清浄度**　設備エリアは，取り扱う製品（工程）の性格や，設置する設備プロセスに応じた環境に管理する必要があり，維持管理できる設計を行う必要がある。特に製品が環境に露出されるプロセスにおいて，後段で菌や塵埃などの汚染異物を除去できない工程では，その環境清浄度の管理が重要となる。一般的に要求される清浄度を**表 7.1** に示す。この清浄度を満足させるために必要な設備機能，維持・管理方法については専門的になるため，ここでは省略する。興味のある方は，ISPE ガイドラインなどを参照されたい[1]。

表 7.1　無菌医薬品作業室の各グレードの基準

清浄度	微生物管理基準			微粒子管理基準〔個/m^3〕≧0.5 μm		区　域
	浮遊菌数〔cfu/m^3〕	落下菌数*	表面付着菌数**	非作業時	作業時	
グレード A	<1	<1	<1	3 530	3 530	重要区域（層流区域）無菌調剤と充てん
グレード B	10	5	5	3 530	353 000	周辺区域（バックグラウンド）
グレード C	100	50	25	353 000	3 530 000	調製区域
グレード D	200	100	50	3 530 000	必要に応じて定める	洗浄後の器具の取扱い区域

　*　〔cfu/4 h〕（直径 9 cm のシャーレ）
　**　〔cfu/24〜30 cm^2〕

（5）**製造用水**　製造工程の各ステップに応じたグレードの水を使用する必要があり，そこで要求される規格を満足するための製造用水システム設計および維持管理していくためのモニタリングが重要となる。代表的な製造用水の種類として，水道水，精製水（purified water：PW），注射用水（water for injection：WFI）があり，微生物増殖抑止のための塩素を含む水道水以外の製造用水について，微生物が発生しないよう設計上の配慮が要求される[1]。代表的ないくつかの注意点を，以下に列挙する。

① プロセスへ供給する配管は，常時循環できる構造とする

② 滞留部を可能な限り排除するため配管の分岐，段差をなくし，配管勾配を確保する

③ 休止時は確実に排水できるよう最低部に液抜きを取りつける

④ 常時水質を監視できるモニタリング装置〔TOC（有機体炭素）計，導電率計〕の設置

7.4.3 品質・製造管理

GMPには，製品の品質を保証するために必要な品質管理，製造管理についても細かく規定されているが，本書の目的からはずれるため，ここではごく一部に限って紹介するにとどめる。詳細はICH Q7A（ICH原薬GMPガイドライン）などを参照されたい[2]。

（1）品質管理 適正な品質管理のために，製造部門と品質部門は独立していることが要求される。品質部門は品質保証（quality assurance：QA）と品質管理（quality control：QC）に分けられ，相互の独立性の観点から個々に独立した組織形態をとることが望ましい。

（2）製造管理 製品の品質を保証するためのすべての情報（製造手順，各プロセスパラメーター許容値，保管条件，輸送条件，規格および試験方法など）は標準書で管理し，生産にあたっては，ロットごとに製造指図に基づいて実施し，その結果については製造した製品の品質確認のために必要なすべての情報を記録として残す。

7.4.4 安全性管理

設備設計から製造段階における医薬品の品質保証の観点でGMPを説明したが，少し視点を変えて，開発段階からの医薬品安全性管理の視点で述べる。

開発初期において，まずその化合物の毒性を評価する。どれだけの量を人に与えて害のないものであるか，人に対して有害性を発する許容基準を明確にできなければ，医薬品としての開発はできない。ここで注意しなければならないのは，その化合物自身だけではなく，製造プロセスの中で混入する不純物についても，最終の原薬に残ってしまえば毒性を有する危険性があるということである。

（1）不純物コントロール 一般的に医薬品は原料から合成，発酵など複数の反応工程を経て，医薬品として有効な化合物へ導かれるが，多くの場合，反応工程において多少なりとも副生成物が生成する。この副生成物の医薬品中に混入する量が毒性試験時の値を超えた場合，その医薬品の安全性を保証することはできない。これを防ぐために，適切な段階で，分離・精製で不純物除去を行い，その量をコントロールすることが重要となる。

前工程で残存した不純物が次工程でどのような不純物になるか，その不純物が後段の工程のどこで除去可能か，そして最終的に原薬へ導いた時点で，どのような不純物がどれだけ混入するかを把握し，それを毒性試験時の量以下にコントロールすることが医薬品の安全性を保証する上で求められる。

不純物には有機不純物に加え，金属や塩などの無機不純物も考慮する必要がある。特に毒性が高いと予測される不純物（genotoxic impurityなど）は厳しく規制する必要がある。

（2） 毒性試験以降の開発過程で発生した不純物について　不純物に対する安全性を評価する上で，それが主代謝物かどうか，毒性既知物質かどうかなどが決め手となるが，治験を繰り返す医薬品開発過程において，製造プロセス変更などの理由により，毒性試験時には含まれなかった不純物が新たに混入するケースがある。基本的に毒性試験時に含まれない新規不純物は，毒性が不明であるため，できる限り生成を抑制することが望ましい。新規不純物のコントロールができない場合は新たに毒性試験をやり直すことも考慮する必要がある。

（3） 評価法の確立について　不純物を評価する分析方法が確立されていることが重要となる。不純物と主生成物のクロマトグラム上でのピークが分離していることは当然として，真度・精度の高いこと，0.03％ぐらいまで定量可能な高感度分析法であることなどが要件であり，分析法が保証されていることが求められる。主となる不純物や分解物は，標準品を用いた感度係数測定を行い，できる限り真値に近い値を求める必要がある。

（4） サリドマイド事件に学ぶ　最後に，医薬品中に含まれていた不純物が悲劇を招いた例について紹介する。

　昭和30年代半ばに問題となったサリドマイド事件についてご存知だろうか。サリドマイドは睡眠剤で，副作用が少ないため大量使用しても死亡することはなく，睡眠薬の服用による自殺も防止できるということで，多くの病院で広く処方されるようになった。ところが，妊娠中のつわりの苦痛を除くために本剤を服用した妊婦から手足の奇形がある子供が生まれるという事例が発生した。昭和36（1961）年，サリドマイドと四肢奇形の因果関係を指摘する学者が現れ，これを機に，サリドマイド含有の医薬品は全面的に回収となった。

　サリドマイドは光学異性体が存在し，L体は睡眠剤としての効果があり，副作用がないがD体は副作用がある。当時はD体が重篤な副作用をもたらす不純物であるという認識がなかったことによって引き起こされた悲劇であるということができる。

　現在，アメリカでサリドマイドはハンセン病の特効薬として使用されており，また多発性骨髄腫，各種悪性腫瘍の治療などに用いるため研究が進められている。

参　考　文　献

1) ISPE：ISPE Baseline® Pharmaceutical Engineering Guides（Volume 1：Bulk Pharmaceutical Chemicals, June 1996），（Volume 3：Sterile Manufacturing Facilities, January 1999），（Volume 4：Water and Steam Systems, January 2001），http://www.ispe.org/（2006年3月8日現在）

2) ICH Q 7 A（step 5）：International Conference on Harmonization of Technical Requirements for Registration of Pharmaceuticals for Human Use（Good Manufacturing Practice Guide for Active Pharmaceutical Ingredients and Its Use During Inspections, 2001年11月2日　厚生労働省通知）

8 バイオプロダクツの精製

8.1 バイオプロダクツの精製のおさらい

山口大学　山本　修一

　7.1節で説明したようにバイオ分離プロセスにおいては目的に応じてさまざまな操作が利用される。組換えタンパク質医薬品製造では目的タンパク質量が初期の段階から多いので，精製プロセスは比較的少量の不純物と，目的物質に非常に類似したタンパク質（類縁体あるいは変異体）を精密に分離して，超高純度（99.999％など）製品を作り出すことが目的となる。実際のプロセスは，複数のクロマトグラフィーと膜分離を含み複雑である。膜分離については，8.2節で説明をするので，本節では主としてクロマトグラフィー分離プロセスの原理について解説する。

8.1.1　クロマトグラフィー分離とは

　液体クロマトグラフィー（LC）は移動速度差分離手法として定義され，平衡分離が困難な系においても精密分離が可能になるが，多くの操作変数を含み，操作条件の設定や装置の設計は複雑となる。LC分離は移動相-固定相間の分配（相互作用あるいは分子認識と考えてもよい）に基づいており，主として以下の四つの相互作用が利用されている（7.1節参照）。それぞれの特徴，利点，欠点については多くの文献で議論されている[3),4)]。

① 大きさ（分子量）：ゲルろ過（GFC），サイズ排除LC（SEC）
② 電気的性質：イオン交換LC（IEC），ハイドロキシアパタイトLC（HAC）
③ 疎水的性質：疎水相互作用LC（HIC），逆相LC（RPC）
④ 生物学的親和性：アフィニティーLC（AFC）

　膜分離も大きさに基づく分離手法であるが，選択性が低いのでタンパク質精密分離には使用されず，濃縮やウイルス除去などの用途に利用されている（8.2節参照）。

　LC分離プロセスの厳密な計算は複雑であり，計算に必要なパラメーターの推算や実験による決定は簡単ではない[1),2),4),8)]。ここでは，数学的な詳細は省略し，分離原理と分離性能を調節する方法について説明する。

8.1.2 クロマトグラフィー分離理論の基礎[1)~8)]

LC にはおもに以下の三つの溶出分離方法が使用される。

（1）等組成溶出　図 8.1 に示すように多孔性粒子（充てん剤）が円筒状カラムに充てんされており，充てん剤側を固定相，粒子間隙の流体を移動相という。一定組成の移動相で溶出分離する方法を等組成溶出（イソクラチック）という。タンパク質分離では SEC 以外で使用されることはまれであるが，LC 分離機構を理解するのにも役立つ。

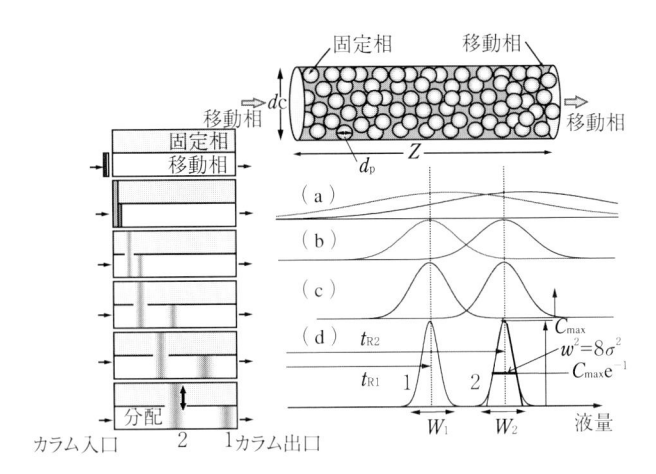

図 8.1　等組成溶出におけるピークの広がりと分離挙動
1，2 の 2 成分がカラム内を異なる一定移動速度で移動しカラム出口に到達するが，その間に各ゾーンは広がる。分離性能はピークが広がることにより（d）から（a）へと悪化する。分離度 R_s の定義〔式 (8.4)〕に従うと（c）が $R_s=1$ であり，これ以下になると分離が悪くなる。ガウス分布に近いピーク形状ではベースラインでの幅 $W=4\sigma$ となる。

少量の試料を注入したときの溶出曲線のピーク保持体積 V_R および保持時間 t_R は次式で分配係数 K と関係づけられる（図 8.2 参照）。

$$V_R = Ft_R = V_0 + (V_t - V_0)K \tag{8.1}$$

ここで F は体積流量，V_t はカラムベッド体積，$V_0 = \varepsilon V_t$ はカラム空隙体積である。2 相間

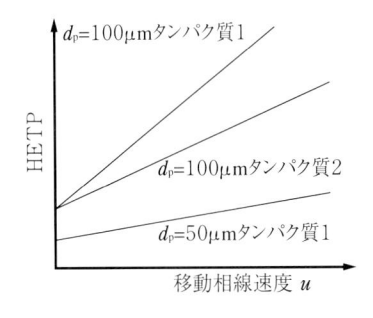

図 8.2　HETP と線速度 u の関係　同じ充てん剤で平均粒子径が 50 μm から 100 μm になると傾きが 4 倍になり切片が 2 倍になる。同一充てん剤でタンパク質の分子量が大きいと（タンパク質 1 > タンパク質 2）拡散係数も小さくなり傾きが大きくなる。

の平衡関係を表す K を，任意のカラムで式（8.1）により決定しておけば，他のカラム形状と操作条件に対して t_R を推算することができる。空隙率 ε は充てん条件やカラムの大きさ（形状）で変化するので，細孔内に浸透しない（$K=0$）巨大物質により測定しておく必要がある。SEC における K と分子量 MW の関係は分子排除特性と呼ばれ，分離特性を表す重要なデータである。また，後述するピークの広がりは細孔の利用率に関係するので，物質移動に関しても重要な情報となる。

溶出曲線の広がり（カラム性能）は HETP（height equivalent to a theoretical plate：理論段相当高さ）で評価される。

$$\text{HETP} = \frac{Z}{N} = Z\left(\frac{\sigma}{t_R}\right)^2 \tag{8.2}$$

ここで σ は溶出曲線の標準偏差，Z はカラム長さ，N は理論段数である。HETP が小さくなれば（あるいは N が大きくなれば）幅の狭い曲線になり，分離は向上する。式（8.2）は LC カラムを N 段の連続混合槽とみなすことにより導かれる（理論段モデル）。実際の LC カラムに不連続な段は存在しないが，式（8.3）により操作変数や物理的因子に関連づけられるので HETP は LC における標準の評価変数として使用されている。

$$\text{HETP} = \frac{Z}{N} = A° + C°u \tag{8.3}$$

HETP は移動相線速度 u の一次関数となる（図 8.2 参照）。第 1 項 $A°$ は移動相における混合拡散により決まる定数であり，粒子径 d_p の 2〜5 倍程度の値である。第 2 項の $C°$ は細孔内（固定相内）拡散の寄与を表し，d_p の 2 乗に比例し，細孔内拡散係数 D_s に反比例する。d_p が大きい，あるいは D_s が小さいと図 8.2 に模式的に示すように HETP-u 曲線の傾きが大きくなり，流速を速くするとピークが大幅に広がり分離が悪くなる。d_p を小さくすることにより高流速でも小さな HETP が可能となる。これが高速 LC（HPLC）の原理である。

簡単な分離条件の推定のために，隣接した溶出曲線の分離の程度を表す尺度として分離度 R_s が使用される（図 8.1 参照）。

$$R_s = \frac{t_{R2} - t_{R1}}{\frac{1}{2}(W_1 + W_2)} \tag{8.4}$$

$W_1 = W_2 = 4\sigma_1$ と仮定し，式（8.1），式（8.2）を式（8.4）に代入し整理すると

$$R_s \propto \Delta K \left(\frac{Z}{\text{HETP}}\right)^{\frac{1}{2}} \tag{8.5}$$

$\Delta K = (K_2 - K_1)$ が小さく平衡分離が困難な系でも，$N = (Z/\text{HETP})$ を大きくすることにより LC 分離が可能であることがわかる。N を大きくするためには，カラムを長くするか，HETP の値を小さくしなければならない。

以上の説明から高流速で高分離性能を実現するためには微粒子 LC が効果的であることがわかる。現在では $d_p=5\,\mu m$ 程度の HPLC が使われている。一方，圧力損失 Δp も微粒子 LC では大きくなる。LC の Δp はコゼニー・カーマン（Kozeny-Carman）式から以下のように表される。

$$\Delta p \propto \frac{Zu}{d_p^2} \tag{8.6}$$

式 (8.6) により，Δp が u，$1/d_p^2$，Z に比例することがわかる。このため大規模分離では依然として大粒子径（数十～200 μm）が用いられている。

（2） 勾配溶出　　移動相の特定成分（モジュレーター，多くの場合は塩）の濃度を一定割合で変化させる方法は勾配溶出と呼ばれる。塩濃度を時間とともに直線的に変化させる直線塩濃度勾配溶出は，非常に高い分離性能とともに，勾配の傾きと流速により分離度を大幅に変化させることができるという特徴を持つ。IEC の場合，低塩濃度でタンパク質を負荷しカラム上部に吸着保持した後に，塩濃度を増加させ脱着溶出させる（図 8.3 参照）。等組成溶出と異なり，希薄溶液の大量負荷による濃縮分離も可能である。IEC，HIC，RPC において広く利用されている。

IEC における勾配溶出の優れた分離性能の一例を図 8.3 に示す。わずか 1 アミノ酸の電荷の違いを認識して分離されている。タンパク質の類縁体（isoform）の分離は組換えタン

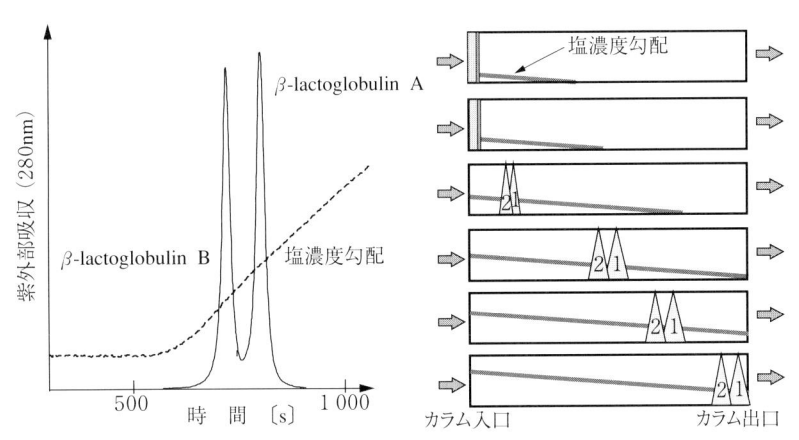

図 8.3　勾配溶出イオン交換クロマトグラフィーの分離機構の模式図（右図）と実際のタンパク質の変異体の分離例（左図）　　塩濃度勾配がカラムに導入されてもカラム上部に吸着しているタンパク質は移動せず，ある程度塩濃度が高くなった時点で移動を開始するが，最初は移動速度は遅く，その後加速する。
左図カラム：$d_p=15\,\mu m$ 多孔性陰イオン交換 HPLC（ResourceQ, Amersham），pH 5.2
β-lactoglobulin はほぼ等量の天然変異体 A（LgA）と B（LgB）で構成される。アミノ酸組成は 2 か所異なるのみで，LgA は負電荷が一つ多い。上図のように陰イオン交換 HPLC（ResourceQ）では LgA と LgB が分離されるが，陽イオン交換 HPLC では分離されない[1]。

パク質の分離では重要なプロセスである。

勾配溶出分離のモデル計算も可能であるが，等組成以上に複雑なので簡単な分離プロセス設計方法が必要となる。勾配溶出の分離度の相関式に基づくと，等組成溶出と同様にカラムを長くすると分離がよくなるが，勾配を緩くすることにより分離をよくすることもできるので，必ずしも長いカラムは必要がないことが勾配溶出の特徴である。しかしながら勾配を緩くすると分離度は高いものの溶出液量が大きくなり，ピークは希釈されることに留意する必要がある。生産プロセスでは溶出液量は重要であり，カラム長さと流速についてよく検討する必要がある。

（3）段階溶出 カラム出口から試料がわずかに漏出する時点（例えば試料濃度の10%程度）まで吸着させ，塩濃度などを変化させて目的物質を脱着する段階溶出は，吸着が選択的であると精製効率がよく，AFCの一般的な操作方法である（**図 8.4** 参照）。また IEC などを用いて精製プロセスの初期段階で粗精製と濃縮を目的として実施される（キャプチャーと呼ばれる）。段階溶出の吸着過程における効率は動的吸着容量 DBC（試料濃度の 5〜10 %がカラム出口に到達したときの，カラムに供給されたタンパク質量のカラム体積比）で評価される。粒子径および流速の DBC への影響は HETP と u の関係と類似であるが，静的吸着容量（平衡吸着容量）は，リガンドや細孔構造などにより決定されるので予測は不可能である。図 8.4 で模式的に示すように，静的吸着容量が小さくても DBC が滞留時間（流速）で変化しない場合は，高流速（短い滞留時間）での操作では有利になることもある。またプロセス全体の効率は図 8.4 で示すように吸着のほかに脱着，洗浄，再平衡化をすべて考慮しなければならない。

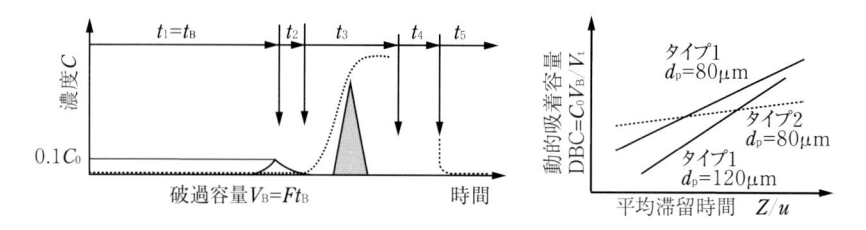

図 8.4 段階溶出クロマトグラフィー操作の模式図（左図）と動的吸着容量（DBC）と滞留時間の関係　イオン交換クロマトグラフィーを例としている。点線は塩濃度を表している。t_1 は試料供給，t_2 は弱く吸着している物質の洗浄，t_3 は塩濃度の増加による目的物質の脱着，t_4 はカラム内に残っている物質の脱着，t_5 は平衡化，C_0 はサンプル濃度，V_t はカラム体積，Z はカラム長さ，u は線速度である。右図で $d_P=80\ \mu m$ のタイプ 1，タイプ 2（点線）を比較すると高流速（平均滞留時間が短い）領域ではタイプ 2 が有利な領域が存在する。

8.1.3 今後の展開

LCによりタンパク質の超精密分離は可能となるが，粒子細孔内のタンパク質拡散速度が遅いので溶出曲線あるいは破過曲線が広がり，プロセスとしての生産性は低くなる。生産性向上のためには，二つの方策が考えられる。

① 粒子径を小さくすること

② 有効細孔径を大きくすること

粒子径を小さくすることは，比較的単純な方法であるが，式（8.6）で述べたように圧力損失が大きくなることと，充てん剤が高価になるという問題がある。

有効細孔径を大きくすると，当然のことながら粒子の機械的強度が低下し，充てんカラムが圧密を引き起こす（粒子が変形し，流路が閉塞する状態）可能性がある。一般的にプロセススケールでは実験室での操作条件よりもかなり遅い流速で操作されている。強固な骨格をもとに巨大細孔を持つ充てん剤や，細孔内部に官能基を持つゲルを埋め込んだ高吸着量充てん剤も市販されている。

粒子充てんカラムと異なる形式として，一体型のカラム（モノリス）や膜型カラムなども開発され，プラスミドなどの巨大バイオプロダクツの高度精製プロセスに使用されている[9]。圧密を避けるために混合の小さな流動層（膨張層，エキスパンデッドベッド）も開発されている[1]。

原理的に不連続操作（バッチプロセス）であるLCの連続化もいくつか考案されている（8.3節参照）。実際のタンパク質医薬品クロマト分離プロセスの特徴は8.4節にて解説されている。

参 考 文 献

1) 山本修一：生物工学ハンドブック，日本生物工学会 編，pp. 480-493，pp. 509-512，コロナ社（2005）．
2) Yamamoto, S., Nakanishi, K. and Matsuno, R.：Ion-exchange chromatography of proteins, Marcel Dekker (1988).
3) Ladisch, M. R.：Bioseparations Engineering, Wiley (2001).
4) 加藤滋雄，山本修一：バイオセパレーション便覧，化学工学会生物分離工学特別研究会 編，pp. 379-384，共立出版（1996）．
5) 加藤滋雄，谷垣昌敬，新田友茂：分離工学，オーム社（1992）．
6) 中西一弘，白神直弘，米本年邦，崎山高明：生物分離工学，講談社（1997）．
7) 化学工学会 編：化学工学便覧 改訂6版，22.4 バイオセパレーション，pp. 1135-1143，丸善（1999）．
8) LeVan, D., Carta, G. et al.：Sec 16 Adsorption and ion exchange, (Perry's Chemical Engineering Handbook) (1997).
9) Švec, F. F., Deyl, Z., Tennikova, T. B. ed.：Monolithic Materials, Elsevier (2003).

8.2 膜分離プロセスの高度化

新潟大学　田中　孝明

バイオプロダクションでは膜分離プロセスが多数用いられている[1]。膜分離プロセスはクロマトグラフィーのような高度な精製には向かないが，スケールアップが容易であり，大量の原料や生産物を迅速に分離可能という利点がある。分離に用いられる膜は，粒子や分子を大きさの違いによりふるい分けするものが多いが，電荷や膜材料への浸透性の違いにより分離する膜もある。表8.1にバイオプロダクションで利用される膜分離法を，図8.5にバイオプロダクションにおける膜分離技術の応用例を示す。主として粒子の回収または除去を行う精密ろ過[2]とタンパク質を濃縮する限外ろ過[3]が用いられている。

表8.1　膜分離法の種類

種類	阻止粒径 (分子量)	濃縮・ 阻止物質	透過物質	操作圧力 〔kPa〕	応用例
精密ろ過 MF (microfiltration)	0.1〜5.0 μm	細胞 細胞断片	高分子, 低分子	10^1〜10^2	細胞の回収・除去 培地・生産物の除菌
限外ろ過 UF (ultrafiltration)	2〜10 nm (10^4〜10^6)	タンパク質 微粒子	低分子	10^2〜10^3	タンパク質の濃縮
ナノろ過 NF (nanofiltration)	1〜2 nm (10^2〜10^4)	アミノ酸 有機酸	水, 無機 イオン	10^3〜10^4	オリゴ糖の分離
逆浸透 RO (reverse osmosis)	0.1〜1 nm (10^1〜10^2)	イオン 低分子	水	10^1〜10^4	超純水製造
透析 (dialysis)	2〜10 nm (10^4〜10^6)	タンパク質 細胞	低分子 (タンパク質)	0 (濃度差)	脱塩 血液透析
電気透析 ED (electrodialysis)	(電荷による分離)	タンパク質 非電解質	イオン	0 (電位差)	乳清からの脱塩 (育児用粉乳)
浸透気化 PV (pervaporation)	(膜材料への浸透性 の差による分離)	液体	揮発性物質	10^2	揮発成分の回収
ガス分離 (gas separation)	(膜材料への浸透性 の差による分離)	気体	気体	10^2〜10^3	酸素富化空気の製造

分離膜の材料には大きく分けて有機高分子材料と無機材料がある。前者の代表例としては，セルロースアセテート（CA），再生セルロース，ポリサルホン（PS），ポリエーテルサルホン（PES），ポリビニリデンフルオライド（PVDF），（親水性）テトラフルオロエチレン（PTFE）などがある。高分子分離膜は，相分離法や延伸法を用いて多孔質化して作製される。これらを折りたたんで小さな耐圧容器に収納できるように加工したプリーツ型膜や，中心が空洞となった糸状の中空糸膜などの形状で用いられる。無機材料を用いた分離膜の代表例はセラミック膜である。アルミナ粒子を焼結して作製した基材（支持層）の表面に，活性層を支える中間層用の粒子を塗布・焼結後，最終的な孔径を得るのに適した微細な粒子（アルミナ，チタニア，ジルコニアなど）を塗布・焼結して作製した活性層（分離を担う層）

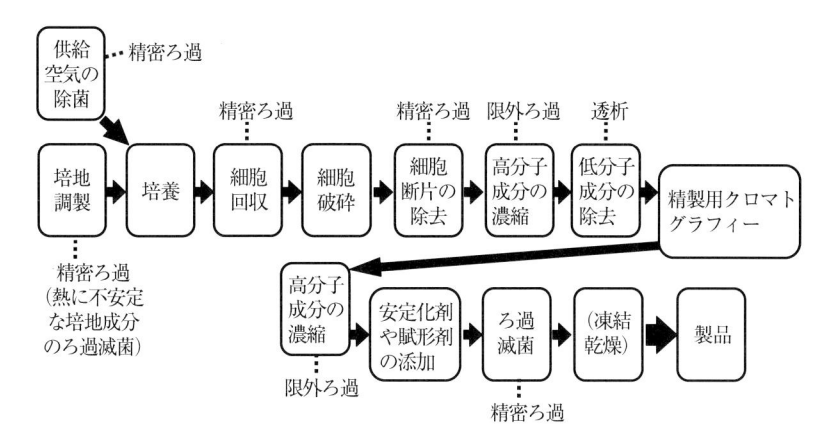

図8.5 バイオプロダクションにおける膜分離技術の利用
（細胞内可溶性タンパク質の場合）

を有する三層構造となっている。単位体積当たりのろ過面積を高めるために，内部に20～60本程度の円筒形流路を持つ，蓮根状のセラミックろ過膜などが用いられている。なお，精密ろ過と同程度以上の大きさの粒子を対象とするろ過分離では，ろ紙やろ布がろ材として用いられているが，孔径の制御やろ過速度の向上のためにろ過助剤（けい藻土など）が必要になることが多い[2]。

膜分離法は，分離の対象となる液体（もしくは気体）を膜面に垂直に供給するデッドエンド型ろ過法と，膜面に平行な液体の供給もしくは撹拌を行うクロスフローろ過法に分類される（図8.6参照）。一般に，膜分離プロセスでは分離の進行とともに膜面上に透過を阻止された粒子層（ケーク層）または阻止された分子の濃度が高い層（濃度分極層）が生じ，これが透過速度や分離精度の低下の原因となる。そこで，ケーク層や濃度分極層を薄くして高い透過速度と分離精度を保つために，多くの膜分離プロセスではクロスフローろ過法が用いられている[2],[3]。膜分離プロセスでは透過速度は膜面積に比例するため，分離膜や操作条件を評価する場合は単位面積当たりの透過速度である透過流束を用いる。

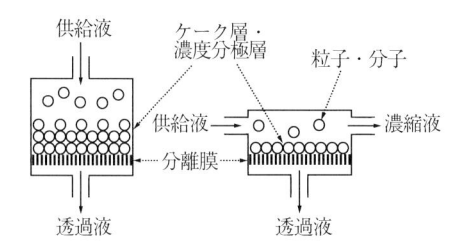

図8.6 デッドエンド型ろ過（左図）とクロスフローろ過（右図）

8.2.1 ろ過滅菌用フィルターとウイルス除去膜

生理活性タンパク質など，熱に不安定な物質を含む溶液の滅菌にはろ過滅菌が用いられる[4],[5]。ろ過滅菌用の分離膜には公称孔径 0.22 μm の精密ろ過膜が使用される。一般に滅菌

（ろ過滅菌，加熱滅菌，ガンマ線滅菌，エチレンオキサイドガス滅菌など）の指標として対数減少値 LRV が用いられる。

$$\text{対数減少値 LRV} = \log\frac{\text{処理前の菌数}}{\text{処理後の菌数}}$$

ろ過滅菌では指標菌 *Brevundimonas diminuta* ATCC 19146（ただし，saline lactose broth で静置培養して平均径 0.3 μm の分散した球菌になるように培養したもの）を膜の有効面積 1 cm² 当たり 10⁷ 個以上になるようにろ過を行い，透過液側から菌体が検出されないことが要求される。公称孔径 0.22 μm の精密ろ過膜はこの無菌化条件を満たした分離膜である。また，透過液に菌体が検出されない場合，便宜的に処理後の菌数を 1 として LRV を計算し，LRV≧10.5 などと表す。

近年，血液製剤だけでなくバイオプロダクションによる製品にもウイルスの除去が求められるようになってきている。ウイルスには粒子径が 100 nm（＝0.1 μm）程度のもの〔例：ヒト免疫不全ウイルス（HIV），80〜110 nm〕もあるが，バイオプロダクションではパルボウイルス（現在知られている最も小さいウイルス，18〜24 nm）やポリオウイルス（25〜30 nm）のように 20 nm 程度のウイルスも問題となっている。生産物であるタンパク質の大きさが数 nm（分子量 10〜200 kDa 程度）であることから，精度のよい分離が必要とされる。タンパク質溶液を透過してウイルスを除去するためには，分画分子量が 500 kDa の限外ろ過膜[6]や公称孔径 15〜35 nm のウイルス除去用ろ過膜[7,8]などが用いられている。ウイルスの除去法・不活性化法には，前記の分離膜を用いる方法以外に，イオン交換などのクロマトグラフィーやパスツリゼーション（例：60℃，10 時間で溶液の加熱処理），乾燥加熱処理（例：68℃，96 時間），有機溶媒・界面活性剤（S/D）処理，紫外線処理などがあり[9]，これらと膜分離法を組み合わせた方法も開発されている[10]。

8.2.2 デプスフィルターを用いた圧縮性粒子の膜分離

精密ろ過膜では粒子の捕捉形式により，膜の表面で粒子を捕捉するスクリーンフィルターと膜の内部で粒子を捕捉するデプスフィルターに分類される（図 8.7 参照）。デプスフィルターは圧縮性の高い粒子（細胞や細胞破砕物）を膜の内部構造により，ろ過圧による圧縮から保護するため，スクリーンフィルターよりも高い透過流束が得られる。しかし，デプスフィルターは使用後の再生が困難なため，使い捨て使用となる。

近年，生産技術の進歩と環境問題への関心の高まりから，ポリ乳酸などの生分解性ポリエステルが安価に供給されるようになり，分離膜への応用も可能となってきた[11]。生分解性ポリエステルは常温では比較的安定であるが，生ゴミ処理用のコンポスト（堆肥）化装置内部では，微生物の発酵熱のため約 60℃になっており容易に加水分解される。そのため，生分

8.2 膜分離プロセスの高度化　　147

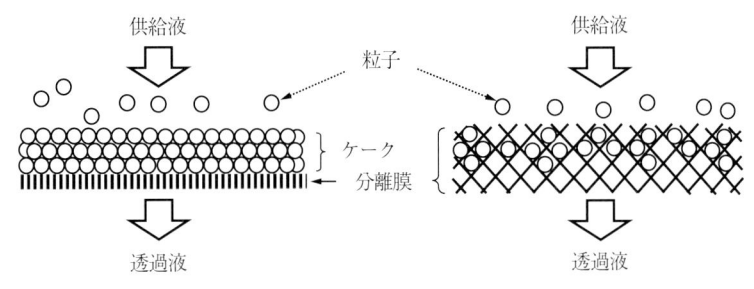

図8.7　スクリーンフィルター（左図）と
デプスフィルター（右図）

解性デプスフィルターは使用後に目詰まり成分とともにコンポスト化装置で処理できるという利点がある。現在，ポリ乳酸とポリカプロラクトンを用いた生分解性デプスフィルターが開発されているが，酵母懸濁液の精密ろ過においてスクリーンフィルターと比較して100倍以上の透過流束が得られることが示されている[12]。生分解性デプスフィルターは，合成高分子製デプスフィルターに替わるものとして期待される。

参　考　文　献

1) 中西一弘，白神直弘，米本年邦，崎山高明：生物分離工学，pp. 22-28，講談社サイエンティフィク（1997）．
2) 田中孝明（日本生物工学会 編）：生物工学ハンドブック，pp. 453-457，コロナ社（2005）．
3) 中西一弘（日本生物工学会 編）：生物工学ハンドブック，pp. 461-469，コロナ社（2005）．
4) 田中孝明，青木　裕（化学工学会 編）：化学工学の進歩 39，粒子・流体系フロンティア分離技術，pp. 210-217，槇書店（2005）．
5) 西山昌慶，岡野　巧：防菌防黴，**26**，pp. 495-501（1998）．
6) Azari, M., Boose, J. A., Burhop, K. E., Camacho, T., Catarello, J., Darling, A., Ebeling, A. A., Estep, T. N., Pearson, L., Guzder, S., Herren, J., Ogle, K., Paine, J., Rohn, K., Sarajari, R., Sun, C. S. and Zhang, L.：Biologicals, **28**, pp. 81-94（2000）．
7) 奥山和雄：膜，**27**，pp. 52-54（2002）．
8) Hirasaki, T., Yokogi, M., Kono, A., Yamamoto, N. and Manabe, S.：J. Membr. Sci., **201**, pp. 95-102（2002）．
9) Chandra, S., Groener, A. and Feldman, F.：Thromb. Res., **105**, pp. 391-400（2002）．
10) Mazurier, C., Poulle, M., Samor, B., Hilbert, L. and Chtourou, S.：Vox Sanguinis, **86**, pp. 100-104（2004）．
11) Tanaka, T. and Lloyd, D. R.：J. Membr. Sci., **238**, pp. 65-73（2004）．
12) Tanaka, T., Tsuchiya, T., Takahashi, H., Taniguchi, M. and Lloyd, D. R.：Desalination, **193**, pp. 367-374（2006）．

8.3 連続分離プロセス

東北大学　米本　年邦

8.3.1　はじめに

バイオテクノロジーを利用する物質生産プロセスの中で，製品物質の分離・精製あるいは回収工程では，細胞破砕からスタートして，遠心分離，ろ過，破砕，イオン交換といった古典的単位操作に加えて水性2相，逆相ミセル，アフィニティーなどの新規の抽出法や，クロマトグラフィーあるいは電気泳動など，従来生化学分野で分析法として使用されていた手法が単独あるいは複数で連結使用される。バイオプロセスでは製品量が僅少であり，かつ精密分離が要求されることが多いため，個々の操作は回分装置で行われるのが一般的である。しかしながら，操作のスケールアップや高効率化の要求に沿って，連続装置化への拡張も一部行われるようになっている。本節では，分析機器として発展し，大型化により生体関連物質の分取規模分離装置としても広く利用されている液体クロマトグラフィー(LC)の連続装置化への動向を紹介する。

8.3.2　連続液体クロマトグラフィーの構築

回分式のクロマト操作では，クロマト樹脂を固定相として充てんしたカラムに液体移動相を連続的に供給しながら，この移動相に乗せて混合物試料をパルス的に注入する。混合物試料のうち，固定相との親和力の大きい溶質ほど，カラム中の移動速度が小さくなり，カラム出口では親和力の小さい溶質から順に流出して分離が達成されることとなる。分取を目的とした場合，試料の量が比較的多くなるので，試料注入も瞬間的なものから有限時間へと拡張される。この流れの延長として，無限量の試料の分離，すなわち定常連続分離の要求が現れることとなる。

クロマトグラフィーの連続装置への拡張として今日，二つの方式の装置が提案されている。すなわち，試料を含む移動相溶離液と充てん剤を図 8.8 に示すように向流接触ないし後述の図 8.10 に示すように十字流接触させて，通常の回分式カラムクロマトグラフィーで時間軸方向になされる分離を，位置座標軸方向に変換して定常連続分離を達成する方法である。向流接触の場合は，充てん剤を移動させる代わりに試料供給位置を動かすことであたか

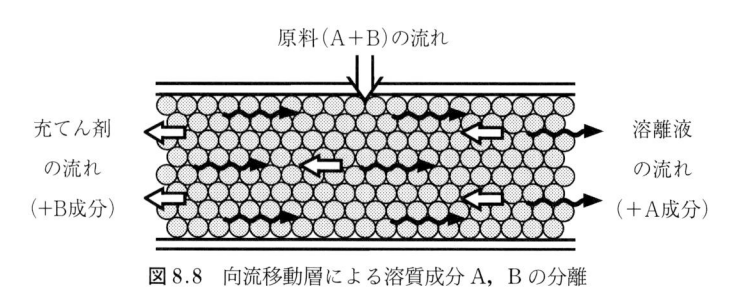

図 8.8　向流移動層による溶質成分 A，B の分離

も充てん剤が移動しているのと同じ挙動が得られるようにした擬似移動層型の，十字流接触の場合は回転環状型の，それぞれ連続クロマト装置である。

8.3.3 向流接触としての擬似移動層型連続クロマト装置

擬似移動層型連続クロマト装置（simulated moving bed：SMB）は，米国の Universal Oil Products 社により開発[1]され，すでに糖類の分離で実用化されている。図 8.9 の上図に示すように，点線で区切って明示した数本の直列連結クロマトカラムが一つのゾーンを形成し，それがリング状につながって SMB を構成する。各カラム入口にはバルブが設けられており，所望の移動相溶離液流れに切り替えることができる。SMB では溶離液供給口，抽出成分回収口，混合原料供給口および抽残成分回収口の合わせて四つの移動相出入口が存在する。スイッチタイムと呼ばれる所定時間ごとに，溶液供給および回収口を移動相の流れ方向に 1 カラム分移動させる。この場合，図 8.9 の下図に示すように，網掛けしたカラムは原料供給口よりも液流れとは逆向きに 1 カラム分移動し，他のカラムも同様に液流れの逆向きに移動したことになる。これにより移動相と固定相充てん剤間に向流接触が実現する。この操作を繰り返していくと，親和力の弱い成分 A は充てん剤へ吸着されず移動相流れとともに移動し，抽残成分として連続的に回収される。一方，親和力の強い成分 B は充てん剤に吸着され，カラムとともに移動し抽出成分として連続的に回収される。

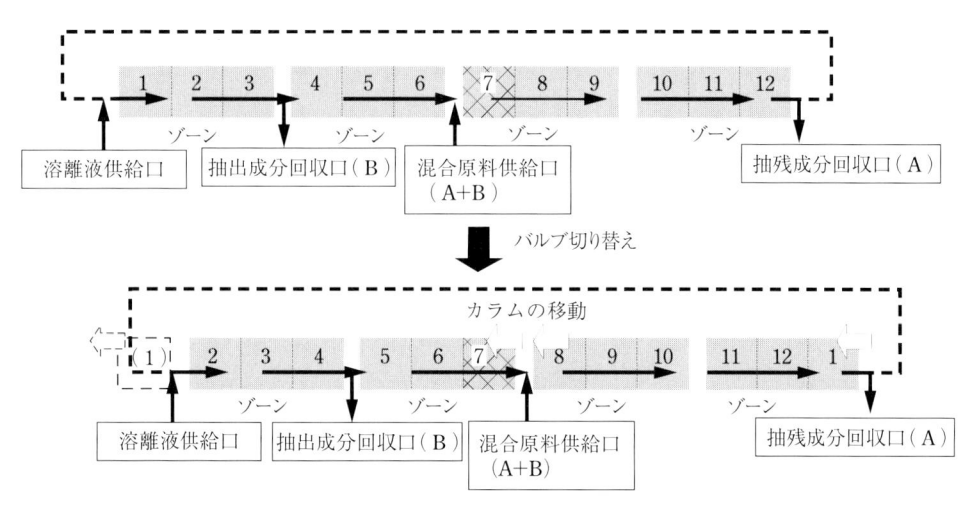

図 8.9 SMB の原理

8.3.4 十字流接触としての回転環状連続クロマト装置

移動相と固定相の十字流接触による試料成分の連続分離を実現した装置として Martin[2]により考案され，Fox ら[3]によって初めて実装置が試作された回転環状連続クロマト装置（continuous rotating annular chromatograph：CRAC）がある。その分離原理を図 8.10

8. バイオプロダクツの精製

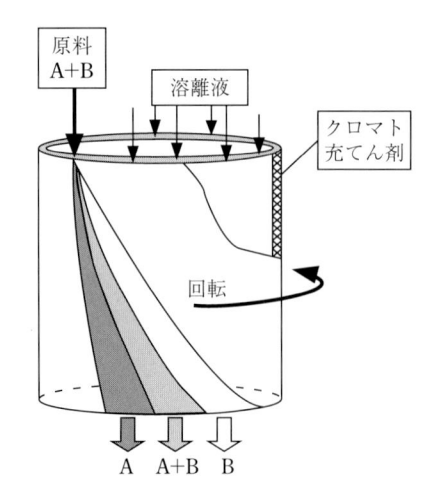

図 8.10 CRAC の原理

に示す。二重円管の間隙にクロマト充てん材を詰めた環状充てん層を一定速度で回転させ，環状路上方の固定点から混合試料を，その他からは移動相溶離液をそれぞれ供給すると，回分式カラムクロマトグラフィーと同様，混合試料中の各成分は，充てん材への親和力の違いにより，流下速度に差異が生じる。CRAC では環状充てん層が回転しているため，親和力が弱くカラム滞在時間の短い成分は，小さな円周距離すなわち原料供給点真下に近い位置から，親和力の強い成分はカラム滞在時間が長くなり，大きな円周位置からそれぞれ溶出する。すなわち，各成分の溶出位置が円周方向でそれぞれ異なることから SMB とは異なり，三成分以上の分離も容易に達成される。

　一般のクロマトグラフィーでは，溶質成分どうしの充てん材への親和力が類似している場合，溶出液における溶質どうしの重畳，すなわち不完全分離がしばしば問題となる。定量分析を目的とした通常のカラムクロマトグラフィーでは，分析試料と移動相液流量の削減によってこの問題を克服するのが一般的であるが，処理量を規定した分離操作ではその方法は本質的な問題解決には至らず，カラムの長大化による分離能向上によって克服するのが一般的である。この議論は，CRAC にもそのまま当てはまる。すなわち，試料成分と充てん材との間の分配係数を K，充てん層の回転速度を ω，液の線流速を u，充てん層の高さと空隙率をそれぞれ L および ε とすれば，CRAC における試料の溶出角度位置 θ は次式で概算される[4]。

$$\theta = \frac{\omega \cdot L}{u}\left(1 + \frac{1-\varepsilon}{\varepsilon}K\right) \tag{8.7}$$

式 (8.7) によれば，成分間の親和力（分配係数 K）が類似している場合には，流量を小さくするか，あるいは回転速度を大きくすることにより，溶出位置の差を広げる必要がある。しかしながら，流量を小さくすることは処理量の低下を招き，工業的な観点から望ましくない。また，回転速度を大きくすることは，溶出位置の差を大きくすると同時に，各成分の溶

出領域（バンド幅）をブロードにすることにもなり，分離性能の向上にはつながらないことも知られている[4]。

そこで，回転環状クロマト装置内であえて溶質の重畳を認めた上で，図 8.11 に示すように，溶質が重畳し，分離の不完全な溶出液を装置入口にリサイクルさせ，分離が完全に達成された溶出液のみを系外に取り出せば，装置全体としては完全分離が達成されることとなる。これが溶出液部分リサイクル回転環状連続クロマトグラフィー[5]である。本法では環状路に供給する移動相の一部分がリサイクル溶出液で賄われ，その結果として外部から新規に投入する移動相溶離液の低減化が達成されることとなり，カラムの長大抑制に加えた別の長所となる。

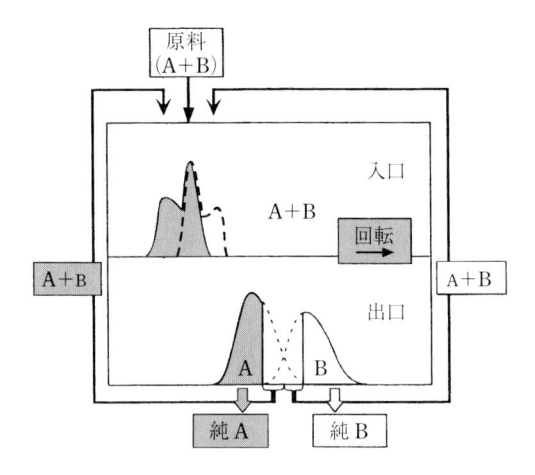

図 8.11 二成分系における部分リサイクル型 CRAC の原理

参 考 文 献

1) Broughton, D. B. : US. Patent 2-985-589 (1961).
2) Martin, A. J. P. : Discuss Faraday Soc., **7**, pp. 332-336 (1949).
3) Fox, J. B., Calhoun, R. C. and Eglinton, E. J. : J. Chromatography, **43**, pp. 48-54 (1969).
4) Giddings, J. C. : Anal. Chem., **34**, pp. 37-39 (1962).
5) Kitakawa, A., Yamanishi, Y. and Yonemoto, T. : Ind. Eng. Chem. Res., **36**, pp. 3809-3814 (1997).

8.4　タンパク質バイオ医薬品のクロマト分離プロセス

キリンビール(株)　石原　尚

8.4.1　はじめに

タンパク質バイオ医薬品とは遺伝子組換え技術によって生産されたタンパク質を有効成分とする医薬品である。1980年代以降，インスリンや，エリスロポエチンをはじめとするサイトカインなどのタンパク質バイオ医薬品が数多く製品化されている。最近ではモノクロー

ナル抗体に代表される抗体医薬品の開発が盛んに行われている[1]。本節ではこれらタンパク質バイオ医薬品の分離・精製プロセスの中の，特にクロマトグラフィー分離プロセスの特徴について，① プロセス開発，② 生産系に応じたプロセス，③ 抗体医薬品クロマトグラフィープロセスにしぼって概説する。

8.4.2 プロセス開発

タンパク質バイオ医薬品をはじめとする新薬開発は激しい開発競争の中で行われ，First to Market（clinic）が重要であるといわれている[2]。そのため，タンパク質バイオ医薬品分離・精製プロセス開発にはスピード（いかに短期間に精製プロセスを立ち上げるか）が要求されている。7.1節に説明してあるように，クロマトグラフィーは高純度精製が可能なため，タンパク質バイオ医薬品の分離・精製プロセスに不可欠な単位操作である一方，クロマトグラフィーの分離・精製条件の開発，特に精製方法の確立・構築は，クロマトグラフィーの分離挙動・分離性能が多くの操作パラメーターとの組合せで決定されるため，技術的に体系化されていない。すなわち，精製プロセス開発技術者の経験に基づいた長い試行錯誤の条件設定が主流であり，設定した条件が最適条件か否かを見きわめることも困難である。この点が，クロマトグラフィーが技術ではなく芸術であるといわれているゆえんである。また，いかに速く開発するかが求められている一方，化成品ほどではないにせよ，いかに医薬品を安価に製造するかも，抗体医薬品に代表されるタンパク質バイオ医薬品開発研究テーマとして重要となっている。特に，培養・精製を含めたプロセス開発の中で，製造コストがより安価となる製造方法の開発は重要なテーマである。このような課題を解決し，効率的に精製プロセス開発を行うため，特に抗体精製プロセス開発においては，① 精製プロセス開発のプラットフォーム化，② 精製プロセスの標準化，③ クロマトグラフィー理論・モデルの利用，④ 精製プロセスの経済性評価，といった方法論・手法を用いたプロセス開発が実施されている。

8.4.3 生産系に応じた分離・精製プロセス

バイオ分離プロセスの流れについては，7.1節に説明されているが，ここではタンパク質バイオ医薬品の分離・精製プロセスにしぼって説明する。タンパク質バイオ医薬品の分離・精製プロセスは，① 菌体破砕，② 遠心分離，③ 可溶化・リフォールディング，④ 膜分離，⑤ クロマトグラフィーという単位操作が一般に用いられ，これらの組合せでプロセスが構成されている。単位操作 ①，②，③ はタンパク質バイオ医薬品の宿主・発現系に応じて取捨選択されるが，④，⑤ は宿主・発現系に関係なくすべてのタンパク質バイオ医薬品分離・精製プロセスに用いられている。

8.4 タンパク質バイオ医薬品のクロマト分離プロセス

タンパク質バイオ医薬品の宿主・発現系には，大腸菌，動物細胞，酵母，トランスジェニック動物が一般に利用されている。それらの宿主・発現系に応じたタンパク質バイオ医薬品一般に用いられている分離・精製プロセスの流れを図 8.12 に示す。大腸菌の場合，目的タンパク質は通常，菌体内の不活性タンパク質顆粒（インクルージョンボディ）として高密度に集積されるため，可溶化・リフォールディング工程により，タンパク質の高次構造を再形成させて活性型にさせる必要がある。酵母の場合には，通常目的物は培養上清中に分泌され，遠心分離および膜分離により，細胞分離，濃縮・バッファー交換が行われ，クロマトグラフィー工程へ供される。これらの単位操作を統合するという目的で，流動層（膨張層，エキスパンデッドベッド）が用いられている例もある[3]。動物細胞の場合も，酵母と同様に培養上清中に目的タンパク質が分泌されるため，酵母と同様な単位操作が一般に適用されている。トランスジェニック動物の場合，目的物質は主として乳中に分泌される。乳中に大量に存在するカゼインなどの乳タンパク質を分離する目的で，一般に膜分離による清澄化が行われた後，クロマトグラフィー工程へ供されている[4]。クロマトグラフィー工程下流の膜分離工程では，目的タンパク質の濃縮・バッファー交換およびろ過滅菌が行われる。また，動物細胞およびトランスジェニック動物を宿主・発現系に使用した場合は，ウイルス除去フィルターがクロマトグラフィー工程下流の膜分離工程の一つとして一般に用いられている。

タンパク質バイオ医薬品クロマトグラフィーの単位操作は図 8.13 に示すような，クロマトグラフィー装置およびクロマトグラフィー樹脂を充てんしたカラムでシステムが構成され

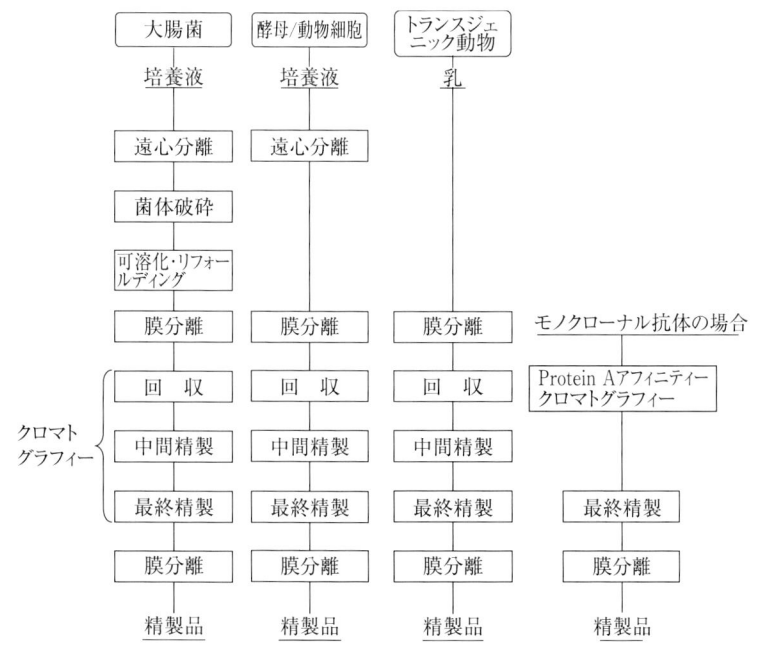

図 8.12 宿主・発現系に応じた分離・精製プロセス

図 8.13 タンパク質バイオ医薬品精製クロマトグラフィーシステム〔ミリポア社のカラム，クロマトグラフィー樹脂（担体）およびクロマトグラフィー装置〕

ている。クロマトグラフィー装置にはポンプ，モニター，センサー（UV，pH，電気伝導度，流速，圧力，エアーなど）が付属している。

タンパク質バイオ医薬品のクロマトグラフィーは通常，回収，中間精製，最終精製の三段階の精製戦略で実施される[5]。回収ステップでは，目的タンパク質の粗精製，濃縮が主目的として行われる。中間精製は大部分の夾雑タンパク質を目的タンパク質から除去するステップである。最終精製は微量の夾雑タンパク質を分離し，最終的な精製タンパク質とするためのステップであり，一般的に高分離カラムが用いられる。抗体医薬品，特にモノクローナル抗体の精製プロセスでは，最初のクロマトグラフィーステップに選択性の高い Protein A アフィニティークロマトグラフィーが一般に用いられるため，Protein A アフィニティークロマトグラフィー後に最終精製を行う二段階の精製戦略が組まれている（図 8.12 参照）。つぎに，この抗体医薬品のクロマトグラフィープロセスについて説明する。

8.4.4 抗体医薬品クロマトグラフィープロセス

抗体とは抗原に特異的に結合するタンパク質であるが，その性質を利用して抗がん剤などの医薬品のターゲットとして前述のような開発が盛んに行われている。抗体は IgM，IgA，IgD，IgE，IgG のクラスに分類される。また，モノクローナル抗体とは，単一の抗体を産生する細胞クローンから得られ，タンパク質の一次構造が均一の抗体分子である。抗体医薬品としては IgG（イムノグロブリン G）のモノクローナル抗体が開発の主流である。

Protein A アフィニティークロマトグラフィーの Protein A とは，黄色ブドウ球菌 *Staphylococcus aureus* が産生するタンパク質であり，IgG と結合する性質を有している。Protein A と IgG の結合は結合力が強く，特異性が高いため，IgG 精製に一般に利用されている（すなわち，IgG のみが吸着し，他の不純物は素通りをする）。抗体医薬品精製プロセスへの，Protein A アフィニティークロマトグラフィー工程の適用については，以下に示す本工程の長所および短所がある。加えて，高純度・高品質の抗体医薬品を速く開発し，安価に製造す

るという要求事項を総合的に考えなければならない。その結果，長所の寄与がより大きいと考えるバイオ医薬品開発企業が多いためか，前述のように Protein A アフィニティークロマトグラフィーがモノクローナル抗体精製プロセスにおける主流の単位操作となっている。

（1）長　　所

① Protein A アフィニティークロマトグラフィー工程のみで，一般に 90％以上の抗体回収率（製造コスト低減に寄与）と純度が得られる（高品質に寄与）。

② 抗体精製プロセスを簡素化（製造コスト低減に寄与）および標準化できる（開発期間短縮に寄与）。Protein A アフィニティークロマトグラフィー以外のクロマトグラフィーモードで抗体精製プロセスを構築しようとすると，Protein A アフィニティークロマトグラフィー工程の代わりに，2 クロマトグラフィー工程以上が必要となる。また，抗体ごとに個々の抗体精製プロセスを構築することが必要になる。

（2）短　　所

① Protein A 樹脂は非常に高価（例えばイオン交換樹脂の 10 倍以上）である。この対策として，一般に Protein A 樹脂を何度も再使用することによって，単位抗体製造量当たりの Protein A 樹脂コストを低減させて，全体の製造コストを低減させている。その際の精製プロセスの経済性評価は，樹脂再使用回数の指標を明らかにする手段として有効である。

② 抗体溶出工程で Portein A リガンドが脱離してくる。Protein A は微生物由来タンパク質であり，免疫原性もあるので，下流の最終精製工程でこれを除去する必要がある。この Protein A リガンド除去のためには，イオン交換クロマトグラフィー，疎水性クロマトグラフィー，ハイドロキシアパタイトクロマトグラフィーまたはゲルろ過クロマトグラフィーが一般に用いられている。

③ 抗体の Protein A からの脱着溶出には一般に酸性条件が使用されているが，これにより抗体の重合体が生成されることがある[6]。その場合には下流の最終精製工程に，ゲルろ過クロマトグラフィーなどを導入してこれを除去する必要がある。または，重合体生成を抑制するような溶出方法・条件を検討し設定する必要がある[6]。

Protein A アフィニティークロマトグラフィー工程以降の最終精製工程では，前述の Protein A アフィニティークロマトグラフィー工程で生成した Protein A リガンドや重合体を除去するという目的のほかに，DNA，パイロジェン，宿主由来タンパク質などの Protein A アフィニティークロマトグラフィー工程でほとんど分離・精製されるものの，そこでほんの一部残留した不純物の除去が行われる。これら残留不純物除去の目的として，陰イオン交換クロマトグラフィーが一般に用いられている。ここでは，不純物が吸着するが目的物である抗体が吸着しない，ネガティブクロマトグラフィー（negative chromatography）モードが一般に用いられている。また，陽イオン交換クロマトグラフィーもパイロジェンや宿主由

来タンパク質の除去に用いられている。抗体医薬品クロマトグラフィープロセスの一例として，リツキサンのそれを**図8.14**に示す[7]。このプロセスで不純物は，宿主由来タンパク質 2 ppm 未満，DNA 0.02 ppm 未満，Protein A 7.8 ppm 未満など，非常に低いレベルまで低減されている[7]。

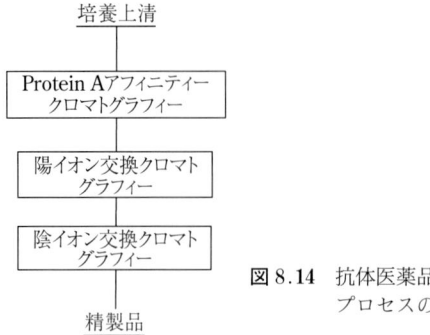

```
            培養上清
              │
    ┌─────────────────┐
    │ Protein A アフィニティー │
    │  クロマトグラフィー    │
    └─────────────────┘
              │
    ┌─────────────────┐
    │ 陽イオン交換クロマト  │
    │   グラフィー       │
    └─────────────────┘
              │
    ┌─────────────────┐
    │ 陰イオン交換クロマト  │
    │   グラフィー       │
    └─────────────────┘
              │
            精製品
```

図8.14 抗体医薬品クロマトグラフィープロセスの一例[7]

参 考 文 献

1) Gura, T. : Nature, **417**, p. 584 (2002).
2) Wheelwright, S. M., 山本修一：タンパク質精製：プロセス設計，化学工学，**65**, pp. 498-499 (2001).
3) Sumi, A., Okuyama, T. K., Kobayashi, K., Ohtani, W., Ohmura, T. and Yokoyama, K. : Purification of recombinant human serum albumin, Efficient purification using STREAMLINE, Bioseparation, **8**, pp. 195-200 (1999).
4) Parker, M. H., Birck-Wilson, E., Allard, G., Masiello, N., Day, M., Murphy, K. P., Paragas, V., Silver, S. and Moody, M. D. : Purification and characterization of a recombinant version of human α-fetoprotein expression in the milk of transgenic goats, Protein Expression and Purification, **38**, pp. 177-183 (2004).
5) はじめての組換えタンパク質精製ハンドブック，アマシャムバイオサイエンス (2003).
6) Shukla, A. A., Hinckley, P. J., Gupta, P., Yigzaw, Y. and Hubbard, B. : Strategies to address aggregation during protein A chromatography, Bioprocess International, May, pp. 36-44 (2005).
7) O'Leary, R. M., Feuerhelm, D., Peers, D., Xu, Y., Blank, G. S. : Determining the Useful Lifetime of Chromatography Resin, BioPharm, September, pp. 10-18 (2001).

9 バイオプロセスの計測と制御

9.1 バイオプロセスの計測と制御のおさらい

大阪大学　仁宮　一章・塩谷　捨明

　バイオプロセスを工業的に成立させるためには，生物機能を利用して，できるだけ経済的にそして安全に，目的とする品質の製品を生産することが必要となる。このような生産は，バイオプロセスの操業に伴う諸々の変動要因，例えば初期仕込み条件や外界環境の変化・外乱に対して安定に行われることが期待されており，これを実現することが，プロセスシステム制御に課せられた命題である。そのためには，菌体濃度，基質濃度，生産物濃度などを種々の手段で計測することによって，制御対象となるプロセスの状態を速やかに把握し，もし異常が認められれば速やかに対処しなければならないが，この対処の方策が制御である。では，生産物を最高値にするといった目的を達成するためには，制御対象プロセスをどのように計測し，どのように制御すればいいのだろうか。本節では，まずバイオプロセスに使われている計測手法について述べ，つぎに制御を行うための方法論について，モデリングや最適化を含め概説する。

9.1.1　バイオプロセスの計測

　計測技術は，バイオプロセスを含むあらゆる生産プロセスにおいて，効率的な生産や安全な運転管理の基礎として必要不可欠である。計測を行うためのセンサーとは，物理的，化学的，物理化学的，あるいは生化学的な原理を利用して計測対象の特性を抽出し，おもに電気信号のような使いやすい信号に変換するデバイスである。バイオプロセス制御を行う際の計測対象としては，**表9.1**に示すように，物理的，化学的そして生物的な状態量に大別でき，これらの計測対象に応じて，さまざまな原理のセンサーが現在利用可能となっている。

　化学的状態量には，pH，溶存酸素（DO），排ガス，グルコース濃度などがある。pH測定には，複合ガラス型電極がよく用いられている[1,2]。ガラス電極はシリカガラス薄膜の両側に異なるpHの溶液が接触すると，膜電位が発生する現象を利用している。DO濃度のオンライン測定には，滅菌可能なDO電極を用いる[1,2]。DO電極は，電解液中に2種類の金

表9.1 バイオプロセスにおいて測定が望まれる状態変数

物理的状態量	温度，圧力，攪拌速度，ガス通気量，培地成分供給速度，培養液容積，培養液粘度，培養液重量
化学的状態量	pH，溶存ガス濃度（O_2，CO_2），排ガス分圧（O_2，CO_2），培地成分濃度（炭水化物，窒素，生産物，代謝物）
生物的状態量	細胞濃度，細胞形態，細胞内成分（タンパク質，DNA，RNA），比速度（増殖，生産，消費），酵素比活性，呼吸商

属を浸漬し，両金属間に一定の電圧をかけると，DO量に応じた電流が流れる現象を利用する（ポーラログラフ式）。電圧をかけなくてもDO量に対応する電流が流れるガニバル式もある。発酵槽出口ガス中の酸素濃度，二酸化炭素濃度の分析には，それぞれ磁気式成分計や赤外線分析計が用いられる。グルコース濃度は，グルコースオキシダーゼを酸素透過膜の表面に固定化したDO電極を用いて測定することができる[3]。こういったバイオセンサーは加圧滅菌することが不可能であるため，培養槽からの間欠的なサンプリングをした後の測定に使われる。

生物的変数の中で重要な細胞濃度をオンライン測定する方法としては，濁度センサー，誘電センサーなどが知られている。濁度センサーは光出力部と受光部からなり，一定間隔の光路の間に入った培養液中の細胞濃度に依存して，透過光強度が低下することを利用する[1],[2]。誘電センサーは，生細胞が電場に置かれると，細胞表層の電荷の移動により細胞が見かけ上大きな誘電率を示すことを利用している[6]。また，細胞の形態を，CCDカメラなどを用いて画像情報としてコンピュータに入力し，形状や色などをモニターすることもできる[6]。さらに，前述のような，物理・化学・生物的因子に関する直接計測可能な情報を組み合わせることにより，細胞の生理状態を表すより高次な情報に変換することができる[3]。代表的なものとして，比速度や二酸化炭素生成，酸素摂取で定義される呼吸商という指標がある。

バイオプロセス制御を目的とする計測では，制御対象とするプロセスの運転中に，その場で得られた情報をもとにただちに制御に用いられるオンライン測定方式が望ましいとされている。しかしながら，無菌的・連続的・リアルタイムな計測が必要であるといった制約条件から，制御変数をオンラインで直接計測できないことも多い。直接計測できない変数を，直接観測できる変数とある種のモデルを用いて推定（間接的に測定）する手法をソフトウェア型センサーという。状態観測器は，所与の常微分方程式モデル，パラメーターのもとで，いくつかの測定できる状態量から残りの状態量を推定するメカニズムのことである[3],[6]。また，ニューラルネットワーク・ファジィ推論といった知識工学的手法を組み合わせた非数式化モデルを用いることにより，直接観測できない状態量を他の観測値から推論することもできる[1],[2]。

9.1.2 バイオプロセスの制御

（1） プロセス制御の基本　制御とは，何らかの要因によって制御変数が設定値からずれた場合，そのずれを解消してプロセスを正常に操作するための方策のことである。具体的に，ジャーファーメンターにおける撹拌回転数の操作による DO 濃度制御を例にとって説明する。『微生物による酸素吸収速度やガス流量の変化（外乱）に起因する DO 濃度の変化（制御変数）を，撹拌回転数を調節することにより，ある設定値に保つ』という操作を，ブロック線図で表すと**図 9.1** のようになる。すなわち，設定値と DO センサーの測定値との偏差により，設定値のほうが高ければ回転数を減らし，逆であれば減らそうとする。これは撹拌回転数（プロセスへの入力）の変化により DO 濃度（プロセスからの出力）が変化するという因果関係からいえば，出力から入力への信号の流れ，つまりフィードバックが存在する。このように，信号の伝達経路がフィードバックループによって閉じている制御を，フィードバック制御という。そして，制御系の設計とは，偏差 $e(t)$ に対してどの程度の撹拌回転数を変化させるかの制御信号 $u(t)$ を自動的に算出するメカニズムを与えることである。一方，**図 9.2** に示すように，あらかじめ微生物増殖量から酸素取り込み速度の増加という外乱が予測されている場合には，この予測量に基づいて撹拌回転数を調節するような操作も考えられる。このような制御は，情報の流れを考慮して，フィードフォワード制御と呼ばれる。

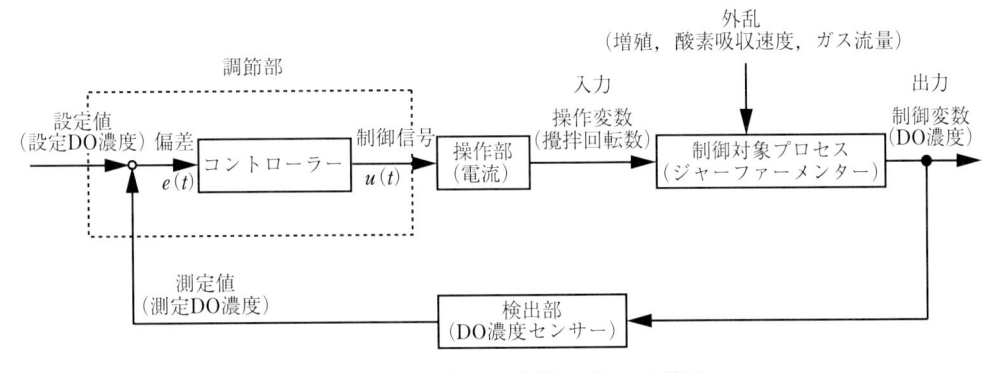

図 9.1　フィードバック制御のブロック線図

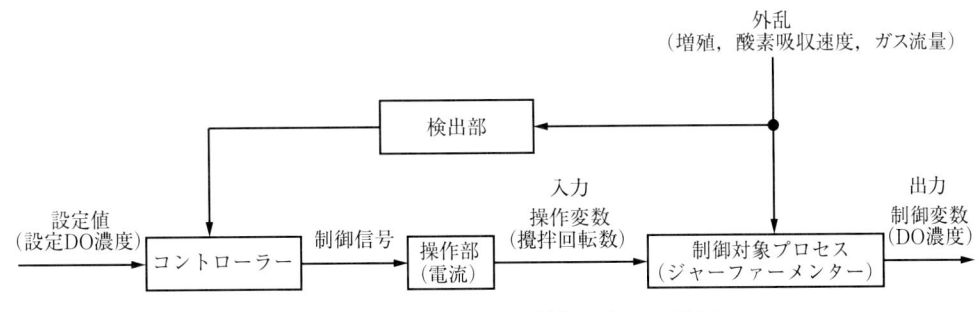

図 9.2　フィードフォワード制御のブロック線図

培養槽のpHを一定値に保つため酸やアルカリを添加するといったように，ある制御変数を一定値に保つために，操作変数を調節する制御を定値制御という。オン・オフ制御はまさしくヒーターの加熱やpH調整剤の添加量をオン・オフで制御する方法である。より確実にかつ迅速に目標値に近づけるための操作方法として，プロセス制御でしばしば用いられるのは偏差に比例する量（P：比例制御），偏差の過去から現在までの積分値に応じた量（I：積分制御），偏差の時間的挙動つまり微分値に応じた量（D：微分制御）を合わせたPID制御であり，制御信号$u(t)$と偏差$e(t)$との関係は定数K_P，T_I，T_Dを用いて式(9.1)で表される。

$$u(t) = K_P \left\{ e(t) + \frac{1}{T_I}\int_0^t e(t)\,dt + T_D \frac{de(t)}{dt} \right\} \tag{9.1}$$

（2）プロセスの最適化　製品がある基準を満たしつつ，経済性・利益といったある評価基準が最大（最小）になるようにプロセスの操作変数を調整することを最適化といい，最適化した操作変数で操作するような制御を最適化制御という。最適化手法はシステムの線形性により異なる。酵素反応や発酵プロセスに代表されるバイオプロセスは，複数の因子（pH，温度，各種の反応成分）がたがいに独立でなく影響しあう典型的な非線形システムであり，最適化手法としては，SIMPLEX法，最大原理，遺伝的アルゴリズムなどを用いたものがある[2]~[6]。中でも，遺伝的アルゴリズムは，生物進化の遺伝的法則を模倣して開発された探索的最適化を行う手法であり，最適化すべき操作変数が多い場合に有効である。すなわち，各操作変数の値を離散的遺伝子の組合せで構成される個体で表した後に，評価関数に従い高い値を持つ個体の選択（淘汰）と，個体間の遺伝子列の部分的な交換やある遺伝子の変更（交差・変異）とを繰り返すことにより，最適条件を迅速に探索する。

（3）プロセスのモデリング　プロセス制御を行うためには，一般に，プロセスに対する入出力の関係についての時間的変化（これを動特性という）を表現するモデルが必要となる。しかし前述のように，バイオプロセスに関する因子は非常に多く，それらすべてを把握できる場合はきわめて少ない，そのため，プロセスの動特性に対し支配的な入出力因子間の関係を定式化する際には，付随的な因子を省略するなどして，主要因子間の関係を把握すること（モデル化）が求められる。通常は，常微分方程式で表される[4],[7]。

一方，ニューラルネットワーク（artificial neural network：ANN）は，神経生理学により明らかにされた生体の神経回路網を模倣して開発された，プロセスにおける入出力の関係を表現するための非線形モデルである。ANNの構成要素であるニューロンは，一般に，重み係数を含む多入力の和に対するシグモイド関数からの1出力という情報処理系として表現される。このようなニューロンをいくつか連結させ，多入力多出力系の非線形モデルを構成する。ニューロンの数，ネットワーク構造はモデルの性質を決定づける要素であり，時系列データ処理やパターン認識といった目的に応じ選択される。また，学習用入出力データセッ

トを用いて重み係数を決定することでモデルを完成させる。このANNは，培養プロセスを表現する非線形モデルなどに利用されている[1~5]。

（4） **さまざまなプロセス制御法**　バイオプロセスは，主として回分・半回分操作（非定常状態）で行われ，数式モデルの構築が難しく，プロセスの非線形性，制御目標の多さに対して操作変数が限られているなどの問題点のために，通常のPID制御系では十分に満足のいく制御性能の得にくい対象と考えられている。そこで，これらを対象に，前述の2種類の制御方法を組み合わせたフィードフォワード・フィードバック制御[3,6]や，プロセスの動特性の変動に対応して制御系の特性を調整していく適応制御[1,6]，さらには，知識依拠型制御と呼ばれるファジィ制御[1~6]やエキスパートシステム[4~6]といった制御方法が適用されている。

ファジィ制御は，ファジィ（あいまい）集合という概念をもとに展開されたプロセス制御法であり，この手法により，過去の経験則から導き出された言語表現によるあいまいなルールをプロセスの運転操作に利用することができる。例えば，DO濃度1 ppmは「DO濃度が低い」というファジィ集合に帰属する度合いは0.4であるというように，あるファジィ集合への帰属度と状態量の関係（メンバーシップ関数）を定義することにより，「DO濃度が低いから撹拌回転数を少し上げよう」といった言語表記された経験則を，IF–THEN形式のプロダクションルールで表し，経験的な知識を制御システムに取り込むことができる。

エキスパートシステムは，伝統的な清酒醸造のように熟練技術者の知識を用いて制御方策を推定し運用するためのシステムであり，知識ベース，推論エンジン，ユーザーインターフェースからなる。熟練者から得られた知識は，ユーザーインターフェースを介して知識ベースに格納され，推論エンジンはプロセス運転中に起きた何らかの事象に対して知識ベースを用いて推論を行う。得られた推論結果はユーザーインターフェースに表示され，プロセスの運転に利用される。このシステムでは，推論エンジンに，前述のニューラルネットワークやファジィ制御が取り入れられて構成されることが多く，種々の発酵プロセスへの応用が報告されている。

参　考　文　献

1) 日本生物工学会　編：生物工学ハンドブック，pp. 433-449, コロナ社 (2005).
2) 小林　猛, 本多裕之：生物化学工学, pp. 134-154, 東京化学同人 (2002).
3) 清水和幸　編：バイオプロセスシステム工学, pp. 427-676, アイピーシー (1994).
4) 吉田敏臣：培養工学, pp. 90-204, コロナ社 (1998).
5) 山根恒夫, 塩谷捨明　編：バイオプロセスの知的制御, 共立出版 (1997).
6) 清水　浩　編：バイオプロセスシステムエンジニアリング, シーエムシー出版 (2002).
7) 山根恒夫：生物反応工学　第3版, 産業図書 (2002).

9.2 パン酵母生産

大阪大学　片倉　啓雄・オリエンタル酵母工業(株)　道木　泰徳

日本では年間約4万トン（水分約67％）のパン酵母が生産されており，その生産コストの低減は重要な課題である．本節では，パン酵母の製造コストを概説した上，実プロセスで採用されている培養制御を紹介する．

9.2.1 呼吸と発酵

酵母はグルコースを炭素源として増殖するとき，次式のように呼吸とエタノール発酵でエネルギーを獲得する．

$$C_6H_{12}O_6 + 6O_2 \longrightarrow 6CO_2 + 6H_2O \quad (36\text{ ATP}) \tag{9.2}$$

$$C_6H_{12}O_6 \longrightarrow 2CO_2 + 2C_2H_5OH \quad (2\text{ ATP}) \tag{9.3}$$

図9.3はグルコースを制限基質とした好気連続培養において，パン酵母の比増殖速度μと種々のパラメーターとの関係を調べたものであり[1),2)]，0.25 h^{-1}以下のμでは呼吸が優先的に起こる．このとき，式（9.2）からもわかるように，二酸化炭素比生産速度Q_{CO_2}〔mol g-dry-cell^{-1} h^{-1}〕と酸素比消費速度Q_{O_2}〔mol g-dry-cell^{-1} h^{-1}〕の比の値である呼吸商（respiratory quotient：RQ）はほぼ1となる．μが約0.25を超えると，酵母は呼吸に加えてエタノール発酵によってもエネルギーを獲得するようになり，対糖収率$Y_{X/S}$〔g-dry-cell g-substrate^{-1}〕は低下する．これに伴って，Q_{CO_2}は増加し，クラブトリー効果（酸素によって解糖が抑制されるパスツール効果とは逆に，グルコースによって酸素呼吸が抑制される現象）によってQ_{O_2}は低下し，RQは上昇する．

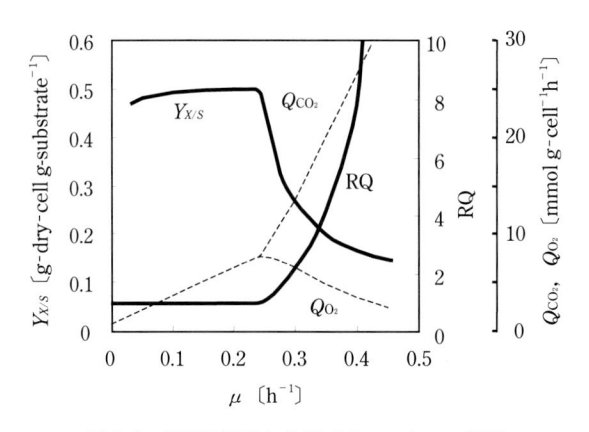

図9.3　比増殖速度と各種パラメーターの関係
〔文献1)のデータをもとに作成〕

9.2.2 パン酵母の生産コスト

パン酵母生産のコストのおもなものは**表 9.2** に示すとおりで，$Y_{X/S}$ が高いほど，培養時間が短いほど（μ が高いほど），酵母の最終菌体濃度が高いほど，生産コストは下がる。パン酵母は，μ が 0.25 を超えるような糖濃度（約 0.1 g l^{-1}）で培養すると，前述のように好気条件であってもエタノールを生産して $Y_{X/S}$ が低下する。このためパン酵母は，エタノールを生産せず，かつ，できるだけ高い比増殖速度が維持されるように培養される。

表 9.2 パン酵母の生産コストに関連するパラメーター

コスト	パラメーター	備 考
原材料費	$Y_{X/S}$	おもな原材料費は廃糖蜜。
ユーティリティ*	μ, X	短時間で高菌体濃度まで培養するほど節減できる。
設備費	μ, X	培養槽の利用率が上がり，設備投資を節減できる。
廃水処理費	X	処理費用は液量にほぼ比例する。

* 通気，攪拌，冷却などの動力費

9.2.3 流加培養

一般に，細胞の比増殖速度と制限基質の濃度の間には Monod の経験式（5.1.2 項参照）が成立し，培養槽内の制限基質の濃度を一定に保てば，比増殖速度を一定に保つことができる。図 9.4(a) のように，制限基質である糖の濃度が S〔g-substrate l^{-1}〕，菌体濃度が X〔g-dry-cell l^{-1}〕，液量が V〔l〕の培養液に対して，濃度 S_0〔g-substrate l^{-1}〕の糖溶液を流速 F〔l h^{-1}〕で流加するとき，培養槽内の菌体量と基質量の変化速度はそれぞれ

$$\frac{dVX}{dt} = \mu VX \tag{9.4}$$

$$\frac{dVS}{dt} = FS_0 - \nu VX \tag{9.5}$$

で与えられる。初期酵母濃度を X_0〔g-dry-cell l^{-1}〕，初期培養液量 V_0〔l〕として式 (9.4) を積分すれば

$$VX = V_0 X_0 \exp(\mu t) \tag{9.6}$$

ところで，基質は細胞増殖と細胞の維持に用いられるので，基質の比消費速度 ν〔g-substrate g-dry-cell^{-1} h^{-1}〕は

$$\nu = \frac{\mu}{Y_{X/S}} + m \tag{9.7}$$

で与えられる。微生物の培養では一般に維持定数 m〔g-substrate g-dry-cell^{-1} h^{-1}〕は無視でき，式 (9.5) の左辺は，$VdS/dt + SdV/dt$ である。これに式 (9.6)，式 (9.7) を代入して整理すれば，$dV/dt = F$ であり，流加する基質の濃度は，槽内の基質の濃度より十分に高く設定すれば，$S_0 - S \fallingdotseq S_0$ と近似できるので

(a) フィードフォワード制御の場合　　(b) フィードバック制御の場合

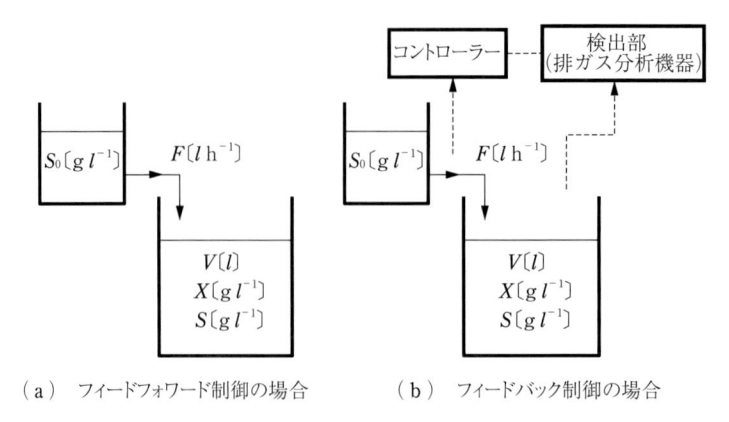

図 9.4　流加培養

$$F = \frac{\mu V_0 X_0}{Y_{X/S} S_0} \exp(\mu t) \tag{9.8}$$

この式に，あるμの値を代入し，それに従って基質を流加すれば，そのμで酵母を増殖させることができる（フィードフォワード制御）。

9.2.4　培養のスケールアップと酸素供給の問題

試験管，フラスコ，ジャーファーメンター，培養槽と順次スケールを上げて酵母を増やし，最終的には100トンクラスの本培養槽で製品培養を行う[3]（**図 9.5** 参照）。これらの培養は廃糖蜜を炭素源として用い，10トンクラスの培養槽までは式 (9.8) に従って流加培養を行う。本培養槽では，培養槽の利用効率を上げ，廃水処理費用を節減するため，10 g-dry-

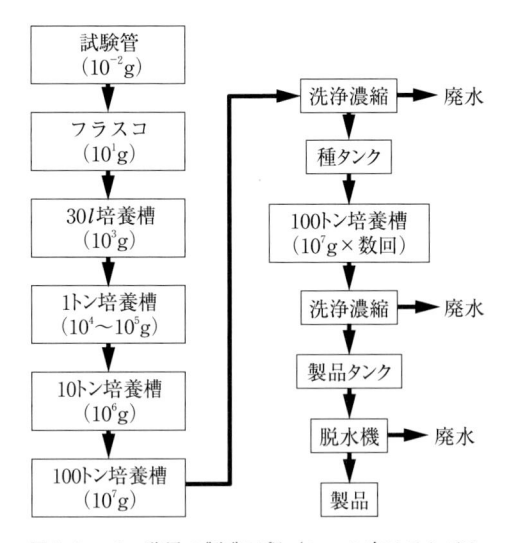

図 9.5　パン酵母の製造工程（かっこ内はそれぞれの培養で得られる酵母の湿重量の概数）

cell l^{-1} 程度の初期菌体濃度から流加培養を行い，50 g-dry-cell l^{-1}（＝150 g-wet-cell l^{-1}）程度まで酵母を増殖させる。

ところで，酸素移動容量係数を $K_\mathrm{L}\mathrm{a}$〔h^{-1}〕，飽和酸素濃度を C^*〔mol l^{-1}〕とすれば，溶存酸素濃度 C〔mol l^{-1}〕の変化速度は

$$\frac{dC}{dt}=K_\mathrm{L}\mathrm{a}(C^*-C)-Q_{\mathrm{O}_2}X \tag{9.9}$$

で与えられ，工業スケールの培養槽の $K_\mathrm{L}\mathrm{a}$ は200～300h^{-1} 程度である。C^* を0.5mmol l^{-1}（＝8 mg O_2 l^{-1}），Q_{O_2} を 7 mmol g-cell^{-1} h^{-1}（図9.3参照）とすれば，$K_\mathrm{L}\mathrm{a}=500$ h^{-1} の非常に通気効率のよい培養槽であっても，X が約35 g-dry-cell l^{-1} を超えると，式（9.9）の右辺は負の値となる。このため，式（9.8）に従って糖の流加を続けると，ある時点で酸素供給が律速となってエタノールの生産が始まり，収率は低下する。

9.2.5　実生産における培養制御

培養前半は糖を指数的に流加し，後半はそれぞれの培養槽の酸素供給能力に見合う糖を一定流速で流加するフィードフォワード制御を行えば，短時間で高収率の培養が可能であるように見える。しかし，実生産においては，炭素源とする廃糖蜜は製糖産業の副産物であるため品質の変動が激しいこと，菌株や種の保存期間によって酵母の活性が微妙に異なることや，仕込み液量によって $K_\mathrm{L}\mathrm{a}$ が変化することなどの理由で，机上の計算どおりにことは運ばない。さらに，RQ が1をわずかに超えた状態（わずかにアルコールを生産している状態）で培養しないと，呼吸活性が低下し，比増殖速度が低下してしまう。このため，本培養槽では，RQ もしくはエタノール濃度を指標にしたフィードバック制御によって糖の流加を制御する[4]。すなわち，前者の場合，排ガス中の酸素および二酸化炭素の分圧をガス質量分析計などを用いてモニターして RQ を算出し，これが1.1前後となるように糖の流加速度が制御されている。後者の場合，培養液中のエタノールをテフロンチューブ[5]と半導体ガスセンサーを組み合わせて連続的に測定するか，排ガス中のエタノール濃度をガスクロマトグラフィーで測定し，エタノール濃度の経時変化が，ある望ましい軌跡をたどるように糖の流加速度が制御されている〔図9.4(b)参照〕。

トレハロース，遊離アミノ酸などのパン酵母の細胞内成分量は，糖の流加パターンに大きく依存する。このため，実生産においては，単に生産コストを抑制するだけでなく，これらの細胞内成分の変動による品質の振れ幅をできる限り小さくするような培養の制御が必要となる。このあたりは製造各社のノウハウであるため報告は少ないが，石井ら[6]は遺伝的アルゴリズムを用いて品質を考慮した培養の最適化について報告しているので参照されたい。

参 考 文 献

1) Meyenburg, H. K.：Arch. Mikrobiol., **66**, 289-303 (1969).
2) 合葉修一, 永井史郎：生物化学工学 反応速度論, pp. 131-215, 科学技術社 (1975).
3) Reed, G. and Nagodawithana, T. W.：Yeast Technology 2nd ed., p. 289, Van Nostrand Peinhold, New York (1991).
4) 石川 尊：発酵プロセスの最適計測・制御, pp. 112-119, サイエンスフォーラム (1983).
5) Dairaku, K. and Yamane, T.：Biotechnol. Bioeng., **21**, 1671-1676 (1979).
6) 石井伸佳, 篠宮好明, 池城明子, 安藤正康：生物工学会誌, **74**, 209-211 (1996).

9.3　組織工学製品の製造

大阪大学　紀ノ岡　正博・田谷　正仁

　組織工学の飛躍的な進展により，ヒトの皮膚，軟骨などの細胞を分離し，体外で培養と組織の再構築を行った後，患者の患部に移植する再生医療技術が開発されてきた[1]。しかし，現状の組織工学製品の生産では，そのほとんどが熟練オペレーターによる手作業によるもので，製造プロセスや品質の安定性など多くの問題が存在する。本節では，生物化学工学的な立場から，組織工学製品の生産における問題点を整理し，筆者らの研究事例を紹介する。

9.3.1　組織工学製品の生産について

　自家移植（患者自身の細胞を用いた移植）を前提とした培養組織の生産では，図9.6に示すように，病院にて，患者さんから最少必要量の組織片を採取し，製造施設にて，目的とする細胞を酵素処理により分離する。得られた細胞を小型の培養容器に播種して初代培養を実施した後，細胞の数を増やす目的で，継代培養を行う。その際，培養面への接着を伴う足場

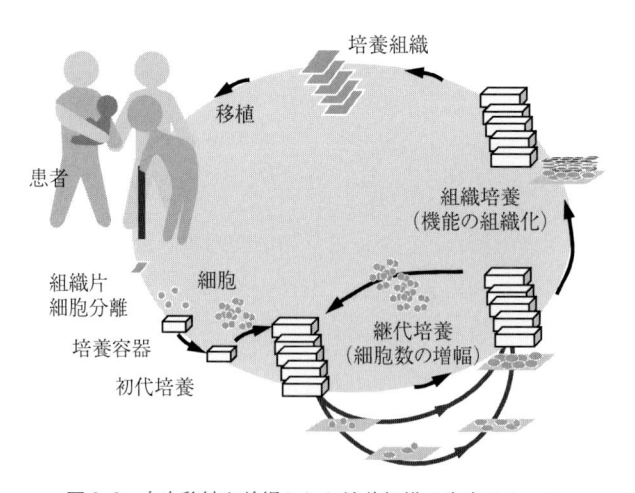

図9.6　自家移植を前提とした培養組織の生産スキーム

依存性細胞は，容器内において単層状態で増殖する。細胞が培養面のほぼ全面を覆ったとき，接触阻害により細胞分裂が停止するため，酵素処理により培養面から細胞を剥離して再懸濁し，他の複数の培養容器に再播種する。このような一連の回分操作にて移植に必要な細胞数を確保し，さらに，三次元的な組織培養を実施する[2),3)]。組織培養においては，コラーゲンスポンジなどのスキャフォード（足場）の中に細胞を包埋し，自己組織化（分化）を誘導して組織を再構築させる。目的の培養組織に応じて力学的，生理的な機能を得た後，製品としての培養組織を出荷し，病院にて患者の患部に移植を施して治癒を目指す。特に，継代培養では，細胞寿命による継代の限界が存在したり，脱分化を引き起こしたりするため，培地交換時期や継代時期などに関する熟練オペレーターの判断が，製造プロセスや品質の安定化に大きな役割を持つ。

さて，従来の化学プロセスと比較しよう[4)]。化学製品を生産するプロセスは，おもに，反応工程を伴うスケールアップと生成物の精製工程を伴う単位操作から成り立つ。一方，組織工学製品の製造工程では，原料は患者自身もしくはドナー由来の細胞で，生成物自身が直接製品となるために精製工程を経ることができず，製品の品質保証を伴った反応（培養）工程を実施する必要がある。さらに，プロセスの特徴としては，原料の不均一性（患者ごとにあるいは採取部位ごとに細胞の活性や寿命が変化したり，採取した細胞集団も不均一である），操作の煩雑性（多回の回分操作のため，途中で細胞の剥離，接着，伸展増殖，多層化などの操作を含み，細胞状態の把握が重要となる），サンプリングの制限（貴重な細胞を襲撃的手法にて検査を行うことは避ける必要がある）などが挙げられる。これらは，微生物培養とは多くの点で異なった生産プロセスであり，培養中に変動する状態を定量的に把握し，その情報による安定したプロセス設計が必要となる。

9.3.2 細胞を観察により評価する

最も実用化が進みつつある皮膚組織の生産について考えてみよう。表皮シート工程において原料である角化細胞は，ドナー年齢や採取部位に大きく依存して有限の分裂回数を持つ。その結果，継代を重ねると，細胞分裂回数の増加に伴い比増殖速度が低下し，寿命に達する。これは，目的の細胞数を確保する上で障害になることから，その評価を行うために，継代培養中の平均の細胞面積と細胞増殖の指標である比増殖速度を測定した[5)]。

培養容器内の継代培養時における状況把握を行うため，培養容器底面の画像を取得し，その画像中の細胞占有面積を算出し，細胞数で除すことにより平均細胞面積を求めた。さらに，継代培養における細胞寿命の予測を行うため，由来の異なる角化細胞の継代培養を実施したところ，それぞれの株で最終的に到達できる分裂回数が異なることがわかった。そこで，図 9.7 に示すように，寿命に達した最終の分裂回数（N_{dF}）から残存分裂回数（$N_{dF}-$

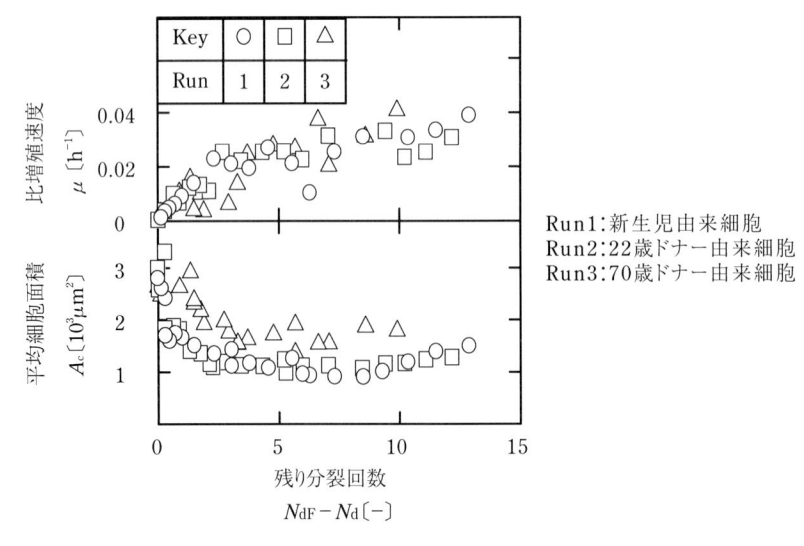

168　9. バイオプロセスの計測と制御

図9.7 種々のドナー由来のヒト角化細胞を用いた継代培養における残り分裂回数と比増殖速度および細胞面積の関係

Run1：新生児由来細胞
Run2：22歳ドナー由来細胞
Run3：70歳ドナー由来細胞

N_d)を求め，平均細胞面積（A_c）および比増殖速度（μ）に対して整理すると，由来の異なる細胞においてもほぼ同一の経過をたどることがわかった。しかし，個々のパラメーター（平均細胞面積または比増殖速度）と細胞寿命（残り分裂回数，$N_{dF}-N_d$）の関係は偏差が大きく，はっきりとした相関を得ることは困難であった。そこで，平均細胞面積と比増殖速度の関係を示すマップで評価したところ，図9.8に示すように，細胞株によらず活発に増殖

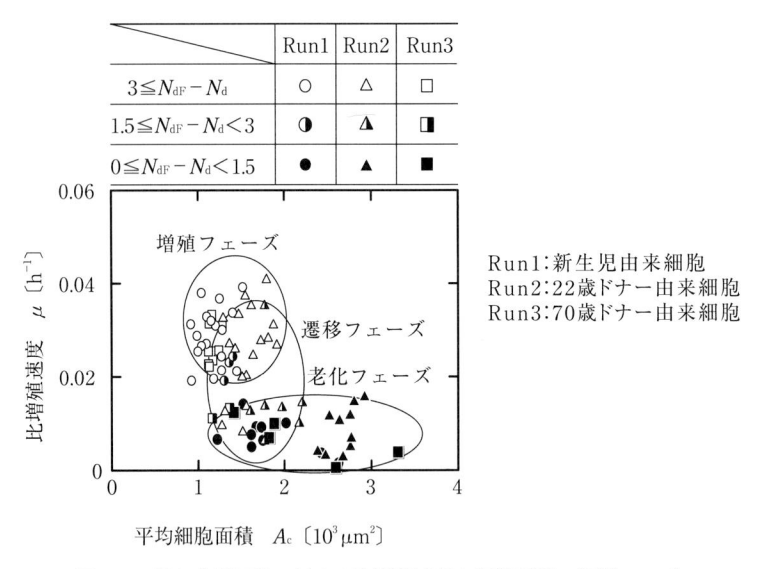

図9.8 残り分裂回数に対する比増殖速度と細胞面積の相関マップ

を行う増殖フェーズ，ほぼ分裂が停止し寿命に至る老化フェーズ，およびそれらの中間領域である遷移フェーズの三つの領域に分類でき，これらはそれぞれ，holoclone（未分化で高い増殖能を保持している幹細胞群），paraclone（細胞分化が進み，有糸分裂サイクルが抑制される細胞群），meroclone（その中間領域である細胞群）に対応するフェーズと考えられた。比増殖速度と平均細胞面積とは，培養容器底面から画像撮影によって測定することができ，培養系に対して非破壊かつ無侵襲な測定で，汎用性が高いものと考えられる。また，得られたデータマップは，表皮シート生産工程における一連の継代操作において，細胞老化を検知する有効な指標として利用可能で，現場で作業するオペレーターに対する支援情報を提供できるものと期待される。

9.3.3 実機規模（バイオリアクター）でヒト細胞を培養する

培養状態の評価を伴う容器，もしくは細胞の増殖や分化に影響を及ぼす因子の制御操作を伴う容器であるバイオリアクターは，これまで数多くのものが考案されてきた。筆者らは角化細胞の継代培養を対象とした静置型バイオリアクターを開発した[6]。このバイオリアクターでは，図 9.9 に示すように，培養ユニットを積層することにより，培養面積が約 5 000 cm^2 まで一度に大量培養することができる。また，複数の電動バルブおよびポンプをコンピュータで制御し，培養時の細胞接種，培地交換を自動的に行うことができ，培地交換は培養容器を傾斜して，容器内の培地を抜き出し，その後，新鮮培地を添加することにより行うことができる。さらに，培養ユニット下部に CCD カメラを付設することにより，細胞の形態変化や増殖を観察することができ，オペレーターの操作判断を支援できる。このような種々の計測システムの装着により，これまで定性的であった培養時における環境変化，細胞形態などを定量的に評価し，経験的操作ではなく，培養の経過に合わせたデータに基づいて，交換頻度などを設定し最適培養を実現できた。さらに，本リアクターによる大量培養においては，従来法の小型フラスコでの培養と同様の増殖が得られるとともに，培養中のヒューマン

図 9.9 角化細胞培養のためのバイオリアクター

エラーの低減や操作の省力化が可能であることが実証された。

参 考 文 献

1) 筏　義人：バイオサイエンスとインダストリー，**55**，pp. 477-481（2000）．
2) 黒柳能光：バイオサイエンスとインダストリー，**55**，pp. 704-707（2000）．
3) Green, H., Kehinde, O., Thomas, J.：Proc. Natl. Acad. Sci., **76**, pp. 5665-5668 (1979).
4) 紀ノ岡正博：生物工学会誌，**82**，pp. 95-100（2004）．
5) Umegaki, R., Murai, K., Kino-oka, M. and Taya, M.：J. Biosci. Bioeng., **94**, pp. 231-236 (2002).
6) Kino-oka, M. and Prenosil, J. E.：Biotechnol. Bioeng., **67**, pp. 234-239 (2000).

9.4　知識情報処理に基づくバイオプロダクション

北見工業大学　堀内　淳一

9.4.1　バイオプロセスと知識情報処理

　自然界には多くの要因が関与する複雑な現象が数多くあり，それらはどれほど科学技術やコンピュータが進歩しても正確に解明・予測することが難しい特性を有する。例えば，将来起こるであろう地震の日時や規模を特定したり，来年の今日の天気を予測することは，科学技術がどれほど進歩しても難しい。バイオプロセスによるものつくり（バイオプロダクション）でも，生体内の複雑な代謝反応を利用し，回分培養・流加培養など経時的に変化する非定常な反応操作を多用する。このため，その逐次的全過程を高い精度で定量的に予測し得る，実用的なプロセスモデルの構築はきわめて困難である。

　それでは，このような現象に対応するためにはどうしたらよいのであろうか。複雑な現象を正確に予測することは難しい。しかしながら，大規模な地震の後には余震があり，余震が収まった後の地震の発生確率は少ない，秋には台風が多く降水量が増加する，といったことは確実にいうことができる。これらは現象の基本的性質である。すなわち，われわれは複雑な現象のすべてを詳細に知らなくても，マクロ的見地からその現象の基本的性質を知って，その性質に応じてどうすべきかプランを立てていくことはできるのである。

　バイオプロセスを利用したものつくりでも同様で，培養方法や菌株の基本的性質を知って，バイオプロセスを適切に制御するプランを立てていくのである。このような事情で，バイオプロセスの運転条件の決定や最適化は，繰り返し実験や日々の運転操作を通じてその基本的性質を知り，その結果に基づいてなされることが多い。そして長年の経験を通じ，ノウハウが蓄積され，経済的かつ信頼性のある運転を実現するために，それらの経験的な知識が必要とされるようになる。例えば杜氏による高品質の清酒製造や，経験豊かなオペレーターによる発酵プロセスの運転などは，その典型的な例であろう。これらのプロセスの基本的性

質に根ざした経験的な知識は，バイオプロセスの設計・制御において，生物化学工学や微生物学・生化学の知識と同様の重要性を持つことが多い。しかしながらこのような経験的知識やオペレーターの思考形態は，定性的な表現で表されることが多く，数値化・定式化することが難しいため，従来型の制御システムに取り込み，活用することは難しかった。

このような背景のもと，経験的な知識，定性的な情報やマクロ的入出力データに基づいて，モデリングや制御，最適化を扱うことのできるファジィ制御やエキスパートシステム，ニューラルネットワーク，遺伝的アルゴリズムなどといった知識情報処理，あるいは知識工学的手法と呼ばれる手法が展開し，バイオプロセス分野において種々検討が進められている[1)~4)]。表9.3に，バイオプロセス分野で活用されている各種の知識情報処理手法をまとめている[4)~9)]。本節では，長年のものつくり経験により得られた経験的知識を，ファジィ制御などの知識情報処理手法により有効に活用して，高度なバイオプロセス制御を行う技術について紹介しよう。

表9.3 バイオプロセス分野における知的情報処理

手法	特徴	主たる利用目的	利用する情報	適用例
ファジィ制御	経験的知識の利用・オンライン向き	オンライン制御	運転のための経験的知識・定性的情報	流加培養のオンライン制御・培養状態推定
ニューラルネットワーク	学習能力・非線形システムに有力	モデリング	プロセスへの入出力データ	バイオプロセスの各種モデリング
エキスパートシステム	熟練者の思考形態のシステム化	異常診断・操作支援	熟練者の知識	培養の異常診断・条件決定
遺伝的アルゴリズム	探索的近似解法	最適化	培養特性を表すデータ	培養操作の最適化

9.4.2 バイオプロセスのファジィ制御[4)]

ファジィ制御（fuzzy control）は，Zadeh[5)]により提唱された，ファジィ集合論をもとに展開された制御手法であり，IF-THENルールとメンバーシップ関数により，経験的な知識をシステムに取り込み利用することができる。ここではバイオプロダクションに応用例の多いファジィ制御を中心に解説する。ファジィ制御は，「高い」，「少し」など人間の言語に特有の，あいまいさを含んだ概念をメンバーシップ関数で表現する。そしてそのメンバーシップ関数を用いて，「温度が高いときは少し冷やそう」などという運転員の経験的なルールをIF-THEN形式のプロダクションルールで表し，通常の言語表現に近い形でコンピュータの知識ベースに取り込み，制御システムを構築することができる。

例えば培養初期の誘導期を表現するルールとして

『培養開始後間もなく，菌体濃度も低く，二酸化炭素発生速度も小さい場合は，培養フェーズは誘導期であると判断して，グルコースの流加はまだ行わないこと』

172   9. バイオプロセスの計測と制御

といった運転ルールを

  『IF 培養時間＝SS and 菌体濃度＝SS and 二酸化炭素発生速度＝SS

   THEN 培養フェーズ＝誘導期　グルコース供給速度＝0』

のように記述する。

　このような形で経験的な知識をコンピュータに知識ベースとして取り込み，Min-Max 演算[8]や間接推論[9]によりオンラインデータと照合・推論しながら制御を実現する。

　一例として，日本ロシュ袋井工場における，流加培養による工業規模の組換えビタミン B_2 生産のファジィ制御を紹介する[10]。まず，培養経過を誘導期・増殖期・生産期1・生産期2の四つのフェーズに分割し，それぞれのフェーズに対し，培養時間・二酸化炭素発生速

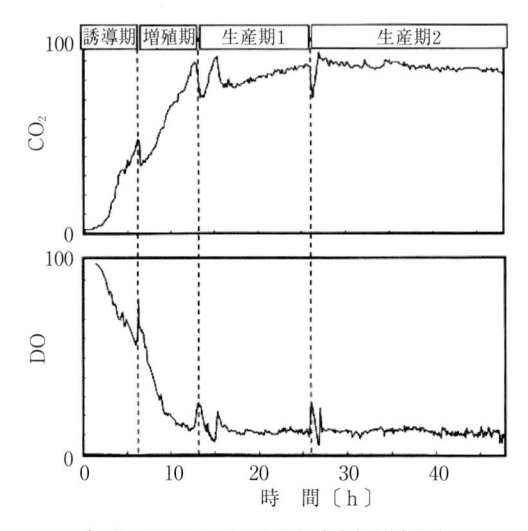

  （a）　DOおよびCO_2発生速度経時変化と
    培養フェーズ推移

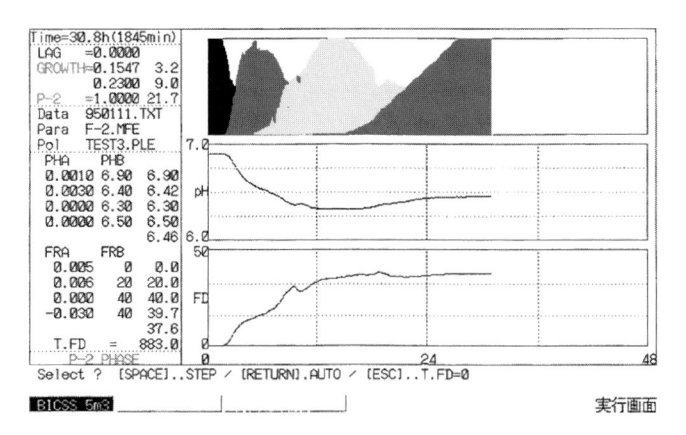

  （b）　ファジィ制御システムによる培養フェーズの同定結果とpHおよび
    基質流加（FD）制御値（実生産における制実結果）

　　　図 9.10　流加培養による組換えビタミン B_2 生産におけるファジィ制御結果

度・総二酸化炭素発生量・溶存酸素（DO）濃度をそれぞれ状態変数，糖流加速度およびpHを制御変数として制御ルールを作成した。ルールやメンバーシップ関数は，おもに商業化の検討段階（最適培養条件およびスケールアップ）で得られた培養ノウハウに基づき作成され，シミュレーションシステムなどでチューニングを十分検討し，実用に供した。その制御例を図9.10に示す。図（a）はオンラインデータのうちDO濃度と二酸化炭素発生速度，培養フェーズを，図（b）は実際に運転中のプラントにおけるファジィ制御システムによる培養フェーズの同定結果と，それに基づくpHおよび基質流加速度の制御結果をを示したものである。図（b）に示されるように，誘導期から生産期2に至る培養フェーズの推移を適切に表している。その結果，基質流加およびpHは各フェーズごとに適切に制御され，マニュアル生産を上回る高い生産性を維持しつつ，自動化することが可能となった。ほぼ2年以上にわたり，本システムによる商業生産が継続され，生産性および収率に関して5〜10％程度の向上が実現した。

9.4.3 バイオプロダクションにおけるファジィ制御の適用事例

表9.4に，これまでバイオプロダクションにおいて，おもに企業で検討されたファジィ制御の適用例をとりまとめた[4]。味の素によるグルタミン酸発酵への適用例は，この分野における先駆的な例で，オペレーターが手動で行っていた残糖濃度制御の補正操作の自動化に，ファジィ制御を適用した[11]。三共によるプラバスタチン前駆体ML-236B生産のファジィ制御は，工業的に最も成功したファジィ制御の適用例の一つであろう[12]。日本甜菜精糖では，指数流加培養によるパン酵母生産のファジィ制御について報告した[13]。月桂冠は，清酒製造工程の自動化においてファジィ制御の発酵もろみ工程への適用を検討した[14]。ファジィ制御の適用の結果は，すべての例において，従来難しかった自動制御が実現されているが，いくつかの例では生産性の向上も併せて実現されており，ファジィ制御の有効性が示唆される。また原報告の多くに「比較的簡単に」制御を実現できるとの表現がしばしば見られることが，従来の制御手法にない特徴の一つである。ファジィ制御では従来型の手法で多く見られる複雑なモデル構築や最適化計算が不要であり，一方，それまで有効な情報ではありながら，自動制御系に取り込むことの難しかった熟練オペレーターの知識をそのまま活用できる点が評価されていると考えられる。

　ファジィ制御は，日本語であいまい制御と訳されたこともあり，その語感から信頼性に乏しいと誤解を受けることがある。しかしながら，「あいまい」は決して「いい加減」という意味ではなく，複雑な構造を持つシステムに現れる特性，例えば多様性，非線形性，不連続性，時間遅れなどをひと言で述べるために用いられているのである。例えば大江健三郎は，ノーベル賞受賞講演において「あいまいな日本の私」と題する講演を行い，その中で日本人

表9.4 バイオプロダクションにおけるファジィ制御の適用事例

会社名	味の素(株)	三共(株)	日本甜菜精糖(株)	月桂冠(株)	日本ロシュ(株)/TEC
生産物名	グルタミン酸	ML-236 B	パン酵母	清酒（もろみ）	ビタミン B_2
培養方法	流加培養	流加培養	流加培養	清酒発酵	流加培養
制御目的	残糖濃度制御	pH 制御	糖蜜流加量制御	品温制御	グルコース流加量制御
培養時間	約 35〔h〕	約 350〔h〕	12〔h〕	18〔d〕	48〔h〕
状態変数	経過時間，DO DO の変化速度	全 CO_2 発生量，pH pH 変化速度	エタノール濃度，DO エタノール変化速度	ボーメとその変化率の偏差 エタノールおよびピルビン酸濃度	経過時間，CO_2 発生速度 全 CO_2 発生量，DO
制御変数	糖蜜流加速度	糖流加速度	糖流加速度	設定温度	糖流加速度・pH
推論方法	Min-Max 演算	間接推論	Min-Max 演算	Min-Max 演算	間接推論
ルール数	18	5	15	196	4
ルール獲得方法	熟練オペレーター	熟練オペレーター	培養特性の解析	熟練オペレーター	商業化段階の知識
適用効果	自動制御の実現	生産性の向上	生産性の向上	高品質の醸造	収率・生産性の向上
実用化進捗度	パイロット	実用化	パイロット	実用化	実用化
文献	11)	12)	13)	14)	10)

の複雑な精神構造について，詩人キャスリーン・レインがウィリアム・ブレイクを評した「ambiguous（あいまい）ではあるが vague（ぼんやりした）ではない。」の言葉をふまえ，「あいまいな（ambiguous）日本の私と言うほかにない」と述べている[15]。これも複雑な精神構造をひと言で表現しようとした典型的な試みであろう。ファジィ制御は，バイオプロセスのような複雑な反応系を利用するものつくりにおいて，有効な方法論として今後とも活用し得ると考えられる。

参 考 文 献

1) Shioya, S., Shimizu, K, and Yoshida, T.：J. Biosci. Bioeng., **87**, pp. 261-266 (1999).
2) 山根恒夫，塩谷捨明 編：バイオプロセスの知的制御，共立出版 (1997).
3) Honda, H. and Kobayashi, T.：J. Biosci. Bioeng., **89**, pp. 401-408 (2000).
4) Horiuchi, J.：J. Biosci. Bioeng., **94-6**, pp. 574-578 (2002).
5) Zadeh, L. A.：Information and Control, **8**, pp. 338-353 (1965).
6) Rumelhart, D. E., Hinton, G. E. and Williams, R. J.：Nature, **323**, pp. 533-536 (1986).
7) Goldberg, D. E.：Genetic algorithm in search, Addison-Wesley (1989).
8) Mamdani, E. H.：Proc. IEEE, **121**, pp. 1585-1588 (1974).
9) 岸本通雅，吉田敏臣：発酵工学, **69**, pp. 107-116 (1991).

10) Horiuchi, J. and Hiraga, K.：J. Biosci. Bioeng., **87**, pp. 358-364 (1999).
11) Nakamura, T. et al.：Proc. of IFAC Modeling and Control of Biotechnological Process, pp. 211-215 (1985).
12) Hosobuchi, M. et al.：J. Ferment. Bioeng., **76**, pp. 482-486 (1993).
13) 石栗　秀（清水和幸 編著）：バイオプロセスシステム工学，pp. 644-651，アイピーシー (1994).
14) 大石　薫：バイオサイエンスとインダストリー，**50**, pp. 223-228（1992）.
15) 大江健三郎：あいまいな日本の私，岩波新書（1995）.

10 環境バイオとリサイクル

10.1 環境バイオとリサイクルのおさらい

静岡大学　中崎　清彦

　微生物は廃水処理，メタン発酵，コンポスト化などの廃棄物処理技術の担い手として，古くから私たちの生活に深くかかわってきた。また近年になって，原油や有機塩素化合物などで汚染された土壌や地下水を対象にした環境修復技術，バイオレメディエーションが注目されるようになっている。これらの技術は，単一の微生物を純粋培養系で利用するのではなく，複数の微生物が相互に影響を及ぼし合いながら共存する，混合微生物の利用であることに特徴がある。今日では混合微生物系の複雑な現象を解き明かすために，培養工学や分子生物学の手法を用いた検討が進んできている。また，一方では，遺伝子工学の進展から目的とする機能を付加した新しい微生物を創製して，バイオリアクターを用いた純粋培養系で使用することによって，処理効率を飛躍的に増大させようとする試みも始まっている。

10.1.1 混合微生物系の利用

　単一の微生物を使用しない，混合微生物を利用した廃棄物処理を図10.1にまとめた。廃水処理では，活性汚泥法，散水ろ床法，回転円盤法などがあり，固体廃棄物処理には，コンポスト化，汚泥の減容化，金属の精錬，生分解性プラスチックの生成などがある。また，液体と固体の両方，あるいはそれぞれを対象とした処理にはメタン発酵や，バイオレメディエーションなどがある。

　（1）**廃水処理**[1]　微生物を利用した廃水処理は，19世紀に下水の農地かんがいによる土壌浄化として始まったとされる。その後，19世紀後半になると，必要な敷地面積の大幅な低減を可能にする散水ろ床法へと発展した。さらに，20世紀初頭になると，強制通気により好気性微生物の必要とする酸素を供給しながら装置の容積効率を格段に高めた活性汚泥法が，また，回転する円盤が液相（廃水）と気相を順に繰り返し接触する回転円盤法や，活性汚泥装置内で酸素利用効率を高めるための超深層曝気法などが開発されてきた。微生物による廃水処理装置はいずれの形式にせよ混合微生物の利用であり，微生物の種類，量，活

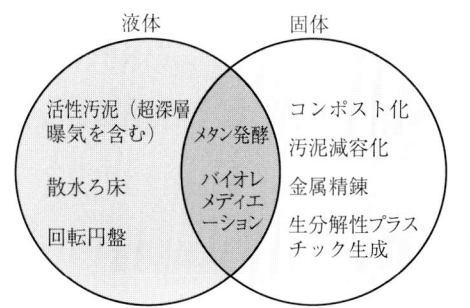

図 10.1 混合微生物を利用した廃棄物処理技術

性などによって処理性能が大きく左右される。そのため，微生物叢を解析し，性能を向上させる最適な操作条件を明らかにしようとする試みも進んでいる。

一方では，廃水処理に由来する有機汚泥（余剰汚泥）の減量化を目指した研究も盛んに行われている（10.4 節参照）。廃水処理の過程で，そもそも汚泥の発生量が少なくなるように制御する操作や，いったん生成した汚泥を再溶解する方法などさまざまな工夫が考えられている。また，廃水から有用物質としてのリンを回収する技術もある。汚泥中の生物からポリリン酸を抽出，回収して人工リン鉱石として再資源化する技術が提案されている（10.3 節参照）。

（2） **メタン発酵**[2]　メタン発酵は汚泥や生ゴミ，有機性廃水といった含水率の高い有機性廃棄物からエネルギーを回収する有望な技術として近年注目を集めており，特にヨーロッパで広く普及してきている。生成したメタンガス（バイオガスともいう）は直接燃料として用いるだけでなく，改質し水素を得て，燃料電池による発電の方法でエネルギーに変換することも検討されている。メタン発酵の歴史は古く，1806 年に家畜ふん尿からバイオガスを取ったという記録が残っている。近代に入り，1950 年代（戦後のエネルギー不足），1970 年代（オイルショックと石油代替），および 1990 年代（環境問題）と繰り返し活発な研究が行われてきた。この間の技術的発展は目覚ましく，高負荷発酵法により安定，かつ効率的なエネルギー生産が可能になった。また，メタン発酵の詳細な機構が解明され，革新的な操作，制御についての知見も得られてきている。メタン生成反応に関与する酵素の活性を増大させるために，補酵素に配位する金属イオンを微量添加することによって発酵速度を大きくすることや，微量の空気を精密に制御しながら供給することで，メタン生成菌の活性を損なうことなく，硫酸還元菌の活性のみを選択的に抑制して硫化水素の生成を最小化する方法が検討されている。また，装置内のメタン生成菌濃度を高く維持できるグラニュール生成の機構も明らかになってきており，さらに効率的な操作条件を見いだすことができる可能性が出てきている。

（3） **コンポスト化**[3]　数千年前の農民がすでに有機肥料の知識を持っており，実用化していたといわれる。やがて，有機質の廃棄物を制御された条件下で，取扱いが容易で貯蔵可能な，そして植物に悪い影響を与えることなく土壌還元できる状態まで生物的に分解するコンポスト化の方法が考え出された。コンポストが一般に普及するようになったのは 18 世

紀頃といわれている。1920年代になると，都市ゴミを堆積してコンポスト化するプロセスが発明されて，原料堆積層の切り返し頻度を増して，好気的あるいは半好気的条件を維持することで，コンポスト化期間の短縮が図られるようになってきた。今日では，コンポスト化操作を最適化することや，コンポストに植物病害を防除するバイオ農薬としての付加価値を与えて高機能化すること，そして，コンポスト化の過程で悪臭の発生を低減したり，生分解性プラスチックを効率よく分解したりすることなどが可能になってきた。また，コンポスト化にかかわる微生物の役割を明らかにするために菌叢解析も行われるようになってきている[4]。

（4）バイオレメディエーション　バイオレメディエーションは，原油，有機塩素化合物，重金属などによる環境汚染を微生物によって修復する技術で，従来法より安価でしかも効率よく無害化する方法として期待されている。バイオレメディエーションでは，窒素やリンなどを供給することによって土着の分解微生物を活性化させ，原油や有機塩素化合物などの汚染物質を分解除去するバイオスティミュレーション（biostimulation）の手法に加えて，分解が遅い化学物質の浄化に対して，栄養素とともに分解微生物を積極的に汚染地点に添加するバイオオーグメンテーション（bioaugmentation）の適用が検討されている。なお，バイオレメディエーションでは，注目している微生物がもともとその環境中に存在したか，あるいは添加したかによらず，高感度で検出し，環境への影響を評価して安全性を確保することが必要とされている。

（5）そ の 他　日本国内では年間2千万トンもの食品ゴミが排出されているが，食品ゴミから，微生物の働きで二酸化炭素と水にまで分解される生分解性プラスチックの一つであるポリ乳酸を生成する実証試験が北九州で行われている[5]。また，微生物の酸化力（ときには還元力）を利用して金属を精錬するバイオリーチング法は，時間がかかるという問題はあるものの，低環境負荷で低コストな方法として注目されている。乾式法では採算が取れない低品位鉱や尾鉱（高品位鉱石を採取した残りの鉱石）に応用できるとされており，商業的なバイオリーチング法は，1950年代に米国ユタ州の銅鉱山で実施されたのを最初に，現在までいくつかのプラントが稼動している。

　ここまでにいくつかの例を挙げたように，混合微生物系における微生物利用は，特定の微生物を複数の微生物が共存する系でいかに効率よく働かせるかが問題となる。注目している特定微生物の遺伝子配列を手掛かりに微生物を検出するFISH法，微生物の遺伝子をPCRで増幅し，制限酵素の消化パターンを解析するPCR-RFLP法や，増幅した遺伝子そのものを解析するDGGE法などを適用し，反応機構の詳細を明らかにするとともに，共存する微生物群の中で特定微生物の活性を高く維持すること，さらに積極的に，特別に活性の高い微生物を添加することで格段の効率上昇につなげようとする試みも行われてきている。混合微生物系における特定微生物の定着と制御は，高効率な微生物利用技術を可能にするものと期待されている。

10.1.2 純粋微生物の利用

純粋微生物を利用する技術としては，必ずしも廃棄物に限定されないが，バイオマスを用いたエタノール発酵に歴史が長い。また，近年未利用バイオマスの利活用技術として，エタノール以外にもさまざまな素材物質を生成する技術や燃料を生産するバイオディーゼル化の技術へと関心が広がっている（10.2 節参照）。なお，微生物を利用した廃水からの重金属回収も提案されている。純粋微生物の利用は，バイオリアクター内で行われるので，遺伝的改変を受け新しい機能を付与された，あるいは機能を強化された微生物の使用も盛んに検討されている。

（1） エタノール発酵[6]　未利用バイオマス資源の有効利用には従来から強い関心が寄せられており，バイオマスから燃料としてのエタノールを生産する試みについては膨大な数の報告がある。バイオマスからエタノールへの変換は *Saccharomyces cerevisiae* をはじめとする酵母，および *Zymomonas mobilis*，*Clostridium* 属などの細菌によって行われる。これらのうち，酵母，および *Z. mobilis* はセルロースを直接エタノールに変換することはできないので，木質系バイオマスを原料とする場合には酵素や酸を作用させていったん糖化する必要がある。一方，原料がでんぷん質の場合，糖化は比較的容易である。エタノール生成の効率化のために，糖化と発酵を同一容器内で同時に行う同時糖化発酵や，細胞表面に糖化酵素を発現させた酵母を培養し，でんぷんやセルロースから直接エタノールを発酵させる方法[7]などが報告されてきている。また，エタノール発酵能を持つ遺伝子組換え大腸菌株の創製や，六単糖以外の糖をエタノール発酵の基質に使う技術の開発も試みられている。

（2） 素材物質　未利用バイオマスからエタノールのみならず，酢酸，グリセロール，アセトン，ブタノールなどのさまざまな素材物質に変換しようとするバイオマスリファイナリーの考え方が提案されてきている[8]。セルロースからグルコースを経由した乳酸の生成[9]，グルコースからの芳香族アミノ酸，およびその二次代謝産物の原料となるカテコールの合成[10]についても報告がある。また，木質系バイオマスの糖化法としては，亜臨界水や超臨界水などの水熱反応も利用できるのではないかと考えられている。超臨界水による糖化と微生物の作用を組み合わせた素材物質生産の概念図を**図 10.2** にまとめた。

（3） バイオディーゼル　バイオディーゼルはおもに植物の含有油脂を原料とした軽油の代替となる燃料である。この燃料を燃焼しても地上の二酸化炭素絶対量を増加させないので，カーボンニュートラルの燃料として注目されている。バイオディーゼルにはメチルエステル，エチルエステル，炭化水素，油脂（トリグリセリド）がある。メチルエステルは，植物（ナタネ，ヒマワリ，大豆）由来の油，あるいは，廃食用油とメタノールから酵素反応で合成する方法が開発されている（10.2 節参照）。

（4） 重金属除去　重金属の除去には 6 価クロムの生物学的処理の例がある。下水処理場の活性汚泥から分離した 6 価クロムの還元細菌（*Enterobactor cloacea*）を用いて，有毒

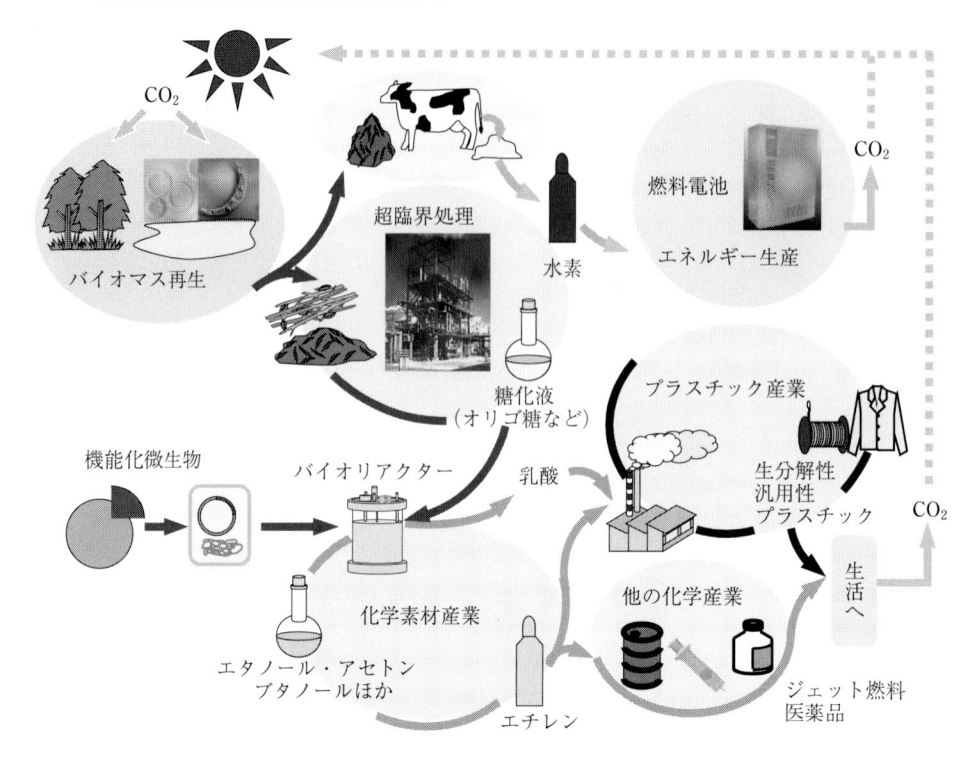

図10.2 超臨界水による糖化と微生物の作用を組み合わせた素材物質生産の概念図

な6価クロムを低毒の3価クロムに還元し，それを難溶性の水酸化クロムとして沈澱回収しようとするものである．実際の工場廃水についての試験が行われており，培養工学的な検討も進んでいる[11]．

以上までに述べたように，微生物による廃棄物処理技術は，未利用資源の再資源化や環境浄化に用いられ，生物の持つ物質変換機能をグリーンケミストリーに適用するグリーンバイオケミストリー[12]の概念に適合するものとして現在大きな注目を集めている．廃棄物処理の分野にもバイオグリーンケミストリーのいっそうの推進が期待されている．

参 考 文 献

1) 藤江幸一，胡　洪営：化学工学の進歩31 環境工学(化学工学会 編)，pp. 94-107，槇書店(1997).
2) 松本　豊，中崎清彦：化学工学の進歩36　環境調和型エネルギーシステム（化学工学会・環境パートナーシップ CLUB 共編)，pp. 140-156，槇書店（1997).
3) 久保田　宏，松田　智：廃棄物工学—リサイクル社会を創るために—（化学工学会 監修)，培風館（1995).
4) Nishida, T., Fujimura, T., Omasa, T., Katakura, Y., Suga, K. and Shioya, S.：J. Chem. Eng. Japan, **36**, pp. 1201-1205（2003).
5) http://www. mext. go. jp/a_menu/kagaku/chousei/data/15/hyoka 03122701/furoku/044.

pdf（2006年3月7日現在）
6) 斉藤日向，高橋秀夫，磯貝　彰，児玉　徹，瀬戸治男　共訳：微生物バイオテクノロジー，pp. 243-263（1996）．
7) Fujita, Y., Takahashi, S., Ueda, M., Tanaka, A., Okada, H., Morikawa, Y., Kawaguchi, T., Arai, M., Fukuda, H. and Kondo, A.：Appl. Environ. Microbiol., **68**, pp. 5136-5141 (2002).
8) 湯川英明　編著：バイオマス―究極の代替エネルギー―，pp. 80-104，化学工業日報社（2001）．
9) 中崎清彦，安達友彦：ゼロエミッションのための汚泥の工業原料化技術，環境科学，**13**, pp. 570-578（2000）．
10) Draths, K. M. and Frost, J. W.：J. Am. Chem. Soc., **113**, pp. 9361-9363 (1991).
11) 大竹久夫（児玉　徹　監修）：バイオレメディエーションの基礎と実際，pp. 164-171，シーエムシー出版（1996）．
12) 海野　肇，岡畑恵雄　編：グリーンバイオテクノロジー，講談社サイエンティフィク（2002）．

10.2　酵素によるバイオディーゼル燃料の生産

神戸大学　福田　秀樹

　食品工場，レストラン，一般家庭などから排出される廃食用油は，単に廃棄や焼却処理をするのではなく，環境問題，エネルギー問題などの観点から再利用することが重要である。本節では，廃食用油や植物油などの油脂類を効率的にバイオディーゼル燃料に変換させる技術について紹介する。

　各種油脂類とアルコール類とをエステル化反応させて得られるバイオディーゼル燃料は，排気ガス中に含まれる硫黄酸化物（SO_x）や粒子状浮遊物質などの酸性雨や肺がんを引き起こす環境汚染物質の排出量が著しく少ない。また，バイオマス資源から生産されるバイオディーゼル燃料は，燃料として燃焼させても地球温暖化の要因の一つと考えられている二酸化炭素（CO_2）の増加を抑制できることから，その利用が期待されている。

　バイオディーゼル燃料に関する研究は欧米を中心として積極的に行われ，すでに実用化されている。現在，生産量はEU諸国では軽油に5～30％添加して利用されており，全体で約80万トン/yearに達している。さらに，軽油は課税の対象となっているが，バイオディーゼル燃料は免除されるなど，税制上の優遇措置がとられている。米国でも生産量は約10万トン/yearに達しており，さらに増加傾向にある。バイオマス資源が豊富なベトナム，タイ，インドネシアなどの東南アジア諸国においても，ココナッツ油やパーム油などからの生産計画が進められている。わが国では，京都市において，1997年から廃食用油をバイオディーゼル燃料に転換し，約220台のゴミ収集車に利用してきた。さらに，2000年から市バスのディーゼル燃料の軽油に20％添加して利用されるようになった。

　さて，バイオディーゼル燃料は，水酸化カリウムや水酸化ナトリウムなどのアルカリを反応の触媒として使用される方法がよく用いられているが，特に副生産物のグリセリンの回収

と精製が困難などの欠点を有している。これに対して，リパーゼ酵素を反応触媒として利用する方法は，反応条件が温和，副生産物であるグリセリンの回収が容易，油脂中（特に廃油）に含まれる遊離の脂肪酸の影響を受けず効率的にエステルに変換できること，などから実用化への期待が大きい。ところで，リパーゼ酵素を用いる場合には，① 微生物が分泌した酵素を回収して利用する場合と，② 微生物細胞内に蓄積したリパーゼ酵素や細胞の表層に提示したリパーゼ酵素を微生物菌体のまま直接利用する"全菌体生体触媒法（whole cell biocatalyst）"とが開発されている。

10.2.1 分泌した酵素によるバイオディーゼル燃料生産

分泌した酵素を用いる場合の酵素生産は，微生物を培養後，培養液中に生産された酵素と微生物とを分離し，酵素を抽出，吸着，クロマト分離，晶析操作などによる精製を行う。さらに実用的に利用するために，架橋法，包括法や共有結合法などの固定化操作を行う必要がある。近年，分泌した酵素を固定化した方法において，反応方法や反応条件などに大幅な改良が見られ，実用化が期待されるので紹介したい[1]。

酵母（*Candida antarctica*）由来のリパーゼ酵素を固定化したノボザイム435（商品名，ノボザイムズ社製）を用いて，アルカリ油滓由来の油分をバイオディーゼル燃料に変換させた場合，2 l 反応槽スケールにおいて，エステルへの変換率が98％以上で100日以上の連続使用も可能であることがわかった。さらに，実用化への検討を行うために，30 l スケールのパイロットプラントにおいても，連続10回の反応において酵素活性の低下は見られず，エステルへの変換率は98％以上が達成された。

また，得られたバイオディーゼル燃料の品質を調べた結果，硫黄分は3 ppm以下でほとんどなく，その他の品質（動粘度，密度，引火点，セタン指数）も軽油の規格をすべて満たすことが明らかとなった。

10.2.2 全菌体生体触媒を用いたバイオディーゼル燃料生産

図10.3に示す全菌体生体触媒を用いる場合は，培養後，微生物菌体を遠心分離機などの分離機により回収後，ただちに反応に使用することができる。したがって，分泌酵素を用いる場合に比べ複雑な工程がなく，酵素の製造コストを著しく低減させることができる。図に示すように，微生物菌体内に存在する酵素や，微生物の表層に提示させた酵素を利用という2通りの技術が開発されているので，以下にこれらを紹介する。

（1） 微生物の菌体内の酵素を用いてバイオディーゼル燃料を作る　利用できる微生物としては，リパーゼ酵素を生産できる細菌類，酵母類，カビ類など多くの候補微生物が存在する。これらの中で，**図10.4**に示す糸状菌（カビ）の一種 *Rhizopus oryzae* IFO4697 は，

10.2 酵素によるバイオディーゼル燃料の生産

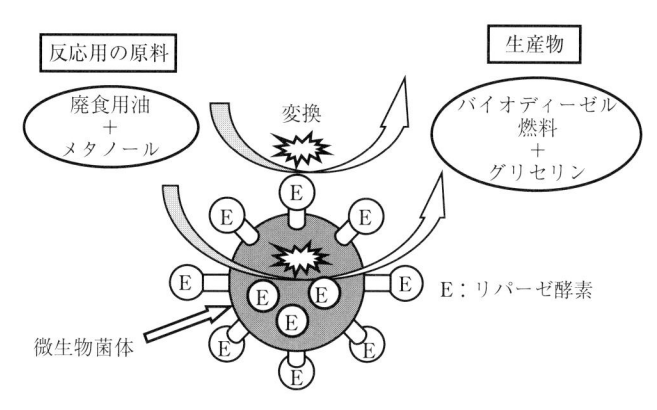

図10.3 微生物菌体内および表層提示酵素を利用する全菌体生体触媒

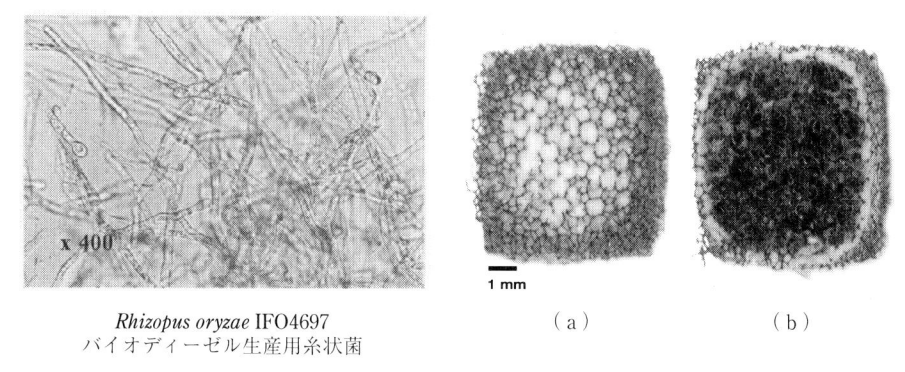

図10.4 糸状菌 *Rhizopus oryzae* およびスポンジに固定化された微生物〔左の写真は，*R. oryzae* 菌体で，右の写真は（a）スポンジの固定化表面，および（b）スポンジ断面を表す〕

菌体内にリパーゼを著量蓄積でき，さらに，スポンジのような多孔質体と同時に培養すると，自発的に微生物の固定化が行われることが明らかとなった[2]。スポンジの表面近傍に白く見えるのがリパーゼ酵素を含有した微生物である。これは，カビが自然にフィルムやフロックを形成し固体面に吸着する性質を利用したもので，特別の操作を必要としない。したがって，このような技術を用いると，菌体の回収が容易で固定化操作も省略できるので酵素剤の製造コストの大幅な低減化が期待できる。

この菌体を用いて反応させる場合，重要なポイントは"繰返し反応"における酵素の安定性である。すなわち，繰返し反応に利用できる回数が多いほど生産物に対する酵素コストの比率が低減化できるからである。そのために，微生物菌体への架橋剤の添加効果や反応液の水分濃度などの適切な条件を見いだす必要がある。架橋剤として0.1％のグルタルアルデヒド水溶液（0.1 M リン酸バッファー，pH 6.8）を用い，温度25℃で1時間のインキュベーション処理を行った場合[2]，安定性が著しく増加することが明らかとなった。また，水分濃度が5％および15％の場合，20サイクルの繰返し反応において反応収率の著しい減少は見

られず，変換率60〜83%の高い水準を維持できることが明らかとなった[3]。

（2） 微生物の表層に提示した酵素を用いてバイオディーゼル燃料を作る　細胞表層（細胞壁，細胞膜）は細胞の構造や形態を維持し，細胞や外界との隔離をするだけでなく，物質の認識やシグナルの伝達，酵素反応などの場として重要な役割を果たしている。この細胞表層のタンパク質と種々の機能性タンパク質やペプチドなどを融合させ，細胞表層に提示させることにより，新しい機能を持った細胞を創製することができる[4],[5]。このような微生物は，千手観音（アーミング・ブッダ）にちなみ"アーミング微生物"と呼ばれている（図10.5参照）。

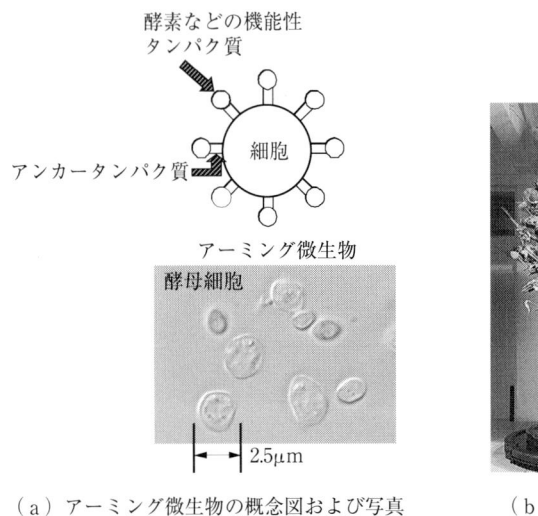

（a）アーミング微生物の概念図および写真　　（b）千手観音像の写真

図10.5　アーミング微生物

微生物の表層に酵素などのタンパク質を提示させる場合，提示用のアンカータンパク質と酵素の活性との関係が特に重要となる。いくつかのアンカータンパク質の中で，酵母の凝集性機能に関与する遺伝子（Flo1pと呼ぶ）と *R. oryzae* 由来のリパーゼ酵素遺伝子とを融合させ，表層提示した場合には高い活性を有することが明らかとなった。一般的に使用されるアンカータンパク質のα-アグルチニンを用いた場合，酵素の加水分解活性は約1/15と著しく低いものとなっている[6]。この両者の差異は，酵素の活性部位が反応させる原料（基質）と効率よく接触できるか否かの違いと考えられる。

Flo1pによる提示酵母を用いてバイオディーゼルの生産反応を行った結果，72時間の反応時間後エステルは78.6%に達し，カビを用いた場合と同等の高い変換率が得られた[7]。

全菌体生体触媒法は，微生物菌体を直接酵素剤として利用できるため，酵素の製造コストが大幅に低減でき，工業的に有効な手段と考えられる。ここで示したように，高い反応収率や繰返し反応に対する安定性は得られたが，今後，さらに酵素の活性や安定性などの改良を図るためには，活性や安定性の高い遺伝子のクローニングやそれらの高密度表層発現技術の

開発とともにスケールアップ技術の確立が必要である。

これからの地球環境やエネルギー問題を考えると，多種多様な有用生産物を得る場合，化学触媒ではなく地球に優しい酵素などの生体触媒を用いる生産技術の開発が望まれる。そのためにも，より高機能，より安定な生体触媒の創製が必須であろう。

参 考 文 献

1) 平成16年度 地域新生コンソーシアム研究開発事業「植物油製造過程で発生する脱酸廃棄物からバイオ燃料の実用化生産」成果報告書，近畿経済産業局（2005）．
2) Ban, K., Kaieda, M., Matsumoto, T., Kondo, A. and Fukuda, H.：Biochem. Eng. J., 8, pp. 39-43（2001）．
3) Ban, K., Hama, S., Nishizuka, K., Kaieda, M., Matsumoto, T., Kondo, A., Noda, H. and Fukuda, H.：J. Mol. Catal. B, Enz., 17, pp. 157-165（2002）．
4) Murai, T., Ueda, M., Atomi, H., Shibasaki, Y., Kamasawa, N., Osumi, M., Kawaguchi, T., Arai, M. and Tanaka, A.：Appl. Microbiol. Biotechnol., 48, pp. 499-503（1997）．
5) Murai, T., Ueda, M., Yamamura, M., Atomi, H., Shibasaki, Y., Kamasawa, N., Osumi, M., amachi, T. and Tanaka, A.：Appl. Environ. Microbiol., 63, pp. 1362-1366（1997）．
6) Washida, M., Takahashi, S., Ueda, M. and Tanaka, A.：Appl. Microbiol. Biotechnol., 56, pp. 681-686（2001）．
7) Matsumoto, T., Fukuda, H., Ueda, M., Tanaka, A.and Kondo, A.：Appl. Environ. Microbiol., 68, pp. 4517-4522（2002）．

10.3　リンの回収と再資源化

大阪大学　大竹　久夫

これからのものつくりでは，限られた資源をリサイクルするなどして有効に利用することを，いつも心掛けておく必要がある。本節では，将来的に枯渇することが懸念されているリン資源を，リサイクルにより有効に利用するための技術について紹介しよう。

リンはあらゆる生物にとって必須の元素である。リンは空気のように人間が住んでいるところならどこにでも存在するから，私たちはそのありがたみになかなか気がつかない。しかし，リンがどこに存在しようとも，まとまって存在していなければ，それは資源とはなり得ない[1]。私たちはこれまで，自然が集めてくれたリンだけを資源として利用してきた。リンは石油や天然ガスのように分解されてなくなるものではないが，一度利用されると散逸して資源としての価値を失ってしまう。私たちがあたかもリン資源など無尽蔵であるかのように使い捨て続けてきた結果，いま地球的規模でリン資源が枯渇し始めている[2]。

資源としてのリンは，リン鉱石として掘り出される。地球上で採掘されるリン鉱石の量は年間約1億5千万トンにも達しており，世界の食塩生産量よりも多いといわれている[3]。世

界のリン鉱石の寿命予測によれば，現在の採掘コストで賄えるリン鉱石の埋蔵量は，あと数十年に過ぎないようである[4]。すでに，米国のようにリン鉱石を戦略物資に指定して輸出をとりやめる国も現れている。リン資源の枯渇は，世界的規模での農業生産に深刻な打撃を与えかねず，ひいては人類の生存そのものにも重大な危機を招きかねない[2]。

しかしこれほど貴重なリンも，湖沼や内湾などの閉鎖性の強い水域に多量に流れ込むと，赤潮やアオコを発生させるなどして，富栄養化による環境破壊を引き起こす[5]。わが国は，年間約80万トンものリン鉱石を海外から輸入しており，加えて燐安などに加工されてから輸入されたり，食料や家畜飼料として国内に持ち込まれるリン量も増えている。しかし，リンを資源として回収再利用するシステムはいまだに確立されていない。リンを資源として回収再利用するシステムが確立されれば，地球的規模でのリン資源枯渇の危機回避に貢献できるばかりか，国内的にも富栄養化による環境破壊の防止に，一石二鳥の効果が期待できるだろう。

10.3.1 下水からリンを回収し，人工リン鉱石を作る

大量の食料が消費される大都市では，リンは排泄物となって下水に流れ込む。下水処理場にはリンが毎日大量に流れ込んでくるから，下水処理場はリンを回収するのに適した場所である。下水からリンを除去する技術には以前からよいものがあり，代表的な技術として活性汚泥を用いた生物学的脱リン法がある（図10.6参照）。生物学的脱リン法の主役は細菌であり，いかに多くのリンを細菌に取り込ませるかが技術のポイントとなる[5]。一般に，都市下水の処理を行っている活性汚泥の乾燥重量当たりのリン含有率は約1～2％程度に過ぎず，このような活性汚泥では都市下水に含まれるリンの約30％程度しか除去できないといわれている。しかし面白いことに，活性汚泥を嫌気および好気条件に交互に繰り返しさらすことによって，そのリン含有率を6～8％にまで増加させることが可能である[5]。生物学的脱リンプロセスでは，活性汚泥は嫌気槽内においてリン酸を放出し，続く好気槽内でリン酸を取り込むようになっている。好気槽内で活性汚泥が取り込むリン酸の量が，嫌気槽内で放出するリン酸の量を上回ることにより，結果的にリンが下水から除去されることになる。一見すると，嫌気槽内でのリン酸の放出は無駄に見えるが，この過程を省略すると活性汚泥のリン除去能力は顕著に低下する。

下水から活性汚泥に取り込まれたリンは，ポリリン酸として細胞内に蓄積される[6]。この汚泥は最終沈澱池で処理水と分離され，余剰汚泥として系外に引き抜かれる。面白いことに，この余剰汚泥を短時間加熱すると，ポリリン酸が効率よく溶出してくる[6]。実験室内の生物学的脱リンプロセスから採取した汚泥を，50℃，70℃および90℃で加熱したところ，70℃では約60分，90℃ではわずか10分ほどで汚泥中に蓄積されたポリリン酸のほぼ全量が，水中に放出された。加熱中に出てきたリン酸の量は，70℃ではポリリン酸の放出量の約

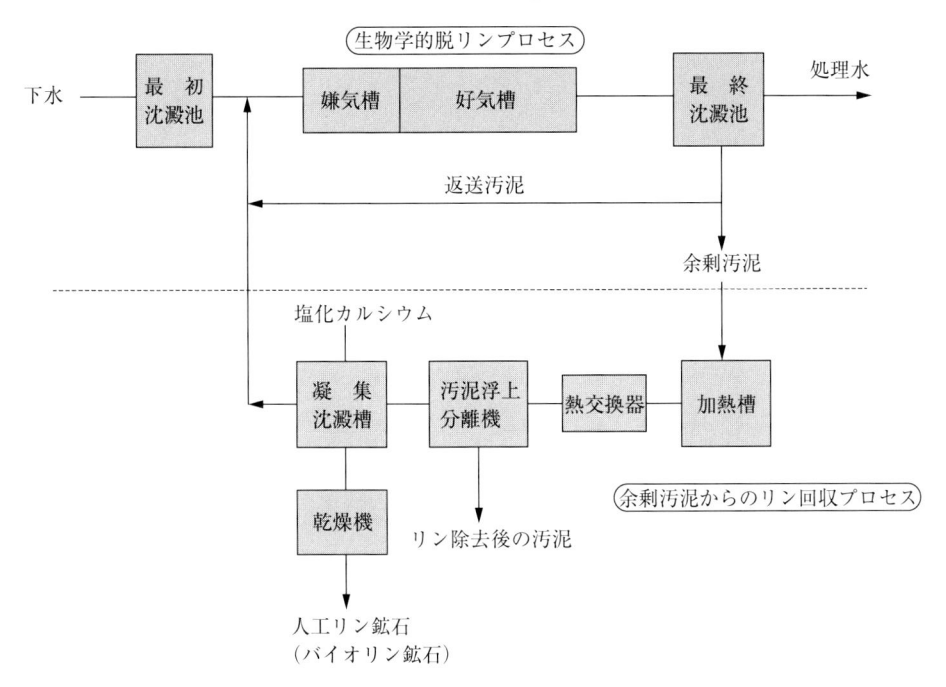

10.3 リンの回収と再資源化　187

図10.6 下水からリン資源を回収するためのプロセス（破線から上が生物学的脱リンプロセスであり，破線から下が余剰汚泥からのリン回収プロセスを表す）

20％，90℃では15％に過ぎなかった。いずれの温度においても，時間がたてばポリリン酸はしだいに分解しリン酸が増加する。加熱温度が50℃以下では，ポリリン酸の溶出量よりもリン酸のそれが上回り，活性汚泥からの全リンの放出速度も著しく減少する。逆に，90℃以上の温度で加熱しても熱が無駄になるだけで，ポリリン酸の溶出量に改善は見られない。70℃での加熱処理の前後で活性汚泥サンプルを電子顕微鏡観察すると，汚泥細菌の細胞壁が多少変形しているだけで，外見にはほとんど変化が認められない。さらには，汚泥の沈降性もあまり変わらない。加熱により汚泥から分離されたリンは，カルシウムを添加すると容易に凝集沈澱する。得られた沈澱物を乾燥させれば，リン含有率の高い人工リン鉱石ができあがる。この人工リン鉱石は現在，バイオリン鉱石と呼ばれている。

10.3.2　パイロットプラントで実証する

実験室でよい結果が得られても，それだけでは実際に使える技術になるかどうかはわからない。実際の都市下水を用いてもバイオリン鉱石が製造できることを確かめるために，神戸市内の下水処理場にパイロットプラントを設置して実証試験を行った。このパイロットプラントは図10.6のように，生物学的脱リンプロセスと余剰汚泥からのリン回収プロセスとからなっており，嫌気槽には神戸市の都市下水が約100 m³/dayの流量で流れ込む[7]。パイロ

ットプラントにおける余剰汚泥の発生量は，1日当たり 10〜20 kg になると設計されており，1日分の余剰汚泥をまとめて加熱処理をするようになっている。加熱温度は 70〜90℃ で，加熱時間は約1時間である。加熱された余剰汚泥は，冷却後に浮上分離機で濃縮分離され，脱水されてから系外に取り出される。浮上分離機から出るリンを多く含んだ液には塩化カルシウムが添加され，リンがバイオリン鉱石として回収されることになる。

　1年を通して運転試験を行ったところ，流入下水の総リン濃度は 4.6〜4.9 mg/l となり，一方，処理水の総リン濃度は 0.4 mg/l 以下となり，90％以上のリン除去率が安定して維持されることがわかった。汚泥の乾燥重量当たりのリン含有率は，嫌気槽において 3〜3.7％，好気槽で 3.5〜4.5％に達していた。好気槽汚泥の全リン量に占めるポリリン酸の割合は 60〜70％であり，鉄などの金属イオンと結合して汚泥表面に沈着したと思われるリン酸が 10〜15％を占めていた。残りの多くは，核酸や細胞膜などに含まれるリンと考えられた。このパイロットプラントで生じた余剰汚泥を 70℃で 1時間加熱すると，約 50〜70％のリンが汚泥から分離できた。活性汚泥には，核酸や細胞膜などに含まれ加熱しても溶出しないリンが，もともと乾燥重量の 1％近くある。したがって，汚泥のリン含有率が 4％程度の場合，加熱により溶出するリンの割合は，最大 75％程度と推定される。この点を考慮すると，50〜70％の溶出率は，十分満足のいく結果であるといってよい。パイロットプラントによる実証試験によって，実際の下水を用いても約 50％近くのリンをバイオリン鉱石として回収するできることが明らかとなった。

10.3.3　実機規模で確かめる

　パイロットプラントでの実証試験に成功すれば，つぎはいよいよ実機規模での最終試験である。そこで実証プラントが，福山市にある下水処理場内に，パイロットプラントを約 25 倍スケールアップして建設された（図 10.7 参照）。福山市の下水処理場内には，全部で 11 系列に分けられた下水処理設備があり，1系列当たり約 11 000 m^3/day の下水が処理され，約 180 m^3/day の余剰汚泥が発生している。新たに建設した実証プラントでは，この余剰汚泥発生量の約半分に相当する 90 m^3/day の汚泥を，70℃で約 1時間の滞留時間で連続的に熱処理するようになっている。実証プラント全体の構成は，汚泥浮上濃縮，汚泥加温，熱交換，汚泥分離，リンの凝集沈澱およびバイオリン鉱石の乾燥を行うための 6 設備からなる。

　実証プラントを 1年を通して運転したところ，季節によらず下水中のリンを約 35〜40％ 回収できることが確認された。パイロットプラントによる試験結果と比べてリン回収率がいくぶん低かったのは，用いた余剰汚泥のリン含有率が比較的低かったことがおもな理由と考えられている。こうしてできあがった本プロセスは，熱を加えてリンを回収する意味から「HeatPhos」プロセスと命名された。この実証プラントをフル稼働させれば，1日当たり

図 10.7 実機規模のテストプラントと都市下水から生産されたバイオリン鉱石

約 10 kg のリン（リン酸として約 30 kg，リン含有率 14％のリン鉱石に換算して約 71 kg）がバイオリン鉱石として回収できることも確認されている。

バイオリン鉱石を，リン肥料や工業用リン酸の原料に再利用するための技術開発も行われており，これらの技術開発に成功すれば，リン資源のリサイクルに必要な一連の技術が出揃うことになる。もっとも，リン資源のリサイクルは，国のレベルで実施されなければ大きな効果を期待することはできない。リン資源のリサイクルを実現するためには，リンのライフサイクルアセスメントを行って，その社会経済的価値を明らかにするなど，国を挙げてリン資源枯渇の危機に備えるようわかりやすく説明することも，技術者の使命であろう。

参 考 文 献

1) 武田邦彦：リサイクル幻想，文春新書 131，文藝春秋（2000）．
2) Abelson, P. H.：A potential phosphate crisis, Science, **283**, p. 2015（1999）．
3) シェルダン，R. P.：日経サイエンス，**12**，pp. 8-15（1982）．
4) 金澤孝文：リン―謎の元素は機能の宝庫―，研成社（1997）．
5) 児玉　徹，大竹久夫，矢木修身：地球をまもる小さな生き物たち，技報堂出版（1995）．
6) Kuroda, A., Takiguchi, N., Gotanda, T., Nomura, K., Kato, J., Ikeda, T., Ohtake, H.：Biotechnol. Bioeng., **78**, pp. 333-338 （2002）．
7) Takiguchi, N., Kuroda, A., Kato, J., Nukanobu, K. and Ohtake, H.：J. Chem. Eng. Japan, **36**, pp. 1143-1146（2003）．

10.4　細菌の死の定義と汚泥減容化

東京工業大学　丹治　保典

人間の死は，旧来心肺の停止をもって定義されてきた。しかし，医療技術の発達が機械により心肺機能を維持し，いわゆる植物人間状態で長期間生存することを可能とした。しかし，「生きるとは何か」といった根源的問いかけに端を発し，新たに脳機能の停止を人間の

死と定義する社会的動向がある。人間の死と同様，細菌の死もそう単純ではない。例えば，人間の腸管には100兆個もの細菌がすんでいる。毎朝トイレで排泄される細菌の運命を考えてみよう。腸管内の環境は温度が36℃，pHは小腸が弱アルカリ性，大腸は弱酸性を示す。食物由来の栄養素や，腸内細菌が作り出す短鎖脂肪酸も豊富にある。しかし，いったんトイレに放たれた腸内細菌は，急激な温度変化や貧栄養条件にさらされる。廃水処理場では活性汚泥と呼ばれる微生物群に淘汰され，最後には塩素による殺菌が待っている。運よく生き延び，河川に放流された細菌は，紫外線を含む太陽光の照射を受け，海洋へたどり着く。海水浴のシーズンになると，海水中のふん便性大腸菌の数が公表される。100 ml の海水に 1 000個以上の大腸菌が存在すると海水浴には適さない。東京のお台場海浜公園で測定したデータによると，雨が降った後の海水には100 ml 当たり10万個以上もの大腸菌が検出される日がある[1]。大雨が降ると，一部の廃水処理場で，処理しきれない廃水が簡易殺菌の後，河川へ放流されることが原因らしい。通常，細菌数の定量は，栄養を豊富に含む寒天培地上に形成されるコロニーを計数することにより行う。トイレで放たれた腸内細菌は，その後さまざまな環境ストレスにより損傷を受け，多くは死滅する。しかし，損傷を受けた細菌の中には従来の培養法では生育しないがまだ生きているviable but nonculturable（VBNC）状態にあることがわかってきた。水環境や食品の安全性を評価する上で留意すべきことである。

10.4.1 VBNC細菌の回復条件

細菌の計数は通常，平板希釈法によって行う。細菌を含む試料を希釈し，栄養を含む寒天上に塗布する。一定時間培養すると，1個体の細菌が集落（コロニー）を形成し，その数と希釈率から試料に含まれる細菌数を割り出すことができる。**図10.8**は *Escherichia coli* K 12を培養し，菌体を純水に再懸濁した後，冷蔵庫（4℃）に約2か月放置したときの菌体濃度の変化を4種類の計数法により比較した結果である。AODCはアクリジンオレンジによる直接計数法（acridine orange direct count）の値である。アクリジンオレンジは，DNA二重らせんの塩基対間に平行挿入（インターカレート）し，紫外線を当てると蛍光発色する染色剤である。蛍光顕微鏡で蛍光発色する大腸菌数を計数すると，2か月間ほとんど変化しない（○）。一方，栄養を多く含むLB培地（ペプトン：10 g，酵母エキス：5 g，NaCl：10 g/l 水溶液）を用いた平板希釈法では，コロニー形成能を指標とする生菌数が放置時間とともに減少し，約2か月後，0.01％になった（△）。同じ試料を1/100-LB培地（ペプトン：0.1 g，酵母エキス：0.05 g，NaCl：10 g/l 水溶液）を用いた平板希釈法で計数すると，LB培地を用いたときより多くのコロニーを形成した（▲）。同様の回復現象は，カタラーゼを500 U/l 含むLB培地でも観察された（□）。2か月放置後の値を比較すると1/100-LB培地とカタラーゼを含むLB培地上には，LB培地より約100倍多いコロニーが

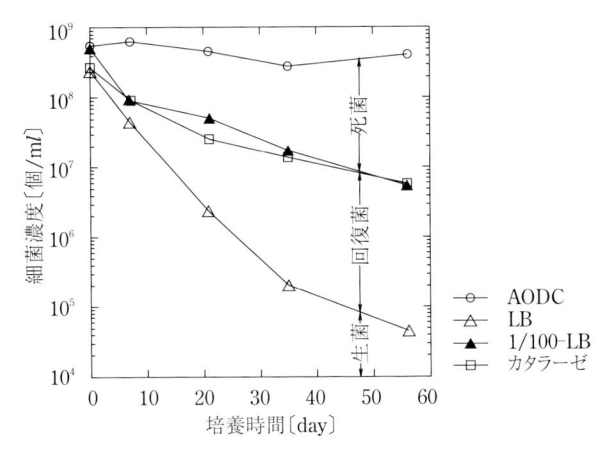

図10.8 冷蔵庫に放置した大腸菌の消長

形成された。増えた分は損傷を受けた菌が回復したためと考えられる。一般に環境ストレスにより損傷を受けた細菌は，カタラーゼやスーパーオキシドジスムターゼ（superoxide dismutase：SOD）などの活性が低下することが知られている。ストレス環境から増殖に適した環境に移すと，代謝活性が活発化し，フリーラジカルを生成する。SOD はスーパーオキシドアニオンを過酸化水素と酸素に変換する反応を触媒し，カタラーゼは，過酸化水素を水と酸素に変換する酵素である。LB 培地上では，損傷を受けた菌の多くが培養初期に生じるフリーラジカルを処理できず，死滅する。一方，1/100-LB 培地では増殖速度が遅く，過酸化物の発生が抑制される。また，カタラーゼを含む LB 培地では過酸化物が発生してもカタラーゼにより分解されるため，多くの損傷菌が回復したと考えられる。

10.4.2 蛍光標識ファージによる細菌の迅速検出

1926 年からふん便汚染の指標細菌として大腸菌群が用いられてきた。しかし，大腸菌群の多くは人や動物に由来しないことが判明し，厚生労働省科学審議会の提言に基づき，2004 年 4 月より，新たな衛生指標細菌としてふん便性大腸菌が用いられることとなった。しかし，培養を必要とする従来法では，指標細菌の計数に数日を要す。水資源の安全管理には，対象とする水環境がふん便で汚染されていないことの保証が必須であり，リアルタイムの細菌モニタリング技術が必要とされる。

ファージは細菌に感染するウイルスであり，感染する相手（宿主）を厳密に見分ける能力を持つ。このようなファージの宿主認識特異性を利用し，特定細菌を迅速に検出することができる。ファージ感染の宿主認識特異性は，テールファイバー先端に存在するリガンドタンパク質と宿主レセプターとの特異的結合に由来する（**図10.9** 参照）。ファージテールファイバーは高感度分子認識センサーといえる[2),3)]。大腸菌特異的 T 4 ファージの頭部には，Soc

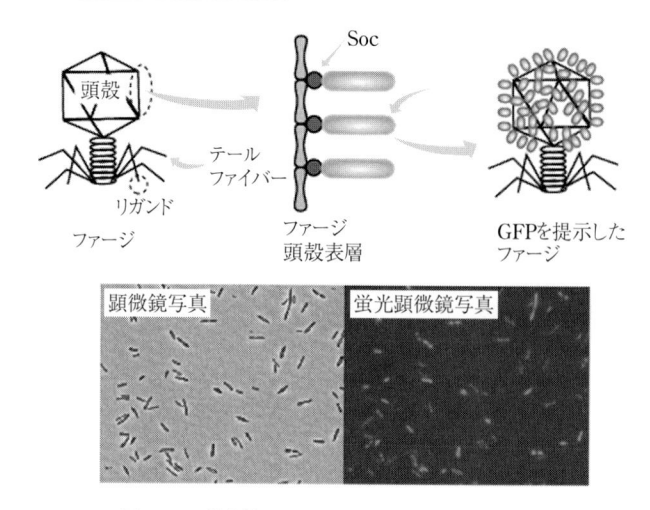

図 10.9 蛍光性ファージによる細菌の検出原理

(small outer capsid) という棒状の修飾タンパク質があり，頭部を補強している。緑色蛍光タンパク質（green fluorcent protein：GFP）を Soc と融合発現すると，蛍光標識されたファージを作り出すことができる。蛍光標識ファージは大腸菌だけに感染し，被感染大腸菌は紫外線照射により可視化できる。ファージは宿主に感染した後，最終的には溶菌酵素を発現し宿主を溶菌する。しかし，遺伝子工学の手法を用いて溶菌酵素の発現を欠損させると，宿主細菌を溶菌することなく検出することができる。蛍光標識ファージは死菌や VBNC 状態の菌体へも吸着することができるので，従来法では検出が困難であったこれらの菌も検出ができる。さらに，生菌に感染したファージは，感染後宿主の中で 100〜200 倍に増える。したがって，吸着後の蛍光強度を比較することにより，VBNC 状態の菌体と生菌を分けて計数することも可能となった[4]。

10.4.3 汚泥減容化

毎日家庭から排出されるゴミを一般廃棄物と呼び，その量は日本人平均 1 kg/day，日本全体では毎年約 5 千万トンになる。一方，産業活動によって発生する廃棄物を産業廃棄物と呼び，その量は一般廃棄物の約 8 倍に相当し，年間で約 3 億 9 千万トンにもなる（**図 10.10** 参照）[5]。産業廃棄物の中で最も多いのが汚泥である。汚泥は生産活動に伴って発生する無機性汚泥と，おもに廃水処理に伴って発生する有機性汚泥に分けられる。日本人は毎日約 350 l の水を使用する。2004 年全国の下水道普及率は 67% に達し，使用した水のほとんどは下水管で集められ，下水処理場で浄化される。下水に含まれる固形物や溶解性の有機物が，廃水処理場で微生物に変換された分が余剰汚泥であり，微生物の塊といえる。汚泥重量のほとんどは水分であるから，物理的手法により脱水した後，焼却するか埋め立て処分する。減容

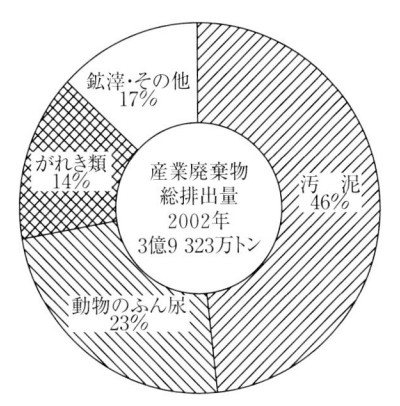

図 10.10 日本における産業廃棄物の内訳

化では焼却処理が最も有効である。しかし，含水率が高く自燃しない場合は補助燃料を必要とする。一方，2003 年 4 月現在の埋立地残余年数は 4.5 年と見積もられており，余裕がない。

そのため，有機性汚泥を減容化するプロセスが多く開発されている。共通の原理は汚泥を構成する微生物をさまざまな方法で殺菌し，再び微生物に変換するサイクルを繰り返すことにある。殺菌された細胞片は他の微生物の基質となる。基質が微生物に変換される割合を菌体収率（yield：$Y_{X/S}$）と呼び，つぎのように定義される。

$$Y_{X/S} = \frac{\Delta X \ (\text{新生細菌重量})}{\Delta S \ (\text{減少基質重量})}$$

サイクルを n 回繰り返すと汚泥量は $(Y_{X/S})^n$ に減少する。殺菌する方法には酸・アルカリ処理，熱処理，オゾン処理，好気・嫌気条件を繰り返す方法[6]，加水分解酵素を分泌する菌を用いる方法などが提案されている。エネルギー消費が少なく $Y_{X/S}$ 値が小さい方法がより好ましい。また，殺菌された汚泥を廃水から窒素を除く（脱窒）際のエネルギー源や，メタン発酵の原料に用いることが提案されている。廃棄物の量を減らし，さらには廃棄物を資源化するバイオプロセスの開発が望まれる。

参 考 文 献

1) 東京都環境局のホームページ：http://www2.kankyo.metro.tokyo.jp/odaiba/index.htm （2006 年 3 月 6 日現在）
2) Morita, M., Tanji, Y., Mizoguchi, K., Akitsu, T., Kijima, N. and Unno, H.：FEMS Microbiol. Letter, **211**, pp. 77-83 (2002).
3) Oda, M., Morita, M., Unno, H. and Tanji, Y.：Apple. Env. Microbiol, **70**, pp. 527-534, (2004).
4) Tanji, Y., Furukawa, C., Suk-Hyun, N., Hijikata, T., Miyanaga, K. and Unno, H.：J. Biotechnol., **114**, pp. 11-20 (2004).
5) 環境省のホームページ：http://www.env.go.jp/mail.html （2006 年 3 月 6 日現在）
6) Jung, S. J., Miyanaga, K., Tanji, Y., Unno, H.：Biochem. Eng. J. **21**, pp. 207-212 (2004).

索　　　引

【あ】

アクリルアミド	6
アミラーゼ	12
アーミング微生物	184
安全性管理	136
安全性と品質保証	122

【い】

異菌体間共役反応系	90
育　種	5
1分子からの増幅	54
一本鎖抗体	45
遺伝子ネットワーク	35
遺伝子ネットワーク解析	22
遺伝子変異の検出	131
インクルージョンボディ	124,130

【え】

エキスパートシステム	161
エタノール発酵	179

【お】

汚泥減容化	189

【か】

回転環状型	149
活性汚泥	186
可溶化	126
環境ゲノム	3
環境清浄度	135
感度解析	34

【き】

擬似移動層型	149
逆抽出	129
逆ミセル	128
教師あり学習法	25

【く】

組換えビタミンB_2生産	172
クラスター解析	21
クラスタリング	24
繰返し流加培養	116
クリティカルステップ	134
クリティカルパラメーター	134
グルタミン酸	68
グルタミン酸生成機構	69
グルタミン酸発酵	69
クロスコンタミネーション	134
クロマトグラフィー分離	138
クロロピリジン	15

【け】

計　測	157
ゲノム育種	63
ゲノム解析	20

【こ】

抗原-抗体反応	44
酵素反応速度式	79
抗　体	44
抗体医薬品	154
勾配溶出	141
向流接触	148
呼　吸	162
固定化酵素	83
固定化生体触媒	84
コネクティビティセオレム（結合定理）	61
コモディティケミカルズ	6
混合微生物	176
コンビナトリアルケミストリー	38
コンビナトリアル・バイオエンジニアリング	38
コンポスト化	177

【さ】

細菌の死	189
細菌の迅速検出	191
最適化	160
細胞寿命	168
殺　菌	100
酸素供給	164

【し】

自己共役反応系	90
システム生物学	33
磁性微粒子材料	42
シミュレーション	23,29
射影適応共鳴理論	26
重金属除去	179
十字流接触	148
集積化・並列化	93
集積培養	1,2
純粋微生物	179
人工リン鉱石	186
人体代謝シミュレーター	51

【す】

数理モデル	49
スクリーニング	3,15
スケールアップ	164

【せ】

制　御	157
精製工程	111
製造用水	135
生物機能設計	31
生物情報科学	19
セルラーゼ	12
全菌体生体触媒法	182
洗　浄	134

【そ】

層流系	93
組織工学製品	166
ソフトウェア型センサー	158

【た】

代謝制御解析	60,76
代謝ネットワーク	34
代謝流束解析	35,58,72
大腸菌	72
体内動態	49
ダウンストリーム	118
段階溶出	142

【ち】

知識情報処理	170
抽　出	129
超低温	4

【て】

定値制御	160
ティッシュプラスミノーゲンアクチベーター	108

適応制御	161	反応速度論	78	【め】	
デプスフィルター	146	判別分析	22	メタゲノム	3
【と】		【ひ】		メタノール資化性酵母	
凍結乾燥	4	微生物反応速度式	81	*Pichia pastoris*	114
等組成溶出	139	比増殖速度	168	メタボリックエンジニアリング	57
トランスクリプトーム解析	20	ヒト血清アルブミン	113	メタン発酵	177
【に】		皮膚組織	167	免疫測定	45
ニコチンアミド	9	品質・製造管理	136	【も】	
ニトリルヒドラターゼ	7	【ふ】		モデリング	160
ニューラルネットワーク	160	ファジィ制御	161, 171	【ゆ】	
【ね】		フィードバック制御	159	有機溶媒耐性	103
ネットワークマップ	29	フィードフォワード制御	159	【よ】	
【は】		フォールディング	123, 124, 125, 128	溶解度	121
バイオ医薬品	151	不溶性顆粒	124	【り】	
バイオインフォマティクス	19	フローサイトメーター	42	リサイクル	176, 185
バイオディーゼル	179	プロテアーゼ	10	リジン発酵	63
バイオディーゼル燃料	181	プロテオーム解析	23	リフォールディング	130
バイオリアクター	86, 98	分子の大きさの差	121	流加培養	163
バイオレメディエーション	178	分配係数の差	122	理論段数	140
廃水処理	176	分離・精製工程	118	リン	186
ハイスループットスクリーニング	38	【ま】		【れ】	
培地成分	101	マイクロアレイシステム	41	レギュレーション	132
培養工程	108	マイクロバイオリアクター	92	連続分離	148
培養細胞	48	巻き戻し反応	127	【ろ】	
パイロットプラント	187	膜分離	144	ろ過滅菌用フィルター	145
ハザード評価	49	膜分離プロセス	144	ロバスト性	30
発 酵	162	【む】			
発酵槽	99	無細胞タンパク質合成系	53		
パン酵母	162				

【A】		【H】		Monod 式	81
ADME	49	HACCP	122	【P】	
ATP 再生系	87	HETP	140	PID 制御	160
【D】		【I】		Protein A	154
DNA チップ	21, 24	ICH	136	【S】	
DNA マイクロアレイ	21	ISPE	134	SIMPLEX 法	52
【F】		【L】		【T】	
fold change analysis	21	$\log P_{ow}$	104	tPA	108
【G】		L-アラニン	86	【W】	
GMP	122, 133	【M】		whole cell biocatalyst	182
		Michaelis-Menten 式	79		

バイオプロダクション
──ものつくりのためのバイオテクノロジー──
Bioproduction
── Biotechnology for Bio-based Products ──　Ⓒ (社)化学工学会 2006

2006年5月26日　初版第1刷発行

検印省略	編　者	社団法人　化学工学会
		バ　イ　オ　部　会
	発行者	株式会社　コロナ社
		代表者　牛来辰巳
	印刷所	富士美術印刷株式会社

112-0011　東京都文京区千石4-46-10
発行所　株式会社　コロナ社
CORONA PUBLISHING CO., LTD.
Tokyo Japan
振替 00140-8-14844・電話(03)3941-3131(代)
ホームページ http://www.coronasha.co.jp

ISBN 4-339-06736-9　　　(中原)　(製本：グリーン)
Printed in Japan

無断複写・転載を禁ずる
落丁・乱丁本はお取替えいたします

バイオテクノロジー教科書シリーズ

（各巻A5判）

■**編集委員長** 太田隆久
■**編集委員** 相澤益男・田中渥夫・別府輝彦

配本順			頁	定価
2.（12回）	遺伝子工学概論	魚住武司 著	206	2940円
3.（5回）	細胞工学概論	村上浩紀／菅原卓也 共著	228	3045円
4.（9回）	植物工学概論	森川弘道／入船浩平 共著	176	2520円
5.（10回）	分子遺伝学概論	高橋秀夫 著	250	3360円
6.（2回）	免疫学概論	野本亀久雄 著	284	3675円
7.（1回）	応用微生物学	谷吉樹 著	216	2835円
8.（8回）	酵素工学概論	田中渥夫／松野隆一 共著	222	3150円
9.（7回）	蛋白質工学概論	渡辺公綱／小島修一 共著	228	3360円
11.（6回）	バイオテクノロジーのためのコンピュータ入門	中村春木／中井謙太 共著	302	3990円
12.（13回）	生体機能材料学 ― 人工臓器・組織工学・再生医療の基礎 ―	赤池敏宏 著	186	2730円
13.（11回）	培養工学	吉田敏臣 著	224	3150円
14.（3回）	バイオセパレーション	古崎新太郎 著	184	2415円
15.（4回）	バイオミメティクス概論	黒田裕久／西谷孝子 共著	220	3150円
17.（14回）	天然物化学	瀬戸治男 著	188	2940円

以下続刊

1. 生命工学概論　太田隆久 著
10. 生命情報工学概論　相澤益男 著
16. 応用酵素学概論　喜多恵子 著

定価は本体価格+税5％です。
定価は変更されることがありますのでご了承下さい。

図書目録進呈◆

コロナ社創立80周年記念出版
〔創立1927年〕

内容見本進呈

再生医療の基礎シリーズ
―生医学と工学の接点―

(各巻B5判)

■編集幹事　赤池敏宏・浅島　誠
■編集委員　関口清俊・田畑泰彦・仲野　徹

再生医療という前人未踏の学際領域を発展させるためには，いろいろな学問の体系的交流が必要である。こうした背景から，本シリーズは生医学（生物学・医学）と工学の接点を追求し，生医学側から工学側へ語りかけ，そして工学側から生医学側への語りかけを行うことが再生医療の堅実なる発展に寄付すると考え，コロナ社創立80周年記念出版として企画された。

シリーズ構成

配本順　　　　　　　　　　　　　　　　　　　　　　頁　定価

1.（2回）再生医療のための
　　　　発 生 生 物 学　　　　浅島　誠編著　280　4515円

2.　　　再生医療のための
　　　　細 胞 生 物 学　　　　関口清俊編著

3.（1回）再生医療のための
　　　　分 子 生 物 学　　　　仲野　徹編　　270　4200円

4.　　　再生医療のための
　　　　バイオエンジニアリング　　赤池敏宏編著

5.（3回）再生医療のための
　　　　バイオマテリアル　　田畑泰彦編著　　近刊

定価は本体価格+税5％です。
定価は変更されることがありますのでご了承下さい。

図書目録進呈◆